国家出版基金项目
NATIONAL PUBLICATION FOUNDATION

"十四五"国家重点
出版物出版规划项目

农产品产地环境监测、安全预警与风险管控丛书

U0877409

农产品产地环境监测与质量控制

Environmental Surveillance and Quality Control
of Agricultural Producing Area

秦莉　刘红恩　兰希平　等 著

化学工业出版社
·北京·

内容简介　　本书以农产品产地环境监测为主线，主要介绍了农产品产地土壤、灌溉水源、环境空气监测过程中监测点位的布设和优化、样品采集与质量控制方法、样品制备与质量控制方法、样品流转与质量控制样品添加、样品检测与质量控制方法、监测数据上报与审核和监测数据统计与报告编制等，旨在指导农产品产地环境监测工作规范开展，保证农产品产地环境监测质量，进而保障监测数据的精准性。

本书针对农产品产地环境监测涉及多环节、多部门、多人员，工作监管复杂困难的特点，总结全国农产品产地土壤重金属污染防治、全国农用地土壤污染状况详查、历年国家土壤环境监测网农产品产地土壤环境监测等多年累积经验，提出了贯穿于整个监测过程的，全程、全员和全要素相融合的质量控制原则，实现对监测各个环节的有效监督和控制，可供国家和地方组织开展的农产品产地环境监测等的科研人员和管理人员参考，也可供高等学校环境科学与工程、生态工程、农业工程及相关专业师生参阅。

图书在版编目（CIP）数据

农产品产地环境监测与质量控制 / 秦莉等著. 北京 ：化学工业出版社，2025. 6. --（农产品产地环境监测、安全预警与风险管控丛书）. -- ISBN 978-7-122-47909-9

Ⅰ. X322.202

中国国家版本馆CIP数据核字第2025S8Y556号

责任编辑：刘　婧　刘兴春　卢萌萌
文字编辑：李晓畅　李　静　王云霞
责任校对：宋　玮
装帧设计：王晓宇

出版发行：化学工业出版社
（北京市东城区青年湖南街13号　邮政编码100011）
印　　装：北京建宏印刷有限公司
787mm×1092mm　1/16　印张20　彩插2　字数425千字
2025年10月北京第1版第1次印刷

购书咨询：010-64518888
售后服务：010-64518899
网　　址：http://www.cip.com.cn
凡购买本书，如有缺损质量问题，本社销售中心负责调换。

定　　价：158.00元　　

《农产品产地环境监测与质量控制》

著 者 名 单

著　者（按姓氏笔画排序）：

丁　健　王艺陶　王雅君　兰希平　刘红恩　杜兆林　李　畅
林大松　赵　博　侯　婕　姚彦坡　秦　莉　聂兆君　焦　乐
窦韦强　霍莉莉

前言

PREFACE

农产品产地环境质量不但直接影响到国民经济发展，而且与粮食、蔬菜等农产品质量安全和人类身体健康息息相关，是国家经济稳定、社会可持续发展的重要保障。然而，由于我国工业的发展、人民生活方式的迅速变化和资源的高强度开发利用，大量未经妥善处理的工业“三废”（废水、废气、废渣）和城镇生活污水肆意向农田排放，未经处理的固体废物也转移至农田，加之农业投入品的不合理使用，已造成我国大面积农田环境的显性污染和潜性污染。在多年的污染物累积下，我国农田土壤承载力逐渐达到饱和，污染问题进入集中爆发期，“毒豇豆”“镉米危机”等农产品污染事件不断被曝出，农田土壤污染已成为影响我国农业可持续发展的重大问题之一，也是人民群众密切关注和迫切需要解决的问题之一。

2016年，国务院发布《土壤污染防治行动计划》（简称“土十条”），要求完成土壤环境监测、调查评估、风险管控、治理与修复等技术规范以及环境影响评价技术导则制修订工作。在全国农产品产地土壤重金属污染防治、全国农用地土壤污染状况详查等前期工作的基础上，农业农村部办公厅和生态环境部办公厅于2018年联合发布《国家土壤环境监测网农产品产地土壤环境监测工作方案（试行）》（农办科〔2018〕19号），进一步规范和加强农产品产地土壤环境监测工作，建立并完善全国农产品产地土壤环境监测体系，提升监测预警能力和水平。2019年，农业农村部印发《关于做好农业生态环境监测工作的通知》（农办科〔2019〕25号），要求全面做好农产品产地土壤环境监测工作，并提出建立农业生态环境监测工作质量管理体系和工作机制，开展质量控制，确保监测工作质量全程痕迹化管理，数据质量全程可追溯。

农产品产地土壤环境监测是全面了解土壤环境质量状况，把握土壤环境质量变化，实现土壤污染尽早发现和尽早采取有效治理措施的重要依据。为适应我国现阶段农产品产地土壤环境保护新形势、新政策，更好地推进农产品产地环境监测工作，本书以贯穿于整个监测过程的全程、全员和全要素相融合的质量控制为原则，全面介绍了农产品产地土壤、灌溉水源、环境空气监测过程中监测点位的布设和优化、样品采集与质量控制方法、样品制备与质量控制方法、样品流转与质量控制样品添加、样品检测与质量控制方法、监测数据上报与审核和监测数据统计与报告编制，旨在指导农产品产地环境监测工作规范开展，保障农产品产地环境监测质量，确保监测结果客观、准确，如实反映农产品产地土壤环境质量状况。

本书共 11 章，主要由秦莉、刘红恩、兰希平著，具体编写分工如下：绪论、第 1 章、第 4 章、第 5 章、第 6 章、第 7 章、第 8 章由辽宁省农业发展服务中心兰希平、王艺陶、赵博和农业农村部环境保护科研监测所秦莉、林大松、霍莉莉、丁健、焦乐、王雅君、姚彦坡、侯婕撰写；第 2 章、第 3 章由河南农业大学刘红恩、聂兆君、李畅，西北农林科技大学窦韦强和农业农村部环境保护科研监测所秦莉撰写；第 9 章、第 10 章、第 11 章由农业农村部环境保护科研监测所秦莉、霍莉莉、林大松、丁健、杜兆林撰写。全书最后由秦莉、刘红恩、兰希平统稿并定稿。

限于著者水平及撰写时间，书中不足和疏漏之处在所难免，敬请读者提出修改建议。

著　者
2024 年 6 月

目录

CONTENTS

绪论

- 我国农产品产地环境质量状况
- 农产品产地环境质量的重要性
- 农产品产地环境监测
- 农产品产地环境监测质量保证与控制

0.1 我国农产品产地环境质量状况

产地是农产品生产的物质基础，产地环境污染是农产品质量安全问题的源头。随着人民生活水平的提高，对农产品的需求由数量型转向质量型，特别是加入世界贸易组织后，农产品出口的质量问题不断暴露。全面提高农产品质量已成为新时期发展农业的必然选择和参与国际竞争的重要举措。产地环境质量问题日益受到政府和农业部门的重视。然而，由于工业“三废”（废水、废气、废渣）和城市生活垃圾对农业生产环境的污染，以及农业上肥料、农药、兽药、饲料添加剂、动植物激素等的广泛过量应用，产地环境质量受到了前所未有的威胁[1-2]。

0.1.1 土壤

根据2014年4月17日发布的《全国土壤污染状况调查公报》，全国土壤环境状况总体不容乐观，部分地区土壤污染较重，耕地土壤环境质量堪忧，工矿业废弃地土壤环境问题突出。工矿业、农业等人为活动以及土壤环境背景值高是造成土壤污染或超标的主要原因。全国土壤点位总的超标率为16.1%，其中轻微、轻度、中度和重度污染点位比例分别为11.2%、2.3%、1.5%和1.1%。污染类型以无机型为主，有机型次之，复合型污染所占比例较小，无机污染物超标点位数占全部超标点位数的82.8%。耕地土壤点位超标率为19.4%，其中轻微、轻度、中度和重度污染点位比例分别为13.7%、2.8%、1.8%和1.1%，主要污染物为Cd、Ni、Cu、As、Hg、Pb、滴滴涕和多环芳烃。从污染分布情况看，南方土壤污染重于北方；长江三角洲、珠江三角洲、东北老工业基地等部分区域土壤污染问题较为突出，西南、中南地区土壤重金属超标范围较大；Cd、Hg、As、Pb 4种无机污染物含量分布呈现从西北到东南、从东北到西南方向逐渐升高的态势。

农业部环保监测系统2000年对全国24个省（直辖市）320个严重污染区土壤调查发现，大田类农产品超标面积占污染区农田面积的20%，其中重金属超标占污染土壤和农作物的80%。农业部1996～1998年调查表明，全国污灌区面积约140万公顷，遭受重金属污染的土地面积占污染总面积的64.8%，其中轻度污染占46.7%，中度污染占9.7%，严重污染占8.4%，以重金属Hg和Cd的污染面积最大[2]。

特别需要注意的是采矿区和冶炼区周边及部分城郊地区，这些区域农田土壤中重金属的含量较高，并对农产品安全生产构成了严重威胁。国内研究者和媒体对这类问题最为关注，如广西壮族自治区污染高风险地区主要分布在河池市丹池矿化带及其延伸区域上，如河池市南丹南部、环江西部和金城江区；在湖南省株洲冶炼区、湖南省石门采矿区、云南省会泽采矿区、甘肃省白银采矿区、广东省汕头采矿区周边等区域采集的农田土壤重金属含量也较高，属于高风险地区。在这些高风险地区内，一般存在着农产品重金属含量超标的问题[2]。

0.1.2 农田灌溉水

我国是一个水资源十分短缺的国家，农业生产严重依靠灌溉，据统计，约占全国耕地面积 50% 的灌溉面积上生产着全国粮食总产量的 75% ～ 80%。“十三五”期间，全国的大中型灌区累计新增（恢复）有效灌溉面积 180 多万公顷。自改革开放以来，我国农业年用水总量占全国年用水总量的比重从 88% 下降到 63%，灌溉用水量占总用水量的比重也由 80% 下降到 55%，农业用水被严重挤占。另外，我国各地河流、湖泊等地表水体污染的不断增加更加重了水资源短缺的矛盾。在水资源日益短缺与水体污染不断加剧的双重压力下，清洁无害的农业灌溉水源就显得极为珍贵。为弥补水源的严重不足，农区利用污水进行农业灌溉的现象在我国已较为普遍，尤其是在我国北方地区，污水已成为农业灌溉用水的主要水源，有些地区甚至曾经不加考虑地将工业污水也作为水源进行直接灌溉。《全国土壤污染状况调查公报》显示，55 个污水灌溉区中有 39 个存在土壤污染。污水灌溉是曾经的历史过程，虽然现在已基本停止，但由于重金属难以降解，污染仍然存留于污灌区。例如，我国辽宁、河北等省份的部分区域，菜地土壤重金属含量较高甚至超标，可能与历史上不合理的污水灌溉相关[2]。当然，随着农业向观光农业、精品农业转变，农业灌溉用水已基本改为地下水源；同时，随着工业废水达标排放和城市污水处理厂的建设运行，河道水体中重金属浓度显著降低，农业土壤中重金属等污染物的来源被切断，土壤环境质量逐渐得到改善。

0.1.3 农区大气

从中国环境监测总站开展的全国农村区域空气质量监测工作结果来看，全国农产品产地区域 SO_2、NO_2、PM_{10} 浓度水平尚未对农产品安全构成威胁。但国道和省道等的两侧、钢厂和矿区附近，因大气沉降通过污染土壤影响土壤上生长植物的重金属累积和通过植物地上部分吸收进入植物体，导致这些区域的土壤和农产品中常常有较高含量的重金属。特别是叶菜类蔬菜与空气直接接触面积较大，通过表皮细胞和气孔吸收有害物质的可能性也较大。许多工业发达国家过去的大气沉降对土壤系统中重金属累积贡献率在各种外源输入因子中排在首位。国内这方面报道也较多，引起人们广泛的关注[2]。

0.2 农产品产地环境质量的重要性

首先，农产品产地环境质量对农产品的品质有着决定性影响。土壤的质量、水源的纯净度以及空气的清新程度都是农作物生长的关键因素。肥沃的土壤、清洁的水源、干净的空气是农作物茁壮成长，保持其天然的风味和营养，保证农产品品质的物质基础。

其次，保障农产品产地环境质量是维护人民健康的必要举措。农产品产地环境中的污染物，如重金属、农药残留等，可能会通过农作物进入食物链，最终对人体健康造成威胁。因此，只有确保产地环境的清洁与安全，才能从源头上保障农产品的安全，进而维护人民的健康。

此外，保障农产品产地环境质量还有助于促进农业可持续发展。在现代农业生产中，化肥、农药的大量使用以及不合理的农业活动往往会对产地环境造成破坏。通过加强环境保护，减少污染物的排放，不仅可以改善产地环境，还可以提高农业资源的利用效率，促进农业的良性循环和可持续发展。

最后，保障农产品产地环境质量对于提升我国农产品的国际竞争力具有重要意义。在全球化的大背景下，农产品的质量和安全已成为国际贸易中的重要考量因素。只有确保产地环境的优质与安全才能提升我国农产品的品质和国际形象，从而在国际市场上获得更多机会。

习近平总书记多次强调，要牢固树立以人民为中心的发展理念，落实最严谨的标准、最严格的监管、最严厉的处罚、最严肃的问责“四个最严”要求，切实保障人民群众“舌尖上的安全”。农产品质量安全是系统工程，是种出来的、养出来的、管出来的，但根本在产地环境安全。2019 年，农业农村部、国家发展改革委等 7 个部门联合印发《国家质量兴农战略规划（2018—2022 年）》，强调全面提升农业质量效益和竞争力。质量兴农是以农业要素、产业结构、空间布局、管理方式等为关键，推动农业发展质量变革、效率变革、动力变革，但基础也在产地环境安全。

0.3 农产品产地环境监测

农产品产地环境监测是农产品产地环境保护和农产品质量安全保障的基础性工作，有利于全面了解和掌握农产品产地环境质量状况和基本动态变化，对于产地环境污染的尽早发现和治理具有重要作用。

多年来，为保障农产品产地可持续利用及农产品质量安全，加大产地环境综合监管力度，我国成立了以农业部（现农业农村部）环境监测总站为网头、省级农业环境监测站为主体、重点地市级农业环境监测站为基础的监控网络，先后对部分耕地土壤、灌溉水和农区大气等农业环境开展了大量常规监测。通过建立完善的监测网络，实现对产地环境质量的实时、动态监测，为监督农产品产地环境质量安全及农业环境管理提供了重要依据。特别是随着人们对农产品质量安全的日益关注，我国加强了对农产品产地的环境监测力度，近年来，组织开展了多项农产品产地环境监测工作。2012 ～ 2016 年，农业部、财政部联合开展全国农产品产地土壤重金属污染防治，以土壤重金属总量、pH 值等为主要指标。2016 年，环境保护部会同财政部、国土资源部、农业部、国家卫生计生委联合开展全国土壤污染状况详查，监测对象主要是土壤、地下水、农产品，监测指标主要是重金属总量、有机氯农药类、石油烃类、挥发性有机物类、酚类等。2016年，农业部组织开展农产品产地土壤环境质量例行监测，监测指标主要是土壤理化性质和重金属总量。2017年，农业部启动农业基础性长期性科技工作，对包括土壤质量、农业环境等在内的10个学科领域开展长期定位监测，监测对象主要是各领域的常规指标。2013～2021年，在农业农村部指导下，农业农村部环境保护科研监测所等组织开展稻米质量安全重金属专项风险评估、食用农产品环境危害因子风险评估系列工作，监测指标主要包括重金属、土壤理化参数、多环芳烃、抗生素、农药等[3-4]。

经过多年的发展，目前，我国已建立起相对完整的农产品产地环境监测技术体系。一方面，建立了覆盖产地环境调查—监测布点—样品采集—样品制备—样品流转与保存—检测分析—数据处理—结果评价等各环节的技术路线；另一方面，形成了包括土壤、水、空气、农产品等多要素的技术方法。同时，经总结、凝练后形成了系列农产品产地环境监测技术标准，有力支撑了监测工作的科学化、规范化，保障了监测数据的有效性、可比性。

0.4 农产品产地环境监测质量保证与控制

0.4.1 环境监测质量保证

环境监测质量保证是指保证环境监测数据可靠性的全部活动和措施，其目的是避免由于错误的监测数据造成环境保护的失误。

保证监测数据的质量，要根据监测目的确定一个合理的监测数据的质量要求和相应的分析测量系统，主要包括优化布点、样品采集、监测人员、实验室环境条件、仪器设备、方法标准、数据处理、综合分析等。

（1）优化布点的质量保证

环境监测点位布设和优化，就是运用科学的方法和手段寻找和确定环境监测任务的最优监测点位布设方案，力求用最少的点位，获得最有代表性的监测数据。点位布设的失误比起其他环节的失误，可能是“差之毫厘，谬以千里”的后果。所以在监测点位布设时，一定要严格按照环境监测技术规范的要求科学布设，确保环境监测质量。

（2）样品采集的质量保证

环境样品是复杂多变的，在环境监测工作中，采样误差往往是最大且最重要的误差，所以要保证样品的采集质量，首先要建立严格的样品采集管理制度，规定对采样人员的基本要求、采样程序、采样质量保证责任等。环境监测采样人员一定要有较强的工作责任心，同时严格按照采样的操作步骤及质量保证和质量控制技术规范进行采样。样品采集后，要及时贴好标签，填写好采样记录。如需对采集样品进行分装，分装的容器应和原样品容器材质相同，并填写同样的样品标签，注明“分样”。同时对“空白”和“副样”也要分别注明，并且尽快送到实验室分析。

（3）监测人员的质量保证

根据2007年国家环境保护总局发布的《环境监测管理办法》第十二条“环境保护部门所属环境监测机构从事环境监测的专业技术人员，应当进行专业技术培训，并经国家环境保护总局统一组织的环境监测岗位考试考核合格，方可上岗”的规定，监测人员必须持证上岗。

（4）实验室环境条件的质量保证

实验室的环境条件是保证环境监测质量的重要基础条件。实验室环境条件直接影响分析结果的质量、分析人员的身心健康及其工作效率和仪器设备的使用寿命。因此，实验室的环境条件必须满足有关法律、法规、技术规范或标准的要求，保持实验室整洁安静，项目安排上避免交叉污染，实验用品安置合理，专物专用等，并建有完善的检查管理制度等。

（5）仪器设备的质量保证

根据《环境监测质量管理规定》的要求，所使用的环境监测仪器应由国家计量部门或其授权单位按有关要求进行检定或按规定程序进行校准。取得检定合格证书后，方可在其检定有效期内使用；对校准的仪器，应正确应用校准产生的修正因子；主要仪器设备在两次检定之间要进行校准。

（6）方法标准的质量保证

为确保监测人员使用的标准和技术规范是最新有效版本，相关技术人员应定期对标准进行查新。

（7）数据处理的质量保证

在数据处理过程中首先要解决的问题是选择真值的最佳估计值以及确定该估计值的误差。研究误差的目的是要对已取得的实验数据进行整理、处理，判断其最接近的值是多少，通过概率和数理统计的方法对数据中离群较远的极值进行取舍，然后通过对样品的了解判断总体特征，估计数据的可信度和可靠性，正确地处理实验数据，充分利用数据信息，以便得到更接近实际的最佳结果。

（8）综合分析的质量保证

综合分析工作是环境监测所获得的全部环境质量信息的汇集、解释、运用能力的集中体现。这一环节最容易出现无形的、难以纠正的差错，因此，做好这一环节的质量控制应从以下几方面入手：

① 用动态信息系统图控制占有成果的完整性；

② 用统一的监测技术规范控制质量保证计划；

③ 用严格的系统分析制度控制解释发现规律工作的质量；

④ 用回顾评价方法检查环境质量结论的准确性；

⑤ 用专家判断法控制防治对策的针对性。

0.4.2 环境监测质量控制

环境监测质量控制是指为达到监测计划所规定的监测质量而对监测过程采用的控制方法，它是环境监测质量保证的重要组成部分。

环境监测质量控制包括实验室内质量控制和实验室间质量控制，又称为内部质量控制和外部质量控制。

（1）内部质量控制

内部质量控制表现为分析工作者对分析质量进行自我控制及内部质量控制人员对其实施质量控制技术管理的过程。现通常使用的质量控制方法有空白试验、仪器设备的定期标定、平行样分析、加标回收率分析、标准物质（或质控样）对比分析、质量控制图等。控制结果反映实验室监测分析的稳定性，一旦发现异常情况应及时采取措施进行校正，这是实验室自我控制监测分析质量的程序。

（2）外部质量控制

外部质量控制指由外部有工作经验和技术水平的第三方或技术组织对实验室及其分析工作者进行定期或不定期的分析质量考查的过程。现常用的方法有分析监测系统的现场评价、分发标准样品进行实验室间的评价等，以确定实验室间数据的可比性。其目的在于找出实验室内部不易被发现的误差，特别是系统误差，及时予以校正，提高数据质量。

0.4.3 环境监测质量管理的发展历程

0.4.3.1 国际环境监测质量管理的发展历程

环境监测质量保证工作是受到产品质量全面管理的启发后加以引用的，它最初是由美国环保局倡导的。美国在 20 世纪 70 年代以前，热衷于取得大量的监测数据而忽视数据的质量，因而监测数据缺乏准确性和可比性，不得不废弃，从而受到美国舆论界的尖锐批评。监测数据之所以存在问题，主要是因为缺乏监测质量保证技术的开发和支持。美国环保局从中总结吸取了经验教训。因此，进入 20 世纪 70 年代后，美国环保局从监测质量保证方面下功夫，并于 1972 年 1 月建立了美国第一个监测质量保证程序，美国前总统卡特在 1977 年 9 月还亲自听取了有关环境监测问题的提案，并决定成立一个环境监测与数据协调工作组来进一步解决环境监测中出现的问题。同时，美国政府从 1978 年起，每年投入 4000 万美元，到 1982 年增至 6100 万美元，用于开发和加强监测质量保证工作。

再例如日本，其对环境监测的质量工作也经历了从无到有的过程。1974 年 4 月，报纸上公布了由厚生、农林、通产三个省分别对同一地区的镉含量进行测定而得出的不同结果。厚生省的数据比农林省的高，而通产省的数据又不同于以上两个省。厚生省监测镉的最高浓度是 2.11mg/L，而农林省监测的最高浓度只有 0.37mg/L，显然相差很大，因此，当时受到许多文章的严厉指责和抨击。迫于公众舆论的压力，日本环境厅于 1975 年开始组织全国 200 个分析单位，开展“环境监测分析统一精度管理的调查”。自 1975 年以来，分析了解了各分析单位的技术水平、管理水平以及设备的状况，从而达到不断提高监测数据质量的目的。

英国等国家对环境监测数据的质量也都很重视，采取各种措施提高监测数据的质量。

0.4.3.2 我国环境监测质量管理的发展历程

我国环境监测质量管理工作与环境监测工作同时起步、共同发展。20世纪80年代初，中国环境监测总站在全国范围内推行质量保证和质量控制基本知识的普及工作，后逐步建立技术规范和监测方法体系、开展监测技术研究、研发环境标准样品与质控样品等，形成了以技术培训、质控考核和检查为主线的具有中国特色的环境监测质量管理模式。

1991 年，国家环保局颁布了《环境监测质量保证管理规定（暂行）》等三项质量管理制度，各级监测站先后出台了水质监测实验室质量控制指标、大气监测质量保证规定、持证上岗考核实施细则等规章制度和样品采集、保管交接、仪器设备管理和使用、数据审核更新管理制度，推动了质量管理工作的制度化建设。

20 世纪 90 年代初，环境监测系统先后开展了创优质实验室和计量认证工作，对环境监测行业的自身建设起到了强有力的推动作用，使监测能力在短时间内发生了深刻而显著的变化。20 世纪 90 年代末期，引入了全面质量管理概念，颁布了《校准和检验实验室能力的通用要求》，其中 13 款 56 项要素几乎覆盖了对实验室机构内部工作的所有质量要求，开始将全面质量管理的科学概念引入环境监测领域中。

2006 年，国家环保总局颁布了《环境监测质量管理规定》和《环境监测人员持证上岗考核制度》，替代了 1991 年起实施的《环境监测质量保证管理规定（暂行）》和《环境监测人员合格证制度（暂行）》，对环境监测质量管理的机构与职责、工作内容、经费保障以及环境监测人员持证上岗考核工作的职责、考核内容与考核方法、合格证的管理等做出明确规定，标志着我国环境监测质量管理在制度建设方面取得了进步。

2007 年 9 月 1 日，国家环保总局颁布实施了《环境监测管理办法》，重申了按照国家环境监测机构建设标准组织实施环境监测能力建设，并明确了质量管理的相关制度。

2009 年，环境保护部颁布实施了《环境监测质量管理三年行动计划（2009—2011 年）》，把环境监测质量管理工作推向高潮。

2011 年 9 月，环境保护部颁布了《环境监测质量管理技术导则》，将对指导环境监测机构的质量管理工作、环境监测机构完善自身的质量保证与质量控制活动，起到积极作用。

为严肃查处环境监测数据弄虚作假行为，保证环境监测数据的公信力和权威性，2015 年 12 月环境保护部印发了《环境监测数据弄虚作假行为判定及处理办法》，规范了故意违反国家法律法规、规章等以及环境监测技术规范，篡改、伪造或者指使篡改、伪造环境监测数据等行为及其处理办法。

2017 年 9 月，中共中央办公厅和国务院办公厅联合印发了《关于深化环境监测改革提高环境监测数据质量的意见》，明确提出：到 2020 年，通过深化改革，全面建立环境监测数据质量保障责任体系，健全环境监测质量管理制度，建立环境监测数据弄虚作假防范和惩治机制，确保环境监测机构和人员独立公正开展工作，确保环境监测数据全面、准确、客观、真实。

环境监测数据质量管理与控制技术体系框架见图 0-1。

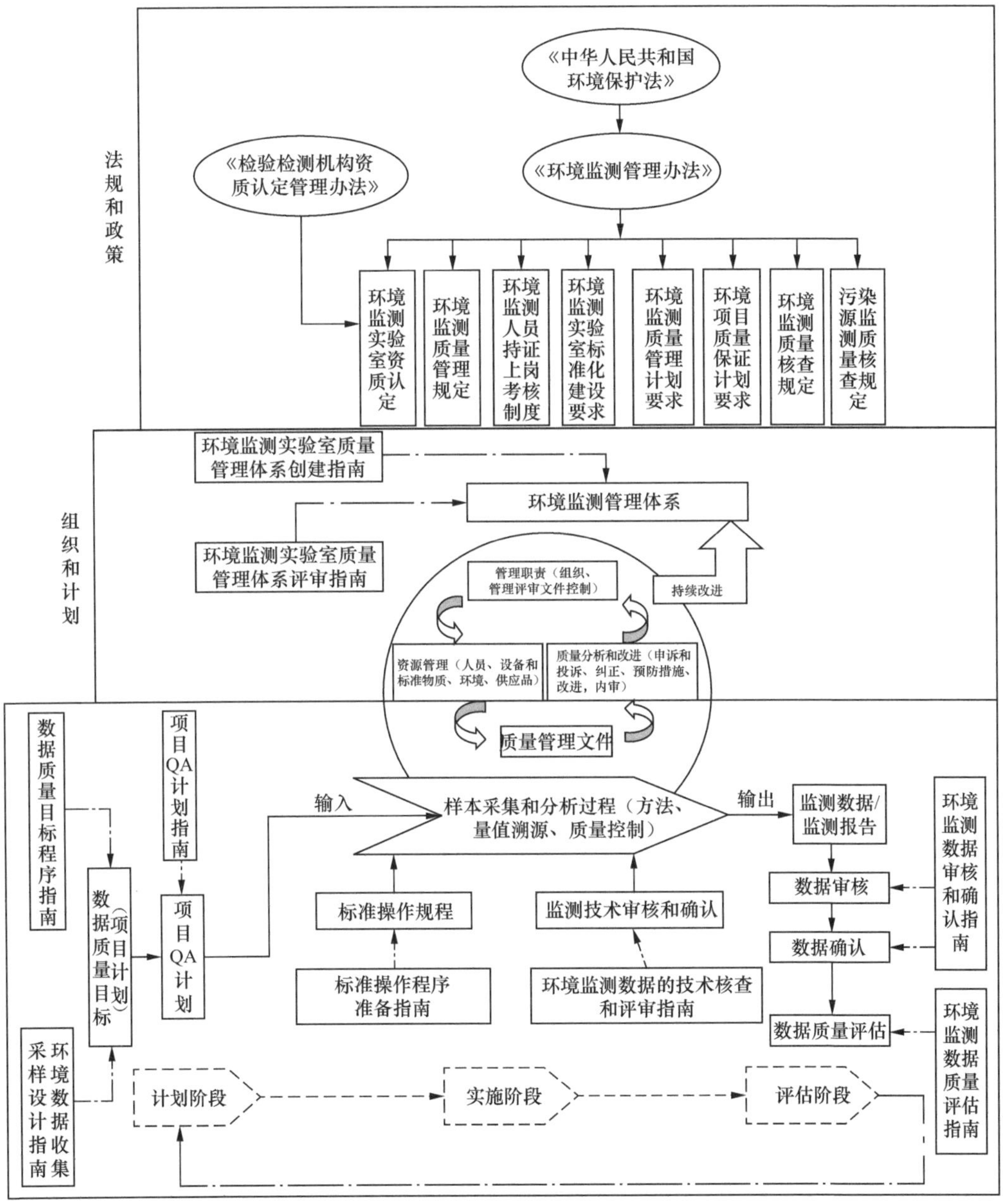

图 0-1 环境监测数据质量管理与控制技术体系框架

（QA 表示质量保证）

0.4.4 环境监测质量控制关键措施

0.4.4.1 分析测定质量控制措施

（1）空白实验值

① 一次平行测定至少两个空白试验值；

② 平行测定的相对偏差不得大于 50%；

③ 在痕量或超痕量分析中有空白试验值控制图的，将所测空白实验值的均值点入图中，进行控制。

（2）平行双样

① 随机抽取 10% ～ 20% 的样品进行平行双样测定（当样品数较少时，应适当增加双样测定率；无质量控制样品和质控图的监测项目，应对全部样品进行平行双样测定）；

② 将质控样品平行测定结果点入质控图中进行判断；

③ 环境样品平行测定结果的精密度应符合方法给定的室内标准差（或相对标准差）的要求，或按照方法的允许差进行判断；

④ 全部平行双样测定中的不合格者应重新做平行双样测定，部分平行双样测定的合格率小于 95% 时，除对不合格者重做平行样外，应再增加测定 10% ～ 20% 的平行双样，直至总合格率大于等于 95%。

（3）加标回收率

① 随机抽取 10% ～ 20% 的样品进行加标回收率的测定；

② 有质控图的监测项目，将测定结果点入图中进行判断；

③ 无质控图的监测项目，其测定结果不得超出监测分析方法中规定的加标回收率的范围；

④ 无规定值者，则可规定目标值为 95% ～ 105%；

⑤ 当超出目标值 95% ～ 105% 时，计算 P 上限、P 下限，并加以判断；

⑥ 当合格率小于 95% 时，除对不合格者重新测定外，应再增加 10% ～ 20% 样品的加标回收率，直至总合格率大于等于 95%。

（4）质量控制图

许多其他因素（如标准物质、试剂、温度等）的变化会引起准确度的变化。在日常的环境监测工作中，为了连续不断地监视和控制分析测定过程中可能出现的误差，可采用质量控制图。

① 质量控制图编制的原理：假设分析结果间的差异符合正态分布。

② 质量控制图坐标的选定：以统计值为纵坐标，测定次数为横坐标。

③ 质量控制图的基本组成：中心线、上下辅助线、上下警告线、上下控制线。

④ 质量控制样品的选用：质量控制样品的组成应尽量与环境样品相似；待测组分的浓度应尽量与环境样品接近；如果环境样品中待测组分的浓度波动较大，则可用一个位于其间的中等浓度的质量控制样品，否则，应根据浓度波动幅度采用两种以上浓度水平的质量控制样品。

⑤ 质量控制图的编制步骤如下。

a. 测定质量控制样品，大于 20 个数据，每个数据由一对平行样品的测定结果求得，计算：$\bar{x}_i=\dfrac{x_A+x_B}{2}$。

b. 求出它们的平均结果$\bar{\bar{x}}$和标准偏差 S：

$$\bar{\bar{x}}=\frac{\sum\bar{x}}{n},\quad S=\sqrt{\frac{\sum\left(\bar{x}_i-\bar{\bar{x}}\right)^2}{n-1}}$$

c. 计算统计值并做质量控制图（图 0-2）。

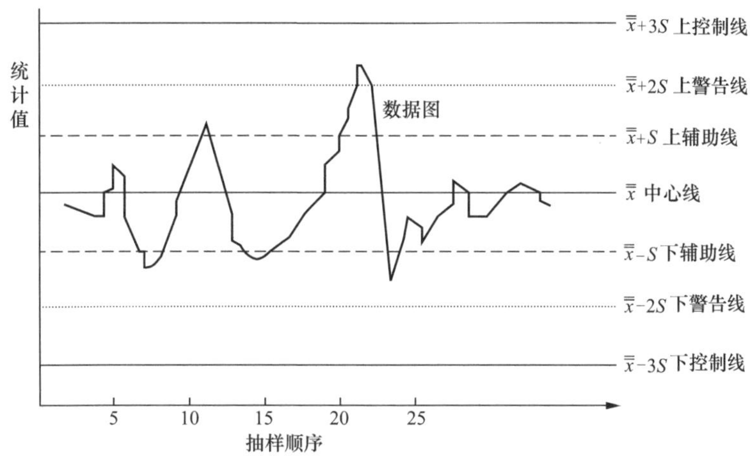

图 0-2 质量控制图示意

$\bar{\bar{x}}$为中心线；$\bar{\bar{x}}\pm S$为上下辅助线；$\bar{\bar{x}}\pm 2S$为上下警告线；$\bar{\bar{x}}\pm 3S$为上下控制线。

d. 将 20 个（或＞ 20 个）数据按测定顺序点到图上，这时应满足以下要求：

超出上下控制线的数据视为离群值，应予删除，剔除后不足 20 个数据时应再测补足，并重新计算$\bar{\bar{x}}$、S，做图，直到 20 个数据全部落在上下控制线内；

上下辅助线范围内的点应多于 2/3，如少于 50%，则说明分散度太大，应重做；

连续 7 点位于中心线的同一侧，表示数据不是充分随机的，应重做。

e. 质量控制图绘成后，应标明测定项目、质量控制样品浓度、分析方法、实验条件、分析人员及日期等。

$\pm 3S$ 方法确定的质量控制图控制界限被认为是最经济合理的方法，因此大多数国家采用这个方法。

⑥ 分析检测用质量控制图的种类。

在分析检测中主要使用的质量控制图有以下几种。

Ⅰ. 平均值控制图。应用最广泛，它是检验测量过程是否存在粗差、检验平均值漂移以及数据缓慢波动的有效方法，主要用于观察分布的平均值的变化。

Ⅱ. 极差控制图。是检验变动性漂移以及数据快速波动的有效方法，还能用于检验粗差的存在。是检验平行测定误差的工具。

Ⅲ. 均值 - 极差控制图。两者联合起来使用，则可以用来观察分布的全面变化情况，保证检验的准确度和精密度。

Ⅳ. 准确度质量控制图。在分析检测质量控制中，主要用于测试样品的加标回收率测定控制。

质量控制图的使用见表 0-1。

表0-1　质量控制图的使用

点的位置	含义
点落在上、下辅助线之间的区域	表示测定过程处于控制状态
点落在上、下辅助线至上、下警告线之间的区域	表示测定过程处于可接受范围内
点落在上、下警告线至上、下控制线之间的区域	表示有失控倾向，应查明原因，并采取相应校正措施
点落在上、下控制线以外的区域	表示测定过程失控，应立即停止测试，查明原因，纠正重做
连续 7 点落在中心线同一侧	应停止测试，并检查系统是否存在误差

0.4.4.2　环境监测准确度和精密度评价

（1）准确度评价

准确度是指测量值与真值的符合程度。一个分析方法或分析测量系统的准确度是反映该方法或该系统存在的系统误差的综合指标，决定着这个结果的可靠性。准确度用 E 或 $E_{相对}$表示。

1）加标回收率试验

在样品中加入标准物质，测定其回收率。这是目前试验常用而又方便的确定准确度的方法。多次回收试验还可以发现方法的系统误差。

回收率 P 的计算：

$$P=\frac{加标试样测定值-试样测定值}{加标量}\times 100\%$$

回收率的控制：通常规定 95% ～ 105% 作为回收率的目标值。当超出其范围时，可由下列公式计算可以接受的上、下限：

$$P_{下}=0.95-\frac{t_{0.05}(f)\times S/\sqrt{n}}{D}$$

$$P_{上}=1.05+\frac{t_{0.05}(f)\times S/\sqrt{n}}{D}$$

式中，S 为加标测定值的标准偏差；D 为加标量；n 为测定次数；f 为自由度（f=n−1）。

加标回收率试验方法简便，能综合反映多种因素引起的误差。因此，常用来判断某分析方法是否适用于特定试样的测定。

分析过程中对样品和加标样品的操作完全相同，以至于干扰影响、操作损失及环境沾污对二者也是完全相同的，误差可以相互抵消，因而难以对误差进行分析，无法找到测定中存在的具体问题。因此，回收率对准确度的控制有一定的限制，这时应同时使用其他控制方法。

2）对标准物质的分析——t 检验法

一个方法的准确度还可用对照试验来检验，即通过对标准物质的分析或用标准方法来分析相对照。采用同样的分析方法有时也会因不同实验室、不同分析人员而使分析结果有所差异。通过对照可以找出差异所在，以此判断方法的准确度。t 检验法也称为显著性检验。

显著性检验的一般步骤如下。

① 提出一个否定假设；

② 确定并计算 t 值：$\pm t=\dfrac{\bar{x}-\mu}{S/\sqrt{n}}$；

③ 选定 $n(f)$、α，并查表 $t_{\alpha}(f)$；

④ 判断假设是否成立：$t\leqslant t_{0.05}(f)$，则无显著性差异；$t>t_{0.05}(f)$，则有显著性差异。

统计检验有两类。通常只关心总体均值 μ 是否等于已知值$\bar{x}$，至于二者究竟哪个大，对所研究的问题并不重要。这种情况的假设为$\bar{x}=\mu$，否定假设为$\bar{x}\neq\mu$（双侧检验）。

有些时候，也需要专门研究$\bar{x}$是否大于或小于 μ。这种情况的假设为$\bar{x}\leqslant\mu$（或$\bar{x}\geqslant\mu$），否定假设为$\bar{x}>\mu$（或$\bar{x}<\mu$）（单侧检验）。

3）不同方法之间的比较——t 检验法

比较不同条件下（不同时间、不同地点、不同仪器、不同分析人员等）的两组测量数据之间是否存在差异。

检验的假设是两总体均值相等，检验的前提是两总体偏差无显著差异，偏差来自同一总体，其偏差为偶然误差。

步骤如下。

① 使用精密度检验判断两方法标准偏差有无显著性差异，若无显著性差异，再采用 t 检验法。

② 假设两均值无显著性差异。

③ 计算总体标准偏差：$S_{\mathrm{T}}=\sqrt{\dfrac{(n_{\mathrm{A}}-1)S_{\mathrm{A}}^{2}+(n_{\mathrm{B}}-1)S_{\mathrm{B}}^{2}}{n_{\mathrm{A}}+n_{\mathrm{B}}-2}}$。

计算统计值：$t=\dfrac{\bar{X}_{\mathrm{A}}-\bar{X}_{\mathrm{B}}}{S_{\mathrm{T}}}\sqrt{\dfrac{n_{\mathrm{A}}n_{\mathrm{B}}}{n_{\mathrm{A}}+n_{\mathrm{B}}}}$。

④ 根据显著性水平及自由度查 t 临界值表。

⑤ 判断假设是否成立：$t \leqslant t_{\alpha}(f)$，则无显著性差异；$t > t_{\alpha}(f)$，则有显著性差异。

（2）精密度评价

精密度是指在规定的条件下，用同一方法对一均匀试样进行重复分析时，所得分析结果之间的一致性程度，由分析的偶然误差决定，偶然误差越小，则分析的精密度越高。精密度用标准偏差或相对标准偏差来表示，通常与被测物的含量水平有关。

1）精密度评价常用术语

① 平行性：在同一实验室，当操作人员、分析设备和分析时间均相同时，用同样方法对同一样品进行多份平行样测定的结果之间的符合程度。

② 重复性：在同一实验室，当操作人员、分析设备和分析时间三因素中至少有一项不相同时，用同样方法对同一样品多次独立测定的结果之间的符合程度。

③ 再现性：在不同实验室（人员、设备及时间都不相同），用同样方法对同一样品进行多次重复测定的结果之间的符合程度。

2）精密度检验——F 检验法

应用于比较不同条件下（不同地点、不同时间、不同方法、不同分析人员等）测量的两组数据是否具有相同的精密度。

F 检验法步骤如下。

① 假设两组数据无显著性差异。

② 分别计算两组数据的标准偏差。

计算统计值：$F = \dfrac{S_{\max}^2}{S_{\min}^2}$。

两组数据中偏差大的为 $S_{\max}$，相对应的测定次数为 $n_{\max}$。

③ 根据显著性水平及自由度查 $F_{\alpha/2(f^1,f^2)}$ 表。

④ 判断假设是否成立：$F \leqslant F_{\alpha/2}(f^1,f^2)$，则无显著性差异；$F > F_{\alpha/2}(f^1,f^2)$，则有显著性差异。

0.4.4.3 回归分析

环境监测中经常遇到相互间存在着一定关系的变量。回归分析就是研究变量之间相互关系的统计方法。

在环境监测质量控制与保证中主要应用的是一元线性回归方程，关系式为 $y=a+bx$，它可以用于建立某种方法的校准曲线，研究不同方法之间的相互关系，评价不同实验室测定多种浓度水平样品的结果。

（1）一元线性回归方程的建立

① 一组测定数据，包括：自变量 x_1、x_2、x_3、…、x_n，因变量 y_1、y_2、y_3、…、y_n。

② 如果 x 与 y 之间呈直线趋势，则可用一条直线来描述两者之间的关系，即 $y=a+bx$。其中，y 为由 x 推算出的 y 的估计值（回归值）；b 为回归系数，即回归直线斜率；a 为回归直线在 y 轴上的截距。

③ 实测值 y_i 与回归值 y 的偏差越小，则可认为直线回归方程与实测点拟合越好。用 $Q(a,b)$ 表示实测值与回归值的差方和，则：

$$Q(a,b)=\Sigma(y_i-\hat{y}_i)^2=\Sigma(y_i-a-bx_i)^2$$

要使 $Q(a,b)$ 最小，用求极值的方法，分别对 a、b 求偏导，并令其等于 0，即最小二乘法：

$$\frac{\partial Q}{\partial a}=\frac{\partial\left[\Sigma\left(y_i-a-bx_i\right)^2\right]}{\partial a}=0$$

$$\frac{\partial Q}{\partial b}=\frac{\partial\left[\Sigma\left(y_i-a-bx_i\right)^2\right]}{\partial b}=0$$

解方程组，可求出 a、b 的计算公式：

$$b=\frac{S_{xy}}{S_{xx}}=\frac{\Sigma\left(x_i-\overline{x}\right)\left(y_i-\overline{y}\right)}{\Sigma\left(x_i-\overline{x}\right)^2}$$

$$a=\overline{y}-b\overline{x}$$

将 a、b 代入 $y=a+bx$，即得一元线性回归方程。

（2）相关系数及其检验

对任何两个变量 x、y 组成的一组数据，都可根据最小二乘法回归出一条直线，但只有 x 与 y 存在某种线性关系时，直线才有意义。其线性关系用相关系数来检验。

① 相关系数的定义式：

$$\gamma=\frac{S_{xy}}{\sqrt{S_{xx}S_{yy}}}=\frac{\Sigma\left(x_i-\overline{x}\right)\left(y_i-\overline{y}\right)}{\sqrt{\Sigma\left(x_i-\overline{x}\right)^2\Sigma\left(y_i-\overline{y}\right)^2}}$$

② 相关系数的取值范围及物理意义如下。

取值范围：$-1\leqslant y\leqslant 1$。

物理意义：$y=0$，x 与 y 无线性关系；$y=1$，x 与 y 完全正相关；$y=-1$，x 与 y 完全负相关；$0<y<1$，x 与 y 正相关；$-1<y<0$，x 与 y 负相关。

为保证环境监测的质量，做好全面质量控制越来越引起人们的重视，也是今后的发展趋势。农产品产地环境监测质量控制的要点和目的见表 0-2。

表0-2　环境监测质量控制要点和目的

监测系统保障	质量控制要点	质量控制目的
布点系统	（1）监测目标系统的控制 （2）监测点位数量的优化控制	空间代表性、可比性

续表

监测系统保障	质量控制要点	质量控制目的
采样系统	（1）采样次数和采样频率优化 （2）采样工具、方法的统一规范化	时间代表性、可比性
流转与保存系统	（1）样品的运输过程控制 （2）样品固定保存控制	可靠性、代表性
分析测试系统	（1）分析方法准确度、精密度、检测范围控制 （2）分析人员素质及实验室间质量控制	准确性、精密性、可靠性、可比性
数据处理系统	（1）数据整理、处理及精密检验控制 （2）数据分布、分类管理制度的控制	可靠性、可比性、完整性、科学性
综合评价系统	（1）信息量的控制 （2）成果表达控制 （3）结论完整性、透彻性及对策控制	真实性、完整性、科学性、适用性

从下一章开始，将针对环境监测各关键环节，从点位布设、样品采集、样品制备、样品检测、样品流转与保存到监测数据上报与审核等，重点围绕质量控制的内容与方法，逐一进行阐述。

参考文献

[1] 黄碧芬，邵革贤，杨明彬．农产品产地环境质量影响因素及对策 [J]．环境与发展，2020, 32(6): 16-17.

[2] 陆泗进，魏复盛，吴国平，等．我国农产品产地生态环境状况与农产品安全研究进展 [J]. 食品科学，2014, 35(23): 313-319.

[3] 张铁亮，王敬，刘潇威，等．构建新时代农产品产地环境监测网络的思考 [J]．环境保护，2022, 50(5): 19-24.

[4] 国家土壤环境监测网农产品产地土壤环境监测工作方案（试行）[Z]. 2018.

第 1 章

监测点位的布设和优化

- 农产品产地环境监测点位的布设
- 农产品产地环境监测点位的调整与优化
- 点位代表性计算方法
- 点位布设质量控制

1.1 农产品产地环境监测点位的布设[1-2]

1.1.1 背景资料收集

1.1.1.1 收集的原则

布点背景资料收集的目的是科学、准确地了解农产品产地自然环境、社会经济以及工农业生产现状，为优化监测布点提供科学依据。布点背景资料年份应尽可能为确定的基准年份，若无法获取到基准年份背景资料，则应选近 5 年内背景资料，原则上距离当前年份越近越好。

布点背景资料的来源应具有权威性，其权威性优先级为：统计年鉴或官方原始数据＞政府部门专题报告、皮书、地方志＞期刊文献、学术专著＞调研走访一手材料＞其他来源。

1.1.1.2 收集的内容

农产品产地环境监测点位布设收集的资料包括行政区划、自然地理、气候与气象、水文状况、土地资源、植被及生物资源、自然灾害、社会经济概况、农业生产方式、工农业污染、生态环境保护措施等文字资料或矢量数据等基础性资料。

① 行政区划：省、市、县级别的行政区划。

② 自然地理：地理位置、地形地貌。

③ 气候与气象：该区域的主要气候特性，常年平均风速和主导风向，常年平均气温、极端气温与月平均气温，常年平均相对湿度，常年平均降水量、降水天数、降水量极值，日照时数。

④ 水文状况：该区域地表水、水系、流域面积、水文特征、地下水资源总量及开发利用情况等。

⑤ 土地资源：土壤类型、土壤背景值、土壤利用情况、耕地土壤环境质量类别划分结果等。

⑥ 植被及生物资源：林木植被覆盖率、植物资源、动物资源等。

⑦ 自然灾害：旱、涝、风灾、冰雹、低温、病虫草鼠害等。

⑧ 社会经济概况：行政区划、人口状况、工业布局、农田水利和农村能源结构情况。

⑨ 农业生产方式：农业种植结构、养殖模式、土壤培肥投入情况。

⑩ 工农业污染：污染源分布、污染物排放、农业投入品使用情况。

⑪ 生态环境保护措施：废弃物处理、农业自然资源合理利用，生态农业、循环农业、清洁生产、节能减排等情况。

1.1.1.3　资料格式要求

所有资料数据设置统一的地理坐标系及投影坐标系，采用2000国家大地坐标系（CGCS 2000）。

所有的图件均需数字化和矢量化。

所有矢量数据的比例尺要求：a. 全国范围的行政区划图、土地利用图、土壤类型图等图件，精度至少应达到1：400万；b. 省级范围的行政区划图、土地利用图、土壤类型图等图件，精度至少应达到1：25万，可根据省份实际占地面积进行调整；c. 县级范围的行政区划图、土地利用图、土壤类型图等图件，精度至少应达到1：10万。

1.1.2　监测点位的布设

1.1.2.1　土壤环境监测点位的布设[2]

（1）监测单元划分

在确定土壤采样数目时，根据土壤污染特征“相同、相似”原则划分监测单元至关重要，不同的土壤采样单元直接影响土壤采样区域面积和采样数目的确定。监测单元既是监测点位布设的基本单元，也是后续开展调查数据评价的参考单元。合理划分详查单元可为最终确定农产品产地土壤污染面积打下坚实基础。

根据土壤接纳污染物的途径、监测目的、土壤类型、农作物种类、耕作制度、保护区类别、耕地土壤环境质量类别、行政区划等实际情况合理划分监测单元，同一单元的差别应尽可能缩小。

依据《土壤环境监测技术规范》（HJ/T 166）和《农田土壤环境质量监测技术规范》（NY/T 395），土壤环境监测单元按土壤接纳污染物的主要途径可划分为大气污染型土壤监测单元、灌溉水污染型土壤监测单元、固体废物堆污染型土壤监测单元、农用固体废物污染型土壤监测单元、农业化学物质污染型土壤监测单元和综合污染型土壤监测单元（污染物主要来自两种或两种以上途径）。

综合考虑农产品产地利用方式、污染类型和特征、地形地貌等因素，监测单元具体划分方法如下。

1）灌溉水污染型监测单元（包括传统污水灌区）划分方法

灌溉水污染型监测单元主要根据灌溉水源、灌区水系分布、地形地貌、农用地利用方式、农业生产情况等因素进行划分（图 1-1）。在平原地区，主要按灌区水系分布、农用地利用方式等信息进行划分；在丘陵地区，主要按地形地貌、灌区水系分布等信息进行划分。长期使用同一受污染水源灌溉的农用地，一般具有相似的污染特征，可划为一个详查单元。合理划分详查单元边界，重点是核实确认划分的详查单元内是否使用了同一灌溉水源、灌溉水源是否受到污染，并了解灌溉水污染成因。在监测单元划分时，同时受灌溉水污染影响和大气污染影响的农产品产地应优先按照灌溉水污染影响划分监测单元。

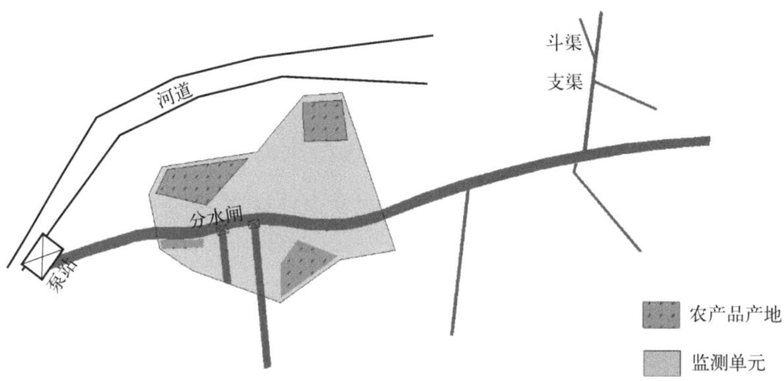

图 1-1　灌溉水污染型监测单元划分示意图

2）大气污染型监测单元划分方法

大气污染型监测单元的划分主要针对黑色金属矿采选业、有色金属矿采选业、石油加工、炼焦和核燃料加工业、化学原料和化学制品制造业、医药制造业、黑色金属冶炼和压延加工业、有色金属冶炼和压延加工业、电气机械和器材制造业（电池制造）、生态保护和环境治理业（危险废物、医疗废物处置）、公共设施管理业（生活垃圾处置）等重点行业企业周边农产品产地的监测单元划分，即将重点行业企业的大气污染影响范围划为一个监测单元，根据不同类型规模行业企业大气污染物扩散特征确定重点污染源大气影响范围（图 1-2，书后另见彩图）。

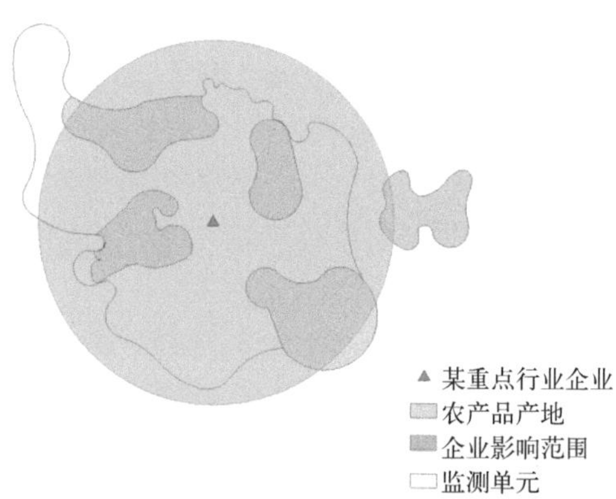

图 1-2　大气污染型监测单元划分示意图

3）其他类型监测单元的划分

其他类型监测单元包括：

① 矿山或固体废物堆存场所，以地表产流影响范围（指无组织排放污染物并因雨水冲刷而形成的污染范围）为一个监测单元；

② 因尾矿库溃坝污染的农产品产地区域，以受污染区域为一个监测单元，具体由市、县（市、区）根据实际情况划定；

③ 因洪水泛滥淹没而受污染的农产品产地区域，原则上以淹没区域为一个监测单元；

④ 污染成因不明的，根据农产品产地分布、种植结构、行政区域（如村或村组）等实际情况划分监测单元。

（2）点位布设原则

① 代表性原则。结合已有调查信息，综合分析土壤污染基本特征，合理布设农产品产地监测点位，确保调查点位具有代表性，能够反映单元内农产品产地土壤污染状况。

② 差异性原则。统筹考虑污染源类型、地形地貌、种植结构、土壤类型、农产品产地分布、农产品产地受污染规律和特点、监测单元类型等，在监测单元内进行不同精度的差异化布点。

③ 可行性原则。结合监测单元内的实际情况，确保布设的调查点位位于农产品产地地块内，具备采样工作条件，确保后续样品采集可执行，最大限度节约人力、物力、财力。

（3）点位布设数量

1）基本原则

布点精度一般依据监测工作目标、监测工作量、监测工作经费、监测工作时间等因素综合确定。以最少布点数达到监测目的为最好；精度越高，布点数越多，反之越少；区域环境条件越复杂，布点数越多，反之越少；污染越严重，布点数越多，反之越少。当地形平坦、种植结构单一、土壤类型单一时，可酌情降低布点精度。无论何种情况，每个监测单元最少应设 3 个点，一般不超过 30 个。

2）点位布设数量

① 点位超标区的监测单元　原则上，采用均匀网格法，重度点位超标区按每 500m×500m 网格布设 1 个点位；中度和轻度点位超标区按每 1000m×1000m 网格布设 1 个点位；在已查明属于地球化学高背景的区域，原则上按每 1000m×1000m 网格布设 1 个点位。重度、中度点位超标区内重点污染源聚集的地区（企业聚集影响区），可根据实际情况适当提高布点精度（图 1-3，书后另见彩图）。

② 重点污染源影响区的监测单元　以重点污染源为中心，根据污染迁移特征按放射状布设点位。对于灌溉水污染型监测单元，布点密度自灌溉水体纳污口起按水流方向由密渐稀，在灌溉水体两侧相对均匀分布；对于大气污染型监测单元，布点密度由污染源中心起由密渐稀，在同一密度圈内均匀布点，在主导风向下风向适当延长监

测距离和增加布点数量。影响范围＜1km时，点位数量可为4～9个；影响范围＞1km时，点位数量可为7～14个。根据农产品产地具体分布可酌情减少点位。

③ 土壤污染问题突出区域的监测单元　原则上，污染相对较重的区域按每500m×500m网格布设1个点位；污染相对较轻的区域、已查明属于地球化学高背景的区域，按每1000m×1000m网格布设1个点位。根据农产品产地具体分布可酌情调整。

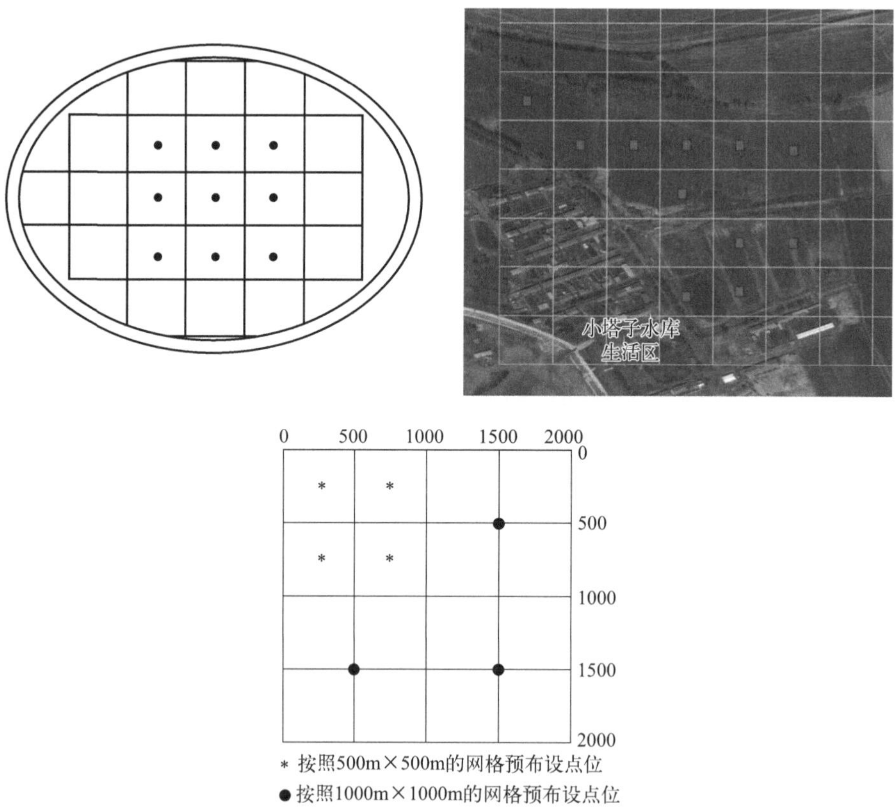

图1-3　网格法布点示意图

(4) 点位布设方法

1) 常规监测点位布设方法

常规农产品产地土壤环境监测一般根据污染类型特征进行点位布设，具体如下。

① 大气污染型土壤监测点：以大气污染源为中心，采用放射状布点法。布点密度由中心起由密渐稀，在同一密度圈内均匀布点。此外，在大气污染源主导风向下风向应适当延长监测距离和增加布点数量（图1-4）。

② 灌溉水污染型土壤监测点：在纳污灌溉水体两侧，按水流方向采用带状布点法。布点密度自灌溉水体纳污口起由密渐稀，各引灌段布点相对均匀（图1-5）。

③ 固体废物堆污染型土壤监测点：地表固体废物堆可结合地表径流和当地常年主导风向，采用放射布点法和带状布点法；地下填埋废物堆根据填埋位置可采用多种形式的布点法。

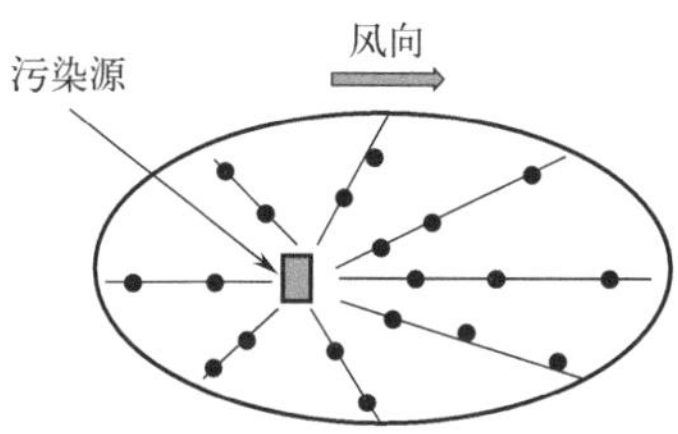

图 1-4　大气污染型监测单元

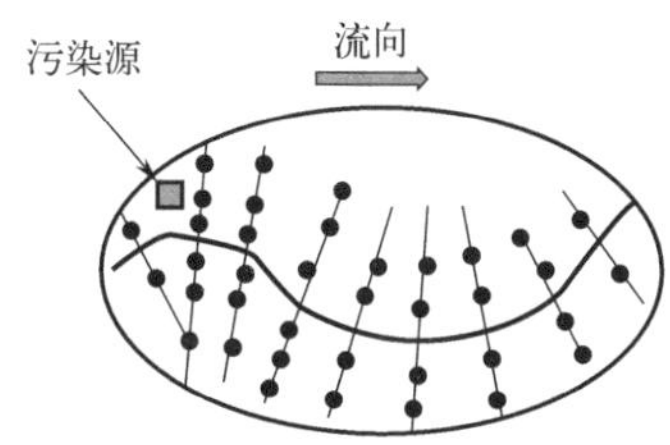

图 1-5　灌溉水污染型监测单元

④ 农用固体废物污染型土壤监测点：在施用种类、施用量、施用时间等基本一致的情况下采用均匀布点法。

⑤ 农用化学物质污染型土壤监测点：采用均匀布点法。

⑥ 综合污染型土壤监测点：以主要污染物排放途径为主，综合采用放射布点法、带状布点法及均匀布点法。

⑦ 对照监测点：在污染事故调查等监测中，需要布设对照点以考察监测区域的污染程度。选择与监测区域土壤类型、耕作制度等相同且相对未受污染的区域采集对照点；或在监测区域内采集不同深度的剖面样品作为对照点。

2）长期定点定位监测点位布设方法

农产品产地土壤长期定点定位监测，一般为国家或地方制定中长期政策所进行的监测。布点应当在农业环境区划的基础上进行，以客观、真实反映各级区划单元环境质量整体状况变化和污染特征为原则。布点方法在反映污染特征的前提下，在各级区划单元（如污水灌区、工矿企业周边区、大中城市郊区、一般农区等）内部，可采用均匀布点法。需要注意的是，国家级和省级长期定点定位监测点位的设置、变更、撤销应当通过专家论证，并建立档案。

1.1.2.2　水源环境监测点位的布设[3]

（1）点位布设原则

农产品产地水源环境监测的布点原则要从水污染对农业生产的危害出发，突出重点，照顾一般。按污染分布和水系流向布点，入水多布、出水少布，重污染多布、轻污染少布，把监测重点放在农业环境污染问题突出和对国家农业经济发展有重要意义的地方。同时，可根据实际需要，在广大农产品产地进行一些面上的定点监测，以发现新的污染问题。

（2）点位布设数量

对于面积仅为几公顷至几十公顷直接引用污水灌溉的小灌区，在灌区进水口布设1个基本监测点。

在具备干、支、斗、毛渠的农产品产地灌溉系统中，布设5个以上基本监测点。

① 河流、湖（库）等水源监测点数量：当引用河流灌溉农田时，在渠首附近设置1个断面。如有污水排入河段，在排污口上方污水渠设1个监测点，并在污水入口

的上游、清污混流处及下游河道各设置 1 个断面；＜$10hm^2$ 的小型水面，在水中心设置 1 个监测点，如有污水流入，在污水入口和污水流线消失处各设 1 个监测点；＞$10hm^2$ 的中型和大型水面，布设 5 个以上的监测点，如有污水流入，在污水入口和污水流线消失处各布设 1 个监测点。

② 用于灌溉农产品产地农田的地下水监测点数量：一般在机井的出水口布设 1 个监测点。

③ 污（废）水排放沟渠监测点数量：在污（废）水排放沟渠上、中、下游和排污口各布设 1 个监测点。

（3）点位布设方法

1）灌溉渠系水源监测布点方法

对于面积仅几公顷至几十公顷直接引用污水灌溉的小农产品产地灌区，可在灌区进水口布设监测点。

在具备干、支、斗、毛渠的农产品产地灌溉系统中，除干渠取水口设监测点，以便了解进入灌区水中污染物的初始浓度外，还在适当的支渠起点处和干渠渠末处以及农产品产地退水处设置辅助监测点，以便了解污染物质在干渠中的自净情况和农产品产地退水对其他地表水的污染可能性，但注意尾水或退水监测必须设在其他水源进入该水流系统的上游处。

2）用于灌溉的地下水水源监测布点方法

在地下水取水井设置监测点，隔年取样进行监测。

3）影响农产品产地的河流、湖（库）等水源监测布点方法

大江大河的水源监测一般由政府有关职能部门承担，可直接引用其已有监测资料。当河水被引用灌溉农产品产地时，为了监测河水水质情况，至少应在灌溉渠首附近的河流断面设置一个监测点，进行常年定期监测。

以农灌和渔牧利用为主的小型河流，应根据利用情况，分段设置监测断面。在有污水流入的上游、清污混合处及其下游设置监测断面和在污水入口上方渠道中设置污水水质监测点，以了解进入灌溉渠的水质及污水对河流水质的影响。

监测断面设置方法：对于常年宽度＞30m、水深＞5m 的河流，应在所定监测断面上分左、中、右三处设取样点，采样时应在水面下 0.3 ～ 0.5m 处和距河底 2m 处各采水样 1 个分别测定；水深＜5m 的河流，一般可在确定的采样断面中点处，在水面下 0.3 ～ 0.5m 处采 1 个水样即可。

对于＜$10hm^2$ 的小型水面，如果没有污水沟渠流入，一般在水面中心设置一个取样断面，在水面下 0.3 ～ 0.5m 处取样即可代表该水源水质，如果有污水流入，还应在污水沟渠入口上方和污水流线消失处增设监测点。

对于＞$10hm^2$ 的中型和大型水面，可以根据水面污染实际情况，划分为若干片，按上述方法设点。对于各个污水入口及取水灌溉的渠首附近水面也按上述方法增设监测点。

为了解底泥对农产品产地环境的影响，可以在水质监测点布设底泥采样点。

4）污（废）水排放沟渠的监测布点

连续向农产品产地排放污（废）水的沟渠，应在排放单位的总排污口处，污水沟渠的上、中、下游各布设监测取样点，定期监测。

1.1.2.3　环境空气监测点位的布设[4]

（1）点位布设原则

监测点位的布设应具有较好的代表性，所设置的监测点位应反映一定范围地区的大气环境污染的水平和规律。

监测点位的设置应考虑各监测点位的设置条件，尽可能地一致或标准化，使各个监测点位所取得的数据具有可比性。

农产品产地大气环境监测点位布设要考虑区域内的污染源可能对农区环境空气造成的影响，考虑自然地理、气象等自然环境要素，以掌握污染源状况、反映该区域环境污染水平为目的。

监测点位的位置一经确定不宜轻易变动，以保证监测数据的连续性和可比性。

污染事故应急监测布点原则为哪里有污染就监测哪里，监测点位应布设在怀疑或已证实有污染的地方。同时考虑设置参照点。

在交叉型多途径大气环境污染和随时间变化污染程度变化明显的特殊情况下，要特殊考虑（如增设监测点位、增加监测项目或采样频次等）。

（2）点位布设数量

监测区域采样点数量的确定，要根据监测目的、可代表面积的大小、分析测试能力、实际工作条件（如交通和电源）等，同时考虑数理统计和环境空气质量评价精度的要求。

农业生产基地大气环境质量监测，面积较小，布局相对集中，布设 3 个点；布局比较分散、面积较大，适当增加点数；空旷地带和边远地区，适当减少点数。同时还要考虑大气质量的稳定性以及污染物对农作物生长的影响，适当增减监测点数。

污染源对农业生产基地大气质量的影响监测，视污染源种类、废气排放方式、排放量而定。监测点一般控制在 5 ～ 7 个。

① 无组织排放源：一般在下风方位设 4 个点，上风方位设 1 个对照点。

② 烟囱或排气筒：污染物最高落地处浓度同污染源的距离与源强、源高（有效高度）、排出口的直径和温度以及当时当地气象条件密切相关。一般情况下，高浓度出现的地点在距污染源下风方位，相当于排放源有效高度的 10 ～ 20 倍处，通常采用同心圆轴线法或扇形法布点。现场风向波动较大，宜用同心圆多方位布点法。以污染源为圆心，作 16 或 8 个方位的放射线，同心圆数目不少于 5 ～ 7 个，二者交点处即为监测点。监测点数量根据需要适当取舍。现场风向变化不大，可用扇形布点法。以主导风向为轴线，在两侧扩出 30°左右的放射线，不少于 3 ～ 5 条，在扇形区内做出不少于 5 ～ 7 个同心圆弧，二者交点处即为监测点，同时在污染源上风方位设置 1 ～ 2

个对照点。

（3）点位布设方法

监测点位置的确定应先进行周密的调查研究，采用间断性监测等方法对农产品产地监测区域内环境空气污染状况有粗略的了解后，再选择确定监测点的位置。

监测点的周围应开阔，采样口水平线与周围建筑物高度的夹角应不大于30°，监测点周围无局部污染源并避开树木及吸附能力较强的建筑物。距装置5～15m范围内不应有炉灶、烟囱等，远离公路以消除局部污染源对监测结果代表性的影响。采样口周围（水平面）应有270°以上的自由空间。

监测点的数据一般应满足方差、变异系数较小的条件，对所测污染物的污染特征和规律较明显，数据受周围环境因素干扰较小。同时，也要求选择一个方差较大、影响因素主要来源于大区域污染源、非局部地影响的点。

监测农产品产地环境空气污染的时空分布特征及状况，一般采用网格布点法。对于空旷地带和边远地区应适当降低布点的空间密度，在污染源主导风向下风方位应适当加大布点的空间密度。

污染事故应急监测布点方法，参照《大气污染物综合排放标准》（GB 16297）和《固定污染源排气中颗粒物测定与气态污染物采样方法》（GB/T 16157）。无组织排放按照《大气污染物综合排放标准》（GB 16297）中附录C执行。烟囱或排气管道排出的气态或气溶胶污染物对农产品产地环境空气产生的影响，用同心圆轴线布点法（图1-6）或扇形布点法（图1-7）进行布点。对于污染因素复杂的区域，应采用随机布点法。

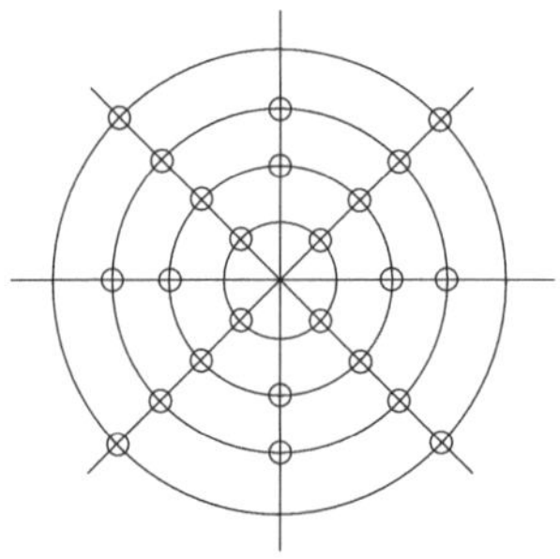

图1-6　同心圆轴线布点法

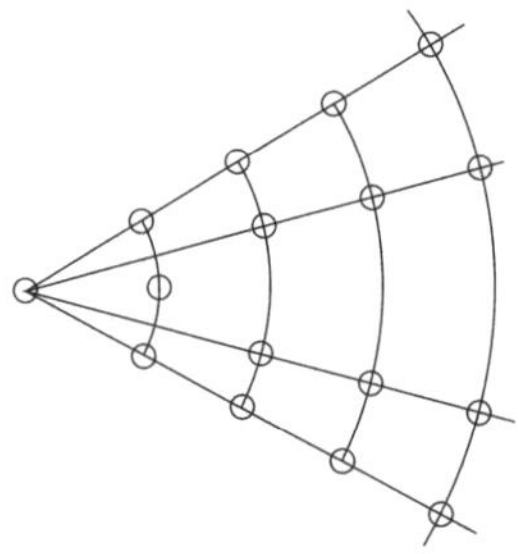

图1-7　扇形布点法

1.2 农产品产地环境监测点位的调整与优化[5-8]

监测点位的基本设置完成之后，技术人员需要对设置的监测点位进行初步的影像核查和调整。在这一过程中，技术人员需要利用高分影像、历史监测基本信息等数字化或者矢量化的图件检查布设的点位，若发现不符合要求的点位，应进行及时调整与优化。

1.2.1　内业调整

1.2.1.1　土壤点位内业调整

（1）土壤点位高分影像核查

利用高分影像逐一对布设的土壤监测点位进行检查，对不符合限制条件要求的点位和网格进行如下调整：

① 将落在非目标土地利用类型上的点位调整到网格内目标土地利用类型上；

② 将落在水体的点位调整到网格内主要土地利用类型上；

③ 将落在山地或难以到达的点位调整到山地周边适宜位置；

④ 将落在交通道路网缓冲区内的点位调整到缓冲区外；

⑤ 将落在行政区边界的点位调整到面积占优的行政区内；

⑥ 将落在居民点缓冲区内的点位调整到缓冲区外；

⑦ 将落在污染源缓冲区内的点位调整到缓冲区外；

⑧ 将过于靠近耕地图斑边界的点位适当往图斑中部移动；

⑨ 将落在非主要土壤类型图斑上的点位平移至主要土壤类型图斑上。

（2）土壤点位网格合并

视需要和实际情况，可以对相邻的网格进行合并，以减少监测点位数。土壤点位合并原则如下。

① 如果相邻两个点位所在网格的土壤类型和土地利用类型均一致，则可合并点位，但仅可合并一次，在被合并的网格间适当位置重新选取点位；

② 在受人类生产活动影响较小的区域（如新疆、西藏等）合并相邻网格的次数可以适当增加。

1.2.1.2　水源点位内业调整

（1）地表水点位调整

① 农产品产地水网流向不定的河流，应根据常年主导流向设置监测断面。

② 对水网地区应视实际情况设置若干控制断面，其控制的径流量之和应不少于总径流量的 80%。

③ 有水工构筑物并受人工控制的河段，视情况分别在闸（坝、堰）上、下游设置断面。如果水质无明显差别，可只在闸（坝、堰）上游设置监测断面。

④ 如农产品产地监测所在的行政区域内河流有足够长度，可设置消减断面。消减断面主要反映河流对污染物的稀释净化情况，应设置在控制断面下游、主要污染物

浓度有显著下降处。

（2）地下水点位调整

① 地下水饮用水源地的监测点位布设，以开采层为监测重点。当农产品产地存在多个含水层时，可在与目标含水层存在水力联系的含水层中布设监测点位，并将与地下水存在水力联系的地表水纳入监测。

② 再生水灌溉的农产品产地。对照监测点布设 1 个，设置在再生水农产品产地地下水流向上游边界；污染扩散监测点布设不少于 6 个，分别在再生水农产品产地两侧各 1 个，再生水农产品产地及其下游不少于 4 个。

③ 存在畜禽养殖场和养殖小区的农产品产地。对照监测点布设 1 个，设置在养殖场和养殖小区地下水流向上游边界；污染扩散监测点不少于 3 个，地下水下游及两侧的地下水监测点均不得少于 1 个；若养殖场和养殖小区面积大于 $1km^2$，在场区内监测点数量增加 2 个。

1.2.1.3 空气点位内业调整

综合考虑农产品产地地理地形特征、土地利用状况、污染源评估、历史空气质量状况，区域经济、社会和城市建设发展规划等，对初步布设的空气质量监测点位进行优化调整。为了保证监测点位优化调整的科学准确，必要时可对已初步布设的监测点位进行实测。具体调整的原则如下：

① 监测点位附近 100m 内土地使用状况相对稳定，远离林木、城镇建筑物及公路、铁路的开阔地带，不得随意调整、取消、移动监测点位。

② 点位周围 50m 内不得有大气污染源，点位主导风向与城市主导风向最大偏离小于 45°。

③ 农产品产地监测区域如果已存在监测点位，新布设的全部监测点位实测或模拟计算的大气污染物浓度算术平均值与同一时期原监测点位测得大气污染物浓度区域总体平均值相对误差应在 10% 以内。

④ 监测区域内全部环境空气质量监测点位大气污染物浓度平均值计算得出的百分位数与估计值比较时，各百分位数相对误差应在 15% 以内。

⑤ 因采样高度变化等条件变化而造成无法正常运行的个别监测点位，可在小范围内调整，其移动直线距离不超过 1000m；因条件限制，在原点位直线距离 1000m 内无法设点时，经充分论证后可在原点位直线距离 1000m 外设点，但其监测点位选择指标必须满足技术指标要求。如进行长期监测，调整后的监测点位 5 年内不得再移动。

1.2.2 历史点位替代调整

同一网格内，用最近的且符合要求的历史监测点位替代网格点，替代原则如下：

① 一个网格中只有一个监测点且满足规则的，直接保留，不满足规则的平移；

② 网格中有两个或两个以上监测点，若仅有一个满足规则，则保留该点；

③ 一个网格中有两个或两个以上监测点，若有两个或两个以上都满足规则的，结合污染程度，保留较优点。

1.2.3　现场核查

上述完成的点位仅为理论点位，还需对理论布设点位逐一进行现场核查，对于不符合要求的点位应按布点原则重新调整。现场核查时必须采用定位仪准确到达理论监测点位，经纬度要精确到小数点后第 6 位。现场对布设点位的以下内容进行确认：监测点位类型、土地利用类型、点位周边环境等，是否具备采样条件等。确认点位是否需要调整，并做好记录（表 1-1）。

表1-1　监测点位现场核查表

<table>
<tr><td rowspan="3">点位信息</td><td>点位类型</td><td></td><td>点位编号</td><td></td></tr>
<tr><td>地理位置</td><td></td><td>点位经纬度准确性</td><td></td></tr>
<tr><td>经度 / (°)</td><td></td><td>纬度 / (°)</td><td></td></tr>
<tr><td rowspan="4">点位核查</td><td>点位所处位置土地利用类型</td><td colspan="3"></td></tr>
<tr><td>点位与交通干线实际距离</td><td></td><td>点位与居民区等敏感目标实际距离</td><td></td></tr>
<tr><td>点位与周边污染源实际距离</td><td></td><td>样品采集的可行性</td><td></td></tr>
<tr><td>点位周边环境</td><td colspan="3">东：
西：
南：
北：</td></tr>
<tr><td rowspan="4">点位调整</td><td>点位是否需要调整</td><td colspan="3">是□　　否□</td></tr>
<tr><td>调整后经度 / (°)</td><td></td><td>调整后纬度 / (°)</td><td></td></tr>
<tr><td>调整后点位所在地的详细名称</td><td></td><td>调整后点位所在位置土壤类型</td><td></td></tr>
<tr><td>调整后点位周边环境</td><td colspan="3">东：
西：
南：
北：</td></tr>
<tr><td>备注</td><td colspan="4"></td></tr>
<tr><td colspan="2">检查人：</td><td colspan="2">记录人：</td><td>时间：</td></tr>
</table>

1.3 点位代表性计算方法[9]

衡量点位布设方法结果的好坏通常是从点位布设方法结果的均匀性和代表性角度考虑。目前，衡量样本点在地理空间的均匀性及在特征空间的代表性一般采用均匀变异指数和偏离指数来评估样本点分布的均匀性及代表性。

1.3.1 均匀变异指数法

均匀变异指数法是基于均匀因子计算的，均匀因子表示样本点所在研究区域生成的泰森多边形面积与平均采样面积之比。利用均匀因子评估样本点的属性，判断其是聚集样本点、稀疏样本点还是均匀样本点，均匀因子越小表示样本点所在区域的冗余样本点数据越少。均匀变异指数表征样本集中全部样本点的整体均匀程度。均匀变异指数越小，表示样本点在地理空间上的分布越均匀；反之，所在区域样本点分布存在稀疏或者聚集状况。

均匀变异指数计算如式（1-1）所示：

$$E_v=\frac{\sqrt{\frac{1}{N}\sum_{i=1}^{N}(V_i-1)^2}}{\sum_{i=1}^{N}\frac{V_i}{N}} \tag{1-1}$$

式中　E_v——所有样本点的均匀变异指数；

N——采样区域中的样本点的个数；

V_i——第 i 个样本点的均匀因子。

1.3.2 偏离指数法

P-P 图（probability-probability plot）和 Q-Q 图（quantile-quantile plot）通过绘制样本点及相应总体的概率 / 分位数散点图来比较样本点及其总体的特征分布。定义特征空间偏离指数（deviation index，DI）为以 P-P 图或 Q-Q 图中 $y=x$ 线为基准的标准残差，用偏离指数反映样本点在特征空间的代表性。

偏离指数（DI）计算如式（1-2）所示：

$$\mathrm{DI}=\frac{\sqrt{\sum_{i=1}^{N}(q_i-Q_i)^2}}{N} \tag{1-2}$$

式中　DI——偏离指数；

q_i——第 i 个样本点属性值的分位数 / 概率；

Q_i——相应的总体分位数 / 概率；

N——样本点个数。

1.4 点位布设质量控制

1.4.1 背景资料核查

① 对点位布设所使用的各类资料，包括土地调查数据、污染源数据、农业生产数据、行政区划图、土地利用图、土壤类型图等，应逐一进行核查，确保其年份与点位布设时间的跨度不超过 5 年。

② 对点位布设所用资料的来源进行核查，优先采用统计年鉴等官方发布资料；若需使用期刊文献、学术专著、调研走访报告等非官方公布资料，应对其有效性进行评估。

③ 对点位布设所用图件的精度逐一进行核查，保证国家级图件比例尺应不低于 1∶400 万，省级图件比例尺应不低于 1∶25 万，县级图件比例尺应不低于 1∶10 万。

1.4.2 预设点位信息的逻辑检查

点位布设完成之后，应对全部预设点位信息进行逻辑检查，内容包括：a. 是否有空项；b. 是否有不符合数据格式要求的信息项；c. 点位编码是否不连续；d. 点位编码数量是否与采样任务数量不一致。并填写全部点位信息逻辑检查表（表 1-2）。对于点位编码不连续的点位应重新进行排序，并对空项和不符合数据格式要求的信息项进行补充或修正。

表1-2　全部点位信息逻辑检查表

采样任务数量：××××　　　　点位编码数量：××××

异常点位编码	检查结果[①]

①下拉菜单，检查结果可单选或多选，具体为：空项、不符合数据格式要求的信息项和点位编码不连续。

检查人员：×××　　　　联系电话：________

检查日期：××××年××月××日

1.4.3 不可用点位确认

对不可用备选点位申请进行审核，重点核查现场照片是否支持其不可用的理由。采取异常点位统计表（表 1-3），结合全部备选点位均不符合采样要求说明的形式逐一审核备选点位信息，并填写全部备选点位不可用点位信息核查表（表 1-4）。若信息属实，在当年监测任务中删除此采样点位，在下一年度监测开始之前增补新的采样点位，或重新提供点位再次开展点位踏勘核查。

表1-3 异常点位统计表

序号	区域监测中心	不可用点位数量	不可用点位比例①	不可用点位编码列表
1				
2				
3				
4				

①计算方式：不可用点位数量 / 对应区域监测中心全部点位数量。

表1-4 不可用点位信息核查表

×× 区域监测中心

点位编码	采样点位	点位坐标	采样地点	现场照片		反馈意见		标记
	计划点位	东经，北纬	×××县×××乡×××村			□同意 □不同意	不同意理由	全部点位均不可用
	备选点位 1					□同意 □不同意	不同意理由	
	备选点位 2					□同意 □不同意	不同意理由	
	备选点位 3					□同意 □不同意	不同意理由	
	备选点位 4					□同意 □不同意	不同意理由	
	备选点位 5					□同意 □不同意	不同意理由	
	备选点位 6					□同意 □不同意	不同意理由	

核查人员：××× 联系电话：________

核查日期：××××年××月××日

1.4.4 增补监测点位

对于上一年度计划点位和全部备选点位均不可用的监测点位予以增补，填写监测点位增补信息表（表 1-5），并分别从点位类型、农产品类别和土地利用方式 3 个方

表1-5　监测点位增补信息表

点位编码：××××××-××-×××

采样点位	省（区、市）	地区（市、州、盟）	县区（市、旗）	乡镇	村屯	组	北纬	东经	区域类型	海拔高度	土地利用方式	水旱田	土类名称	亚类名称	成土母质	主要农作物	
计划点位																	
备选点位 1																	
备选点位 2																	
备选点位 3																	
备选点位 4																	
备选点位 5																	
备选点位 6																	

统计人员：×××　　　　联系电话：________

统计日期：××××年××月××日

面统计各类别（优先保护类、安全利用类和严格管控类）监测点位的数量和密度，填写不同点位类型、不同农产品类别、不同土地利用方式点位代表性检验信息统计表（表 1-6 ～表 1-8），并依次绘制不同点位类型、不同农产品类别、不同土地利用方式点位代表性检验信息统计图（图 1-8 ～图 1-10）。

表1-6　不同点位类型点位代表性检验信息统计表

点位类型	监测点位类别					
	优先保护类		安全利用类		严格管控类	
	点位数量 / 个	点位密度 /（个 /m^2）①	点位数量 / 个	点位密度 /（个 /m^2）	点位数量 / 个	点位密度 /（个 /m^2）
仅采集土壤样品						
仅采集农产品样品						
土壤和农产品样品同步采集						

①系统自行计算（点位密度 = 点位数量 / 点位面积之和）。

统计人员：× × ×　　　　　　　　　　　　联系电话：________________

统计日期：× × × × 年 × × 月 × × 日

表1-7　不同农产品类别点位代表性检验信息统计表

农产品类别①	监测点位类别					
	优先保护类		安全利用类		严格管控类	
	点位数量 / 个	点位密度 /（个 /m^2）②	点位数量 / 个	点位密度 /（个 /m^2）	点位数量 / 个	点位密度 /（个 /m^2）

①样品类别根据实际填写，如水稻、小麦、玉米、蔬菜（注明具体名称）、大豆、油料作物（注明具体名称）、糖料作物（注明具体名称）、茶叶、水果（注明具体名称）等。

②系统自行计算（点位密度 = 点位数量 / 点位面积之和）。

统计人员：× × ×　　　　　　　　　　　　联系电话：________________

统计日期：× × × × 年 × × 月 × × 日

表1-8 不同土地利用方式点位代表性检验信息统计表

土地利用方式	监测点位类别					
	优先保护类		安全利用类		严格管控类	
	点位数量/个	点位密度/(个/m²)①	点位数量/个	点位密度/(个/m²)	点位数量/个	点位密度/(个/m²)
耕地						
草地						
林地						
园地						

①系统自行计算(点位密度=点位数量/点位面积之和)。

统计人员:××× 联系电话:________

统计日期:××××年××月××日

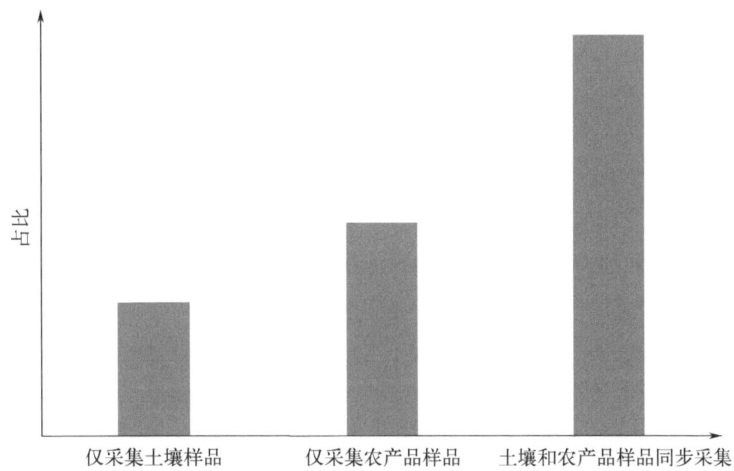

图1-8 不同点位类型点位代表性检验信息统计图

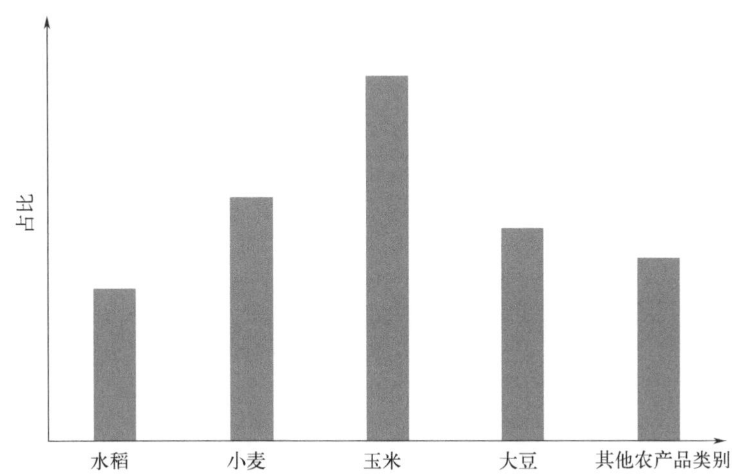

图1-9 不同农产品类别点位代表性检验信息统计图

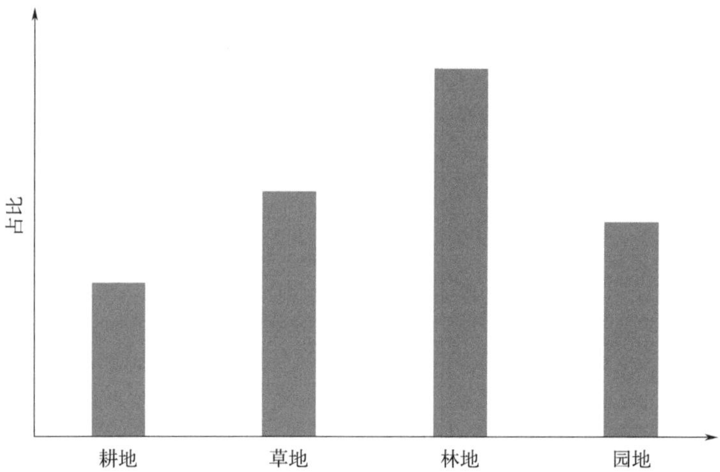

图 1-10　不同土地利用方式点位代表性检验信息统计图

参考文献

[1] NY/T 391—2021. 绿色食品　产地环境质量 [S].

[2] NY/T 395—2025. 农田土壤环境质量监测技术规范 [S].

[3] NY/T 396—2000. 农用水源环境质量监测技术规范 [S].

[4] NY/T 397—2000. 农区环境空气质量监测技术规范 [S].

[5] 龙新宪. 耕地土壤重金属污染调查与修复技术 [M]. 北京：化学工业出版社，2021.

[6] 陈玲，赵建夫. 环境监测 [M]. 3 版. 北京：化学工业出版社，2021.

[7] 曲磊，王金梅，支金虎. 环境监测 [M]. 北京：中央民族大学出版社，2015.

[8] 农用地土壤污染状况详查点位布设技术规定（环办土壤函〔2017〕1021 号）.

[9] 吴亚楠，董士伟，潘瑜春，等. 不同数据情境的耕地土壤重金属污染监测点位布设方法 [J]. 中国农学通报，2022, 38(22): 93-98.

第2章

样品采集与质量控制方法

- 土壤样品的采集与质量控制
- 农产品样品的采集与质量控制
- 灌溉水样品的采集与质量控制
- 大气样品的采集与质量控制

2.1 土壤样品的采集与质量控制[1-3]

2.1.1 土壤样品采集的准备工作

组建 2 人以上的专业采样小组，采样小组成员应具有农业、土壤、环境、地理等相关基础知识，并熟悉采样环境背景，掌握土壤及农产品样品采集方法及操作方法。由具有野外调查经验并掌握土壤及农产品样品采集流转相关技术的专业技术人员担任组长，组长负责现场采样过程质量控制和现场采样记录审核。采样小组内部要分工明确、责任到人、保障有力。采样前必须经过专项培训，以便对采样中的关键问题有统一的标准和认识。

采样小组应做好相关技术准备及自查工作，包括掌握北斗卫星导航系统（BDS）或全球定位系统（GPS）、采样手持终端以及蓝牙打印机的操作使用方法及其校准和调试等；自查定位设备精度及地理坐标系统等，包括 BDS 或 GPS 坐标系统是否设置为 CGCS 2000、定位精度是否设置为米、经纬度格式是否设置为度且保留到小数点后第 6 位。

采样小组应熟练掌握样品采集方法及操作，并明晰样品包装、标签、采样量及流转运输等的具体要求。

采样小组应做好采样物资的准备及自查工作，确保物资准备全面、齐全且状态良好。采样物资一般包括工具类、器具类、文具类、防护用品以及运输工具等。

（1）工具类

足够数量且状态良好的铁锹、铁铲、镐头、土钻（钻体内部具有氧化锆涂层）、木（竹）铲、环刀（容积 100cm^3）、钢制环刀托（上有两个小排气孔）、修土刀、木槌、不锈钢剪刀、不锈钢切刀、镰刀以及满足特殊采样要求的工具等。

（2）器具类

足够数量且状态良好的 BDS 或 GPS、手持终端、数码照相机、便携式蓝牙打印机、不干胶样品标签打印纸、卷尺、便携式手提秤、记号笔、样品袋（布袋、塑料袋、尼龙网袋等）、棕色密封样品瓶及其防碰撞包装用品、有盖铝盒等。

（3）文具类

足够数量的样品标签（人工填写）、点位编号列表、采样现场记录表、铅笔、签字笔、资料夹、透明胶带等。

（4）防护用品

足够数量的工作服、工作鞋、安全帽、手套、雨具、常用药品（防蚊蛇咬伤）、创可贴、卫生纱布和胶布、消毒酒精（75%）、口罩等。

（5）运输工具

每个采样小组应至少配备一台采样用车及一定数量的运输箱。依据样品的物理性状，按照相关规范合理选用临时储存和运输方式，如车载冷藏箱。

2.1.2　土壤样品采集的原则

根据监测目的确定，一般土壤样品在农作物成熟或收获后与农作物同步采集，采样时间应避开大风、雨中、雨后，且应避免在肥料、农药施用时进行样品采集。

依据作物根系确定土壤样品的采集深度，一般来说不超过耕作层深度。

依据监测项目检测方法要求确定采样量，一般来说，多点混合土壤样品采样量和剖面土壤样品各分层采样量至少1kg，可根据监测目的或实际要求进行适度调整。

若使用手持终端进行样品采集，则采样小组应使用手持终端中内置的地图导航功能确认采样点位置，实际采样点位不得超过计划点位所在地块边界范围。采样人员需如实录入该点位的实际采样时间、经纬度信息及海拔数据等，并拍照留存定位设备屏显照片，以完成采样点位置确认。应注意经纬度填写格式（东经、北纬，单位为“度”，保留6位小数，经度和纬度不要填反）和海拔数据格式（有“+”或“−”，单位为“米”，保留1位小数）。

经踏勘，发现计划点位存在以下任意一种情况时，可将计划点位自行就近调整至适宜采样区，原则上点位调整的位移距离一般不超过200m：

① 计划点位所在地块变更为非耕地；

② 计划点位所在地块处于常年休耕状态；

③ 计划点位所在地块种植作物与任务信息不一致；

④ 计划点位50m范围内有新建的公路、工厂等明显污染源。

若200m范围内没有合适的采样点，采样小组可通过手持终端确认“无法采样”，保留并提交无法采样的证明材料，如该采样点位耕地现状照片，照片中应能清楚反映出点位所在地块为耕地或非耕地、是否已常年休耕、采样点位种植作物类型、50m范围内的明显污染源等。若有备选点位，应在手持终端中选取备选点位，即从计划点位所在行政村内的备选点位中选择种植作物与任务相同的点位；若整个行政村范围内无合适的采样点位，则备选点位的选取范围依次放大至乡镇、县（市、区），且点位种植作物应与任务相同或为对目标监测指标较为敏感的作物。

2.1.3　土壤样品的采集方法

2.1.3.1　重金属监测点土壤样品采集

需采集多点混合土壤样品，样品量为1.5～2.0kg，若土壤中砂石、草根等杂质较多或含水量较高时可视情况适当增加采样量，其具体操作过程如下。

（1）分样点布设

以计划点经纬度所在位置为中心点，计划点不在田块中间位置时，可适当调整。中心点确定后，以确定点位为中心划定采样区域，采样面积为 25m×25m（若地形地貌及土壤利用方式复杂，可适当扩大至 100m×100m），以对角线法、梅花点法、棋盘法或蛇形法布设分样点，各分样点应尽可能布设在同一农户的同一田块中，且应避开田埂、地头、堆肥处、陡坡地、低洼积水地、住宅、道路、沟渠、粪坑等，有垅的农田应布设在垅上。

采样小组应根据采样地块的具体情况选择合适的分样点布设方法，如图 2-1 所示。对角线法适用于污水灌溉或类似的地块，由地块进水口向出水口引一条对角线，至少五等分，以等分点为采样分点，采样分点数量不得少于 5 个；梅花点法适用于面积较小、地势平坦、土壤不均匀的地块，采样分点数量不得少于 6 个；棋盘法适用于面积中等、地势平坦、土壤物质和受污染程度均匀的地块，采样分点数量不得少于 9 个；蛇形法适用于面积较大、土壤不够均匀且地势不平坦的地块，多用于农业污染型土壤，采样分点数量不得少于 15 个。

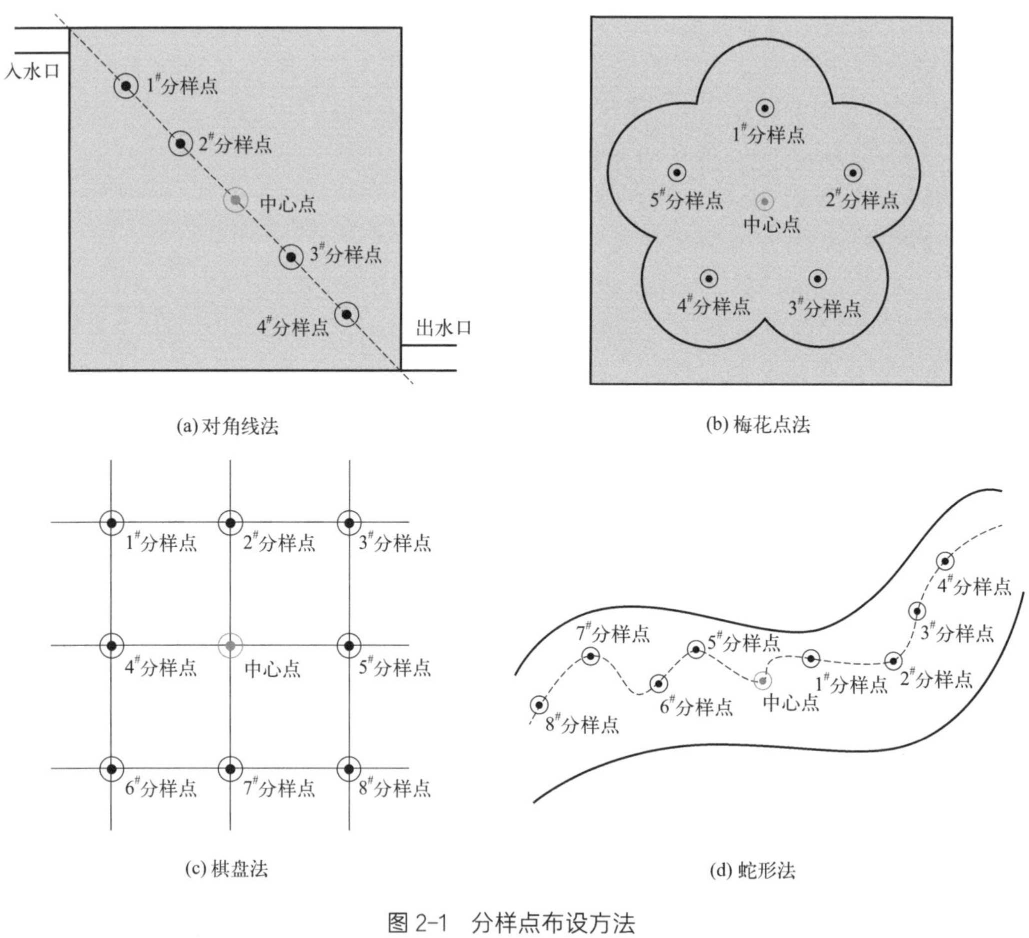

(a) 对角线法　(b) 梅花点法　(c) 棋盘法　(d) 蛇形法

图 2-1　分样点布设方法

（2）垂直柱状法采样

首先清除某个采样点土壤表面的植物残骸和石块等，有植物生长的点位应除去土壤中植物根系；采用垂直柱状法用铁铲垂直切割出一个大于取土量的一定深度土柱（种植一般农作物土壤的土柱深度为20cm，种植果林类农作物土壤的土柱深度为60cm），注意不要斜向挖土，尽可能做到采样量上下一致；用木（竹）铲去掉铁锹接触面的土壤，用木（竹）铲取土壤样品装袋。

（3）分样点采样

采用同样方法在各分样点等量采集土壤样品，每个点位采样量应基本保持一致，各分样点样品采集完成后现场混合成样。

（4）四分法缩分

现场采集的土壤混合样质量大于需求量时，应采用四分法进行现场样品缩分，如图2-2所示，其操作方法为：将样品反复混合均匀后，摊平成厚度均匀的扁平圆形，过圆心画十字线，四等分样品，取对角线两等份，如此继续缩分至所需数量为止。当采集水稻土或湖沼土等烂泥土样时，四分法难以应用，可将所有样品放入不含目标监测指标材质的盆中，用不含目标监测指标的棍子将各采样点的烂泥搅拌均匀后再取出所需数量样品。

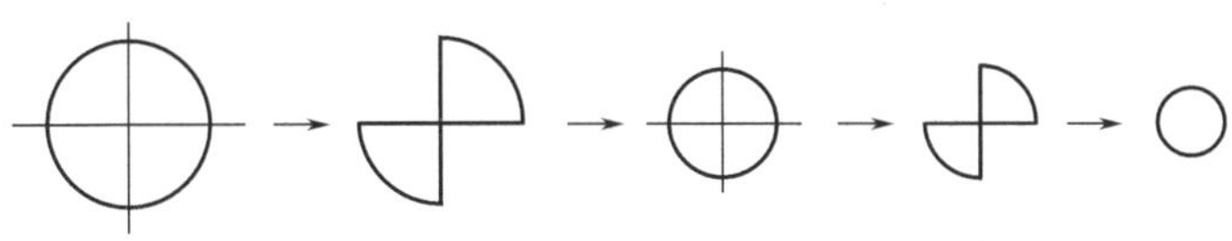

图2-2　四分法操作图示

（5）包装标签要求

所有样品均应按照“双袋、双标签”进行现场分装。采集的土壤样品应先装入塑料袋，在塑料袋外粘贴1份样品标签（或在袋口系1份样品标签），再将装有土壤样品的塑料袋装入布袋（或塑料袋）中，在布袋封口处系上另1份样品标签（或在塑料袋外粘贴另1份样品标签）。当样品含水量较大时，应先将样品标签放入塑料自封袋中密封，然后装入样品袋或系在样品袋口，以防样品标签被浸泡。

2.1.3.2　耕地地力监测点土壤样品采集

在耕地地力监测点，需采集多点混合土壤样品，样品量为2.5～3.0kg，若土壤中砂石、草根等杂质较多或含水量较高时可视情况适当增加采样量，其采样操作方法同重金属监测点；若需测定田间持水量，还需采用环刀法单点采集土壤原土样不少于两份（建议采集4环刀，其中2环刀作为样品测试过程中的备用样），单点采集土壤混合样一份，其样品量为 20g，具体操作过程如下：

① 采样时，应先整理采样点田块表面，去除石块和植物残骸等杂物，用修土刀修平表层土壤；

② 将环刀托套在已知质量和容积的环刀上无刃的一端，环刀内壁均匀地涂上一层薄薄的凡士林，将环刀刃口向下，用力均衡地垂直压入土中，如土壤较硬，环刀不易插入土中，可用土锤轻轻敲打环刀托把，直至环刀筒中充满土样为止，且土面即将触及环刀托的顶部（可由环刀托盖上的小孔窥见）时，停止下压；

③ 用铁铲切开环刀周围的土壤，在环刀下方切断，并使其下方留有一些多余的土壤；

④ 取出已充满土的环刀，将其翻转过来，刃口朝上，用削土刀细心削平环刀两端多余的土，使之与刃口齐平，并擦净环刀外壁上的土；

⑤ 将装有土样的环刀两端立即加盖，以免水分蒸发，再次翻转环刀，使已盖上顶盖的刃口一端朝下，取下环刀托，同样削平无刃口端的土面并盖好底盖，如图 2-3 所示；

⑥ 在环刀外粘贴 1 份样品标签，再将环刀装入布袋（或塑料袋），在布袋封口处系上另 1 份样品标签（或在塑料袋外粘贴另 1 份样品标签）；

⑦ 迅速将其装入木箱带回采样单位，若因采样点距离实验室太远或其他原因无法及时送达时应采取防止样品水分流失的措施；

⑧ 同时在取样点附近，另取土壤混合样 20g，装入有盖铝盒，并在铝盒外粘贴 1 份样品标签，再将有盖铝盒装入布袋（或塑料袋），在布袋封口处系上另 1 份样品标签（或在塑料袋外粘贴另 1 份样品标签），用于测定土壤自然含水量。

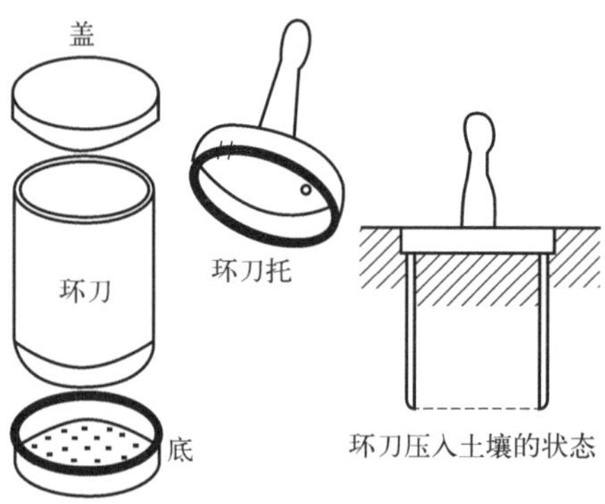

图 2-3　环刀法图示

2.1.3.3　有机污染物监测点土壤样品采集

在有机污染物监测点单点采集土壤鲜样，样品量为 500mL，具体操作过程如下：

① 采样时应先清除采样点土壤表面的植物残骸和石块等，采用垂直柱状法用铁铲垂

直切割出一个大于取土量的土柱（种植一般农作物土壤的土柱深度为 20cm，种植果林类农作物土壤的土柱深度为 60cm），注意不要斜向挖土，尽可能做到采样量上下一致；

② 用木（竹）铲取土壤样品装满 500mL 棕色磨口玻璃瓶，并在瓶外粘贴 1 份样品标签，再将棕色磨口玻璃瓶装入布袋（或塑料袋），在布袋封口处系上另 1 份样品标签（或在塑料袋外粘贴另 1 份样品标签）。

2.1.4　土壤样品的采样记录

采样小组在采样现场记录采样点位信息、样品信息等，将相关信息认真填写至“土壤样品采集记录表”中（表 2-1）。

表2-1　土壤样品采集记录表

<table>
<tr><td colspan="4">1. 采样点位信息</td></tr>
<tr><td>样点编号</td><td></td><td>调查样点类型</td><td></td></tr>
<tr><td>样点所在地区</td><td></td><td>布点网格大小</td><td></td></tr>
<tr><td>实际采样经度</td><td></td><td>计划采样经度</td><td></td></tr>
<tr><td>实际采样纬度</td><td></td><td>计划采样纬度</td><td></td></tr>
<tr><td>样点偏移 /m</td><td></td><td>是否质控样点</td><td></td></tr>
<tr><td>样点偏移说明</td><td colspan="3"></td></tr>
<tr><td>采样地点</td><td colspan="3">省（自治区、直辖市）　市（州）　县（市、区）　乡（镇）　村　组</td></tr>
<tr><td>土地利用方式</td><td></td><td>耕作方式</td><td></td></tr>
<tr><td>地形地貌</td><td></td><td>海拔 /m</td><td></td></tr>
<tr><td>土壤系统分类</td><td colspan="3"></td></tr>
<tr><td>土壤发生分类</td><td colspan="3"></td></tr>
<tr><td>样点周边信息</td><td colspan="3">正东：□居民点 □厂矿 □耕地 □林地 □草地 □水域 □其他
正南：□居民点 □厂矿 □耕地 □林地 □草地 □水域 □其他
正西：□居民点 □厂矿 □耕地 □林地 □草地 □水域 □其他
正北：□居民点 □厂矿 □耕地 □林地 □草地 □水域 □其他</td></tr>
<tr><td colspan="4">2. 样品信息</td></tr>
<tr><td>样品编号</td><td></td><td>加密样品编号</td><td></td></tr>
<tr><td>样品类型</td><td></td><td>样品名称</td><td></td></tr>
<tr><td>采样深度 /cm</td><td></td><td>样品质量 /g</td><td></td></tr>
<tr><td>样品测试项目</td><td colspan="3"></td></tr>
<tr><td>土壤颜色</td><td></td><td>土壤质地</td><td></td></tr>
<tr><td colspan="4">3. 工作信息</td></tr>
<tr><td>采样小组负责人</td><td></td><td>负责人联系电话</td><td></td></tr>
<tr><td>采样人</td><td></td><td>采样人联系电话</td><td></td></tr>
</table>

续表

<table>
<tr><td>采样时间</td><td></td><td>天气情况</td><td></td></tr>
<tr><td>样品采集工具</td><td colspan="3"></td></tr>
<tr><td>样品分装容器</td><td colspan="3"></td></tr>
<tr><td colspan="4">4. 现场采样照片</td></tr>
</table>

中心点位取土	定位设备屏显	东侧与 1# 分样点取土
南侧与 2# 分样点取土	西侧与 3# 分样点取土	北侧与 4# 分样点取土
土壤样品及采样小组负责人	其他 1	其他 2

2.1.5 土壤样品采集过程中的质量控制

2.1.5.1 采样小组的组建

每个采样队至少有 1 名采样人员和 1 名质量检查员，需通过统一组织的集中培训，取得培训结业证书。其余人员需经培训上岗，并保留培训记录。同时，按照不少于 1.2∶1（1.2 代表采样小组，1 代表备用采样小组）的比例组建备用采样小组，登记相关人员信息，并电子留档（表 2-2），确保可随时开展采样工作。

表2-2 备用采样小组信息登记表

采样单位：

1. 组长姓名：	联系电话：
2. 组员姓名： 组员姓名：	负责工作： 负责工作：
3. 培训日期：×××× 年 ×× 月 ×× 日—×××× 年 ×× 月 ×× 日	

2.1.5.2 采样点位坐标的核查

采样小组每采样完成并经系统确认 20 个点位（最后一批≤ 10 个并入上一批，＞10 个则独立为一批）后，按不低于 5% 的比例核查采样现场照片中定位设备的坐标信息与登记表格中坐标信息是否一致。若不一致，小于等于 200m 差异时应要求相应采样小组按照照片拍摄的坐标信息对登记表格中的坐标信息进行修正，大于 200m 差异时应要求采样小组重新采样。同时，按 20% 抽查剩余已完成采样的点位，若再次发现不符的点位，应按 100% 比例核查已完成采样的点位。采样点位坐标信息核查表见表 2-3。

表2-3　采样点位坐标信息核查表

×× 区域监测中心

序号	点位编码	登记表格点位坐标①	现场照片点位坐标②	现场照片
1	××××××-××-×××	东经，北纬	东经，北纬	
2				
3				
…				

①系统根据样品采集过程中登记的坐标信息自动填写。

②现场照片中的坐标信息。

核查人员：×××　　　　　　　　　　　　　　联系电话：________________

核查日期：××××年××月××日

2.1.5.3　采样点位灌溉水及水源的核查

采样小组每采样完成并经系统确认 20 个点位（最后一批≤ 10 个并入上一批，＞10 个则独立为一批）后，按不低于 5% 的比例随机抽查采样小组采样时所填写的登记表中记录的采样地块点位灌溉水及水源状况，通过其所拍摄的采样地块灌溉水及水源现场照片判断是否与填报信息一致。若照片与登记表中记录的采样点位的灌溉水及水源信息不一致，则应要求采样人员解释说明照片与登记表记录信息不一致的原因，可通过补充相应证据（现场照片或访谈记录等）进行说明。若确认填报的登记表信息有误，应要求退回采样单位并按照照片反映的实际情况进行更正，按 20% 的比例核查该采样单位已采点位填写的登记表中的灌溉水及水源信息与拍摄的现场照片反映的状况是否一致，若仍有不一致的情况，应责令停止采样作业，核查全部已采点位填写的登记表中的灌溉水及水源信息，限期整改，整改完成，并由质控专家组验收合格后，方可继续实施采样作业，在这期间采样作业由备用采样小组完成。采样点位灌溉水及水源信息核查表见表 2-4。

表2-4　采样点位灌溉水及水源信息核查表

×× 区域监测中心

点位编码	点位坐标	点位地址	登记表格信息①	现场照片	现场照片是否可反映灌溉水及水源信息②	补充证据③	
××××××-××-×××	东经，北纬	×××县 ×××乡 ×××村			□是　□否		
					□是　□否		

续表

点位编码	点位坐标	点位地址	登记表格信息①	现场照片	现场照片是否可反映灌溉水及水源信息②	补充证据③	
					□是 □否		
					□是 □否		

①系统根据样品采集过程中登记的采样点位灌溉水及水源信息自动填写。

②“现场照片是否可反映灌溉水及水源信息”勾选，否则需补充证据。

③可补充现场照片或访谈记录等。

核查人员：××× 联系电话：________

核查日期：××××年××月××日

2.1.5.4 采样现场包装的核查

采样小组每采样完成并经系统确认20个点位（最后一批≤10个并入上一批，>10个则独立为一批）后，应按不低于5%的比例抽查采样现场包装情况的照片，判断样品包装是否合格、二维码是否统一标注在样品包装袋上的正中央、二维码是否清晰可辨。若样品包装或二维码任意一项不符合要求，采样单位应于2小时内完成对不合格样品包装的更换，并按20%的比例核查该采样单位已采点位所有样品的包装，若仍有包装不符合要求的样品，则责令停止采样作业，核查全部已采样品包装，限期整改，整改完成，并由质控专家组验收合格后，方可继续实施采样作业，在这期间采样作业由备用采样小组完成。样品包装信息核查表见表2-5。

表2-5 样品包装信息核查表

××区域监测中心

序号	点位编码	现场照片	现场照片是否可反映样品包装情况①	补充证据②
1	××××××-××-×××		□是 □否	
2			□是 □否	
3			□是 □否	
…			□是 □否	

①“现场照片是否可反映样品包装情况”勾选，否则需补充证据。

②需补充现场照片。

核查人员：××× 联系电话：________

核查日期：××××年××月××日

2.1.5.5 采样小组合格率监控

在每个监测年度全部采样小组完成样品采集且区域中心内控小组核查完毕之后，

统计每个采样小组的合格率，并绘制柱状图（图 2-4，书后另见彩图）。各采样小组样品采集合格率统计表见表 2-6（书后另见彩表）。

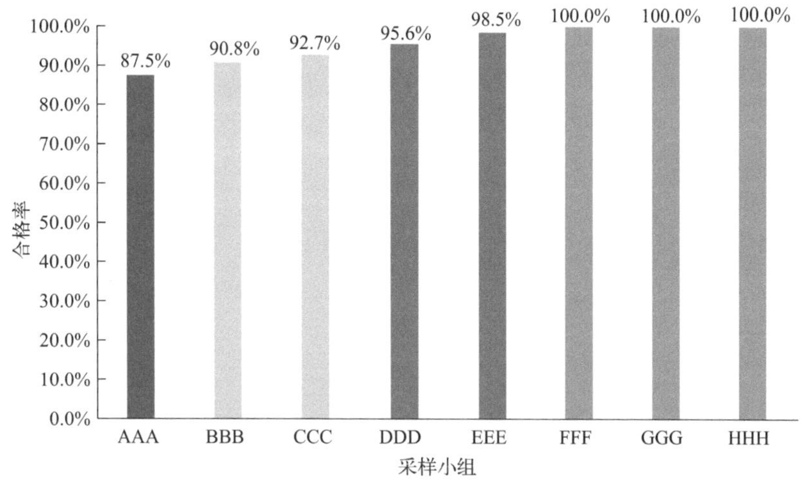

图 2-4　×× 区域监测中心各采样小组样品采集合格率统计图

表2-6　××区域监测中心各采样小组样品采集合格率统计表

序号	采样小组	样品采集合格率 /%	处理方式
1	AAA	87.5	上报质控中心
2	BBB	90.8	警告
3	CCC	92.7	警告
4	DDD	95.6	提醒
5	EEE	98.5	提醒
6	FFF	100.0	合格
7	GGG	100.0	合格
8	HHH	100.0	合格
…			

图 2-4 中，各采样小组按样品采集合格率由小到大依次排列，样品采集合格率＜90%、90% ≤样品采集合格率＜95%、95% ≤样品采集合格率＜100%、样品采集合格率 =100% 的采样小组依次用红、黄、蓝、绿绘制柱状图，各采样小组的样品合格率须在柱状图上标明。

合格率（Q）按式（2-1）计算：

$$Q=\frac{p}{t}\times 100\% \tag{2-1}$$

式中　Q——采样小组的合格率；

p——采样小组完成采样合格的样品数，个；

t——采样小组采集的所有样品数，个。

样品采集合格率高于95%但不足100%的采样小组，应予以提醒；样品采集合格率介于90%～95%的采样小组，应予以警告，且应重新进行技术培训；样品采集合格率低于90%的采样小组，应撤销其采样资格，启用备用采样小组，并向全国质控中心通报。

2.2 农产品样品的采集与质量控制[4]

2.2.1 农产品样品采集的准备工作

采样小组应首先确认农作物类型（小麦、水稻、玉米、蔬菜、水果、茶叶等）信息，明晰该点位作物类型的采样规范及样品量、包装等要求，严格按照规定的采样操作方法及要求进行农产品样品采集。

采样小组应做好采样物资的准备及自查工作，确保物资准备全面、齐全且状态良好。采样物资一般包括工具类、器具类、文具类、防护用品以及运输工具等。

（1）工具类

足够数量且状态良好的不锈钢剪刀、不锈钢切刀、镰刀以及适合特殊采样要求的工具等。

（2）器具类

足够数量且状态良好的BDS或GPS、手持终端、数码照相机、便携式蓝牙打印机、不干胶样品标签打印纸、卷尺、便携式手提秤、记号笔、样品袋（布袋、塑料袋、尼龙网袋等）等。

（3）文具类

足够数量的样品标签（人工填写）、点位编号列表、采样现场记录表、铅笔、签字笔、资料夹、透明胶带等。

（4）防护用品

足够数量的工作服、工作鞋、安全帽、手套、雨具、常用药品（防蚊蛇咬伤）、创可贴、卫生纱布和胶布、消毒酒精（75%）、口罩等。

（5）运输工具

每个采样小组应至少配备一台采样用车及一定数量的运输箱。依据农产品样品的物理性状，按照相关规范合理选用临时储存和运输方式，如车载冷藏箱等。

2.2.2　农产品样品采集的原则

受农产品实际成熟期限制，可在坚持土壤样品和农产品样品同点采集原则下分步采集，采样时间应避开大风、雨中、雨后，且应避免在农药施用时进行样品采集。

采样小组在进行农产品样品采集之前应进行采样时间的适宜性判断，应于农产品收获期进行。当采样地点种植多种农产品时，应在监测点位所在地块常年主栽且对目标污染物相对敏感的农产品成熟时安排样品采集；对实际生产中在生育前期或中期采收的农产品（如小白菜、小青菜等叶菜类农产品），应在其采收上市前完成样品采集工作。采集的农产品应正常生长，若采样点位所在地块的农作物生长异常，则无须采集该点位的农产品样品，拍照留存以证明作物生长异常情况，生长异常包括由虫害导致的、由机械损伤导致的、由生理性病害和侵染性病害导致的各类生长异常。

2.2.3　农产品样品的采集方法

农产品样品应采集混合样品，各分样点应等量采样、混合均匀成样。

2.2.3.1　分样点设置

原则上，农产品样品应与土壤样品点对点同步采集，若因特殊原因无法同步采集时，农产品样品与土壤样品采样的中心点位移不得超过20m。以计划点经纬度所在位置为中心点，采样面积为25m×25m（若地形地貌及土壤利用方式复杂，可适当扩大至100m×100m），以对角线法、梅花点法、棋盘法或蛇形法布设分样点，如图2-1所示；各分样点应尽可能布设在同一农户的同一田块中，且应避开田埂、地头、堆肥处、陡坡地、低洼积水地、住宅、道路、沟渠、粪坑等；设置蔬菜（水果）样品采集点时，所在田块应为同一种蔬菜（水果），且连片分布。

2.2.3.2　采样方法

（1）水稻、小麦类

取稻穗、麦穗，多株混合成样。

（2）玉米

取第一穗，即离地表最近的一穗，多株混合成样。

（3）蔬菜样品

取可食用部分，样品单个个体质量≥500g时，设置3个以上分样点；样品单个个体质量＜500g时，分样点数量不得少于5个。

（4）叶菜类

小型植株，去根整株采集；大型植株，用辐射切割法采样，即从每株表层叶至叶心切成 4 ～ 8 瓣，取对角两瓣作为该植株的分样，若辐射切割后影响分装和运输的便捷性，建议整个采集。

（5）根茎类

小型根茎整个采集；大型根茎用辐射切割法采样，若辐射切割后影响分装和运输的便捷性，建议整个采集。

（6）茄果类和豆类

在植株上、中、下各部位均匀采摘，混合成样。

（7）瓜类

小型瓜类整个采集；大型瓜类用辐射切割法采样，若辐射切割后影响分装和运输的便捷性，建议整个采集。

（8）烟草、茶叶类

随机选择 15 ～ 20 个植株，上、中、下多部位混合成样，不可单取老叶或新叶作代表样。

（9）果树类

选 5 ～ 10 株果树，每株纵向四等分，从其中一份上、下、中、内、外各侧均匀采摘，混合成样。

（10）牧草、青储饲料

采集地上部所有植株，多点混合成样。

2.2.3.3 采样量

各分样点采样量应保持一致，水稻、小麦和玉米等谷物的总采样量不少于 1.5kg（以糙米、玉米粒和麦粒等谷物籽粒干重计）；蔬菜、水果等样品的最低采样量依据不同种类和个体大小选定。

小型水果、核桃、榛子、扁桃、板栗、毛豆、豌豆以及除以下各项未列蔬菜的采样量：1kg。

樱桃、黑樱桃、李子的采样量：2kg。

杏、香蕉、木瓜、柑橘类水果、桃、苹果、梨、葡萄、鳄梨、大蒜、茄子、黄瓜、结球甘蓝、卷心菜、块根类蔬菜、洋葱、甜椒、萝卜、番茄的采样量：3kg。

南瓜、西瓜、甜瓜、菠萝的采样量：5 个个体。

大白菜、花椰菜、莴苣、红甘蓝的采样量：3 ～ 5 个个体。

甜玉米的采样量：10 个个体。

2.2.3.4　包装标签要求

将采集的农产品样品先装入布袋（或尼龙网兜），在布袋封口处粘贴或系上 1 份样品标签；再将装有农产品样品的布袋放入塑料袋或编织袋内，在袋外粘贴或系上 1 份样品标签。对个体较小、易撒漏的样品（豆类），应采用防漏措施；对易碎样品（番茄等），应采取防挤压措施。蔬菜样品标签应采取防水防浸泡措施，将标签装入塑料自封袋，再放入样品袋。

2.2.4　农产品样品的采样记录

采样小组在农产品样品采样现场记录采样点位信息、农产品样品信息以及采样现场照片等，将相关信息认真填写至“农产品样品采集记录表”中（表 2-7）。

表2-7　农产品样品采集记录表

1. 采样点位信息			
样点编号		调查样点类型	
样点所在地区		布点网格大小	
实际采样经度		计划采样经度	
实际采样纬度		计划采样纬度	
样点偏移 /m		是否质控样点	
样点偏移说明			
采样地点	省（自治区、直辖市）　市（州）　县（市、区）　乡（镇）　村　组		
耕作方式			
地形地貌			
海拔 /m			
样点周边信息	正东：□居民点 □厂矿 □耕地 □林地 □草地 □水域 □其他 正南：□居民点 □厂矿 □耕地 □林地 □草地 □水域 □其他 正西：□居民点 □厂矿 □耕地 □林地 □草地 □水域 □其他 正北：□居民点 □厂矿 □耕地 □林地 □草地 □水域 □其他		
2. 农产品样品信息			
农产品样品编号		对应土壤编号	
农产品样品类型		作物品种	
样品质量 /g		当季产量 /（kg/ 亩）	
样品测试项目			

续表

3. 工作信息			
采样小组负责人		负责人联系电话	
采样人		采样人联系电话	
采样时间		天气情况	
样品采集工具			
样品分装容器			
4. 现场采样照片			
中心点位取农产品	中心点位定位设备屏显	农产品样品及负责人	

注：1 亩 =666.67m^2。

2.2.5 农产品样品采集过程中的质量控制

2.2.5.1 采样小组的组建

每个采样队至少有 1 名采样人员和 1 名质量检查员，需通过统一组织的集中培训，取得培训结业证书。其余人员需经培训上岗，并保留培训记录。同时，按照不少于 1.2∶1（1.2 代表采样小组，1 代表备用采样小组）的比例组建备用采样小组，登记相关人员信息，并电子留档（表 2-8），确保可随时开展采样工作。

表2-8 备用采样小组信息登记表

采样单位：

1. 组长姓名：	联系电话：
2. 组员姓名： 组员姓名：	负责工作： 负责工作：
3. 培训日期：×××× 年 ×× 月 ×× 日—×××× 年 ×× 月 ×× 日	

2.2.5.2 采样点位坐标的核查

参考 2.1.5.2 采样点位坐标的核查。

2.2.5.3 农产品样品的采集部位

农产品样品仅采集可食用部位，且各分样点采集的农产品样品应保证个体大小基本均等，成熟度与整个地块农作物保持一致。例如，部分品种玉米第一穗生长状况明显劣于其他穗，此时应选择常规生长状况的玉米进行采集。

2.2.5.4　采样点位农业生产数据的确认

采样工作全部完成后，采用查看调查表的形式，核查采样小组是否完成本年度采样点位农业生产数据确认工作。采样点位农业生产数据核查表见表 2-9，不同农产品单位面积产量范围见表 2-10。

表2-9　采样点位农业生产数据核查表

×× 区域监测中心

点位编码	农产品种类①	单位面积产量 / (kg/ 亩)②
	稻谷	300 ～ 350

①下拉菜单，可选取稻谷、小麦、玉米、油料作物、糖料作物、蔬菜和瓜果等农产品类型。
②单位面积产量范围根据农产品类型自动弹出。
注：1 亩 =666.67m^2。
核查人员：×××　　　　联系电话：________
核查日期：×××× 年 ×× 月 ×× 日

表2-10　不同农产品单位面积产量范围

<table>
<tr><th>农产品类型</th><th>单位面积产量 / (kg/ 亩)</th><th>农产品类型</th><th>单位面积产量 / (kg/ 亩)</th></tr>
<tr><td rowspan="8">稻谷</td><td>＜300</td><td rowspan="6">瓜果</td><td>＜150</td></tr>
<tr><td>300 ～ 350</td><td>150 ～ 180</td></tr>
<tr><td>350 ～ 400</td><td>180 ～ 210</td></tr>
<tr><td>400 ～ 450</td><td>210 ～ 240</td></tr>
<tr><td>450 ～ 500</td><td>240 ～ 270</td></tr>
<tr><td>500 ～ 550</td><td>＞270</td></tr>
<tr><td>550 ～ 600</td><td rowspan="5">油料作物</td><td rowspan="2">＜50</td></tr>
<tr><td>＞600</td></tr>
<tr><td rowspan="3">小麦</td><td>＜200</td><td>50 ～ 80</td></tr>
<tr><td>200 ～ 240</td><td>80 ～ 110</td></tr>
<tr><td>240 ～ 270</td><td>110 ～ 140</td></tr>
</table>

续表

农产品类型	单位面积产量 /（kg/ 亩）	农产品类型	单位面积产量 /（kg/ 亩）
小麦	270 ～ 300	油料作物	140 ～ 170
	300 ～ 340		＞170
	340 ～ 370	糖料作物	＜2000
	＞370		2000 ～ 2500
玉米	＜250		2500 ～ 3000
	250 ～ 300		3000 ～ 3500
	300 ～ 350		3500 ～ 4000
	350 ～ 400		＞4000
	400 ～ 450		
	＞450		
蔬菜	＜150		
	150 ～ 200		
	200 ～ 250		
	250 ～ 300		
	300 ～ 350		
	＞350		

2.2.5.5　采样点位农业生产异常状况的核查

采样小组采样时必须填写登记表记录当季生产存在异常状况（如病虫害、自然灾害等）的监测点位，并拍摄采样地块的农作物生长照片，照片必须明确体现农作物生长异常状况。通过核查采样地块农作物生长照片，查验填报信息与照片反映的农作物生长情况是否一致。若照片与登记表记录的当季农作物生长状况不一致，则应要求采样小组说明照片与登记表记录信息不一致的原因，可通过补充相应证据（现场照片或访谈记录等）进行说明。若所填信息确认有误，且确认有误的点位比例累计超过采样单位承担任务的 5%，则对该采样小组给予警告。若所填信息确认有误的点位比例累计超过采样单位承担任务的 20%，应责令停止采样作业，限期整改，整改完成，并由质控专家组验收合格后，方可继续实施采样作业，在这期间采样作业由备用采样小组完成。采样点位农业生产异常状况核查见表 2-11。

表2-11　采样点位农业生产异常状况核查表

××区域监测中心

点位编码	点位坐标	点位地址	登记表格信息①	现场照片②	现场照片是否可反映异常状况③	补充证据④	
	东经，北纬	×××县 ×××乡 ×××村			□是 □否		
					□是 □否		
					□是 □否		
					□是 □否		

①系统根据样品采集过程中登记的农业生产异常状况自动填写。

②以采样人员现场直观判断为主，认为该异常状况会明显影响当季产量时，拍摄现场农作物生长状况。

③“现场照片是否可反映异常状况”勾选，否则需补充证据。

④可补充现场照片或访谈记录等。

核查人员：×××　　　　　　　　　　　联系电话：________

核查日期：××××年××月××日

2.2.5.6　采样现场包装的核查

参考2.1.5.4采样现场包装的核查。

2.2.5.7　采样小组合格率监控

参考2.1.5.5采样小组合格率监控。

2.3 灌溉水样品的采集与质量控制[5-10]

2.3.1　灌溉水样品采集的必要性

根据当地环境污染状况（如农区大气、农灌水等），确认在水体中积累较多、对农业生产危害较大、影响范围广且毒性较强的污染物，均属必测项目。

2.3.2 灌溉水样品采集的准备工作

采样前应确定采样点位、时间和路线，人员分工，采样器材和交通工具等，参照《农用水源环境质量监测技术规范》和《河流流量测验规范》执行。

2.3.2.1 容器的准备

水样在储存期间要求容器材质化学稳定性好，器壁不溶性杂质含量极低，器壁对被测成分吸附少且抗挤压，采样容器应采用聚乙烯塑料和硬质玻璃（又称硼硅玻璃）。采样器采用聚乙烯塑料水桶、单层采水器和有机玻璃采水器。

装储水样要求用细口容器，封口塞材料要尽量与容器材质一致，塑料容器用塑料螺口盖，玻璃容器用玻璃磨口塞。测定有机物的水样容器不能用橡皮塞，碱性液体容器不能用玻璃塞。

① 硼硅玻璃容器：这类容器无色透明便于观察样品及其变化，耐热性能良好，能耐强酸、强氧化剂及有机溶剂的腐蚀。

② 聚乙烯容器：这类容器耐冲击，便于运输和携带。在常温下不会被浓盐酸、磷酸、氢氟酸及浓碱腐蚀，对许多试剂都有稳定性，储存水样时对大多数金属离子很少吸附，但对铬酸根、硫化氢、碘有吸附作用，适用于储存大多数无机样品，而不宜储存测定有机污染物的水样。

③ 特殊样品容器：溶解氧应使用专门容器，测 BOD 的样品应配有尖端玻璃塞，以降低空气吸附程度，在运输中要求采取特别密封措施。用于微生物监测的样品容器要求能够耐受灭菌过程中的高温。

2.3.2.2 容器的洗涤

采用聚乙烯或硬质玻璃容器，装测水样时，通常是用洗涤剂清洗，用自来水冲洗干净，再用 10% 硝酸或盐酸浸泡 8h，用自来水冲洗干净，然后用蒸馏水漂洗 3 次。测铬水样的容器只能用 10% 硝酸泡洗，然后依次用自来水和蒸馏水漂洗干净；测总汞水样的容器用 1：3 硝酸充分荡洗后放置数小时，然后依次用自来水和蒸馏水漂洗干净；测油类水样的容器用广口玻璃瓶，按一般洗涤方法洗涤后还要用石油醚萃取剂彻底荡洗 3 次。

2.3.2.3 采样器和现场采样物品的准备

（1）采样器的种类

采样器采用聚乙烯塑料水桶、单层采水器和有机玻璃采水器。

1）聚乙烯塑料水桶

适用于水体中表层水除溶解氧、油类、细菌学指标等特殊要求以外的大部分水质和水生生物监测项目的采集。

2）单层采水器

从表面水到较深的水体都可使用，适用于大部分监测项目样品采集，油类、细菌学指标必须使用这类采样器。

3）有机玻璃采水器

该采水器桶内装有水银温度计，用途较广，除油类、细菌学指标以外，适用于水质和水生生物大部分监测项目的样品采集。

（2）现场采样物品的准备

① 用于水质参数测定的仪器设备：pH 计、溶解氧测定仪、电导仪、水温计、色度盘等。

② 水文参数测量设备：流速、流量测定仪等。

③ 样品运输物品：木箱、冰壶等。

④ 样品保存剂及玻璃仪器：酸和碱等化学试剂、移液管、洗耳球等。

⑤ 小型用品：各种表格、标签、记录纸、铅笔等。

⑥ 安全防护用品：工作服、雨衣、常用药品。

2.3.3 灌溉水样品采集的原则

按污染分布和水系流向布点：入水处多布，出水处少布；重污染多布，轻污染少布。

选择河流断面区位置应避开死水区，尽量在顺直河段、河床稳定、水流平稳处，并注明河岸情况变化。

在任何情况下，都应在水体混匀处设点，应避免因河（渠）水流急剧变化而搅动底部沉积物，引起水质显著变化而失去样品代表性。

在确定的采样点和河边，选定或专门设置样点标志物，以保证各次水样取自同一位置。

采样时，除细菌总数、大肠菌群、油类、溶解氧、生化需氧量、有机物、余氯等有特殊规定的项目外，要先用采样水荡洗采样器与水样容器 2 ～ 3 次，然后将水样采入容器中，再按有关规定加入对应的固定剂，贴好标签。

采样结束前应仔细检查采样记录和水样，若有漏采或不符合规定者应立即补采或重采。

多次采样时，断面横向和垂向点位的数目、位置应完全准确，每次采样要尽量保持一致。

采样人员应穿工作服，不应使用化妆品，现场分样和密封样品时不应吸烟。

汽车应放在采样断面下风向 50m 以外处。

对于需在现场进行检测的项目应尽快进行现场检测分析。

2.3.4 灌溉水样品的采集方法

水样一般采集瞬时样。采集水样前，应先用水样洗涤取样瓶和塞子 2 ～ 3 次。

2.3.4.1 用于灌溉的地下水水源采集方法

采集水样时，应先开机放水数分钟，使积留在管道中的杂质和陈旧水排出，然后取样。同时，对每个监测井做好监测记录，填写“地下水水源基本情况表”。

2.3.4.2 用于农田灌溉的渠系水源采集方法

一般灌渠采样可由渠边向渠中心采集，较浅的渠道和小河以及靠近岸边水浅的采样点也可涉水采样。采样时，采样者应站在下游向上游用聚乙烯桶采集，避免搅动沉积物，防止水样污染。

2.3.4.3 用于农田灌溉的小型河流采集表层水

对于常年宽度≥ 30m、水深≥ 5m 的河流，应在所监测断面上分左、中、右三处设置采样点位，采样时应在水面以下 0.5m 处和河底以上 0.5m 处各采分样，分样混匀后作为一种水样进行测定。

对于一般河流，在确定的采样断面主流线上，在水面以下 0.5m 处采一种水样即可；对于水深＜1m 的河流，应在水深的 1/2 处采样。

对于 $10hm^2$ 以下的小型水面，一般在水面中心处设置一种取水断面，在水面以下 0.5m 处采样即可。

对于 $10hm^2$ 以上的大中型水面，可根据水面功能实际状况，划分为若干片，按上述措施设置采样点。

2.3.5 灌溉水样品的采集要求

2.3.5.1 一般监测项目的采样要求

采样前应尽量在现场测定水体的水文理化参数和环境气象参数，具体包括水文参数、物理化学参数和气象参数等。其中，水文参数主要有水宽、水深、流向、流速、流量、含沙量等。工作要求严格时（如计算污水量），应按《河流流量测验规范》（GB 50179）测量；要求不严格时，可目测估计。物理化学参数主要有水温、pH 值、溶解氧（DO）、电导率和一些感官指标。气象参数主要有天气状况（雨、雪等）、气温、气压、湿度、风向、风速等。

采集水样后在现场根据所测定项目要求添加不同种类的保存剂，并使容器留出 1/10 顶空（测 DO 者除外），保证样品不外溢，然后盖好内外盖。

多次采样时，断面横向和垂向点位的数目位置应完全准确，每次采样要尽量保持一致。

采样人员应穿工作服，不应使用化妆品，现场分样和密封样品时不应吸烟；汽车应放在采样断面下风向 50m 以外处。

2.3.5.2　特殊监测项目的采样要求

（1）pH 值和电导率的采样要求

pH 值应现场测定，如条件有限，可实验室测定。测定的样品应使用密封性好的容器，由于水样不稳定，且不宜保存，所以用采样器采集样品后，应立即灌装。另外，在样品灌装时，应从采样瓶底部慢慢将样品容器完全充满并紧密封严，以隔绝空气。

（2）溶解氧和生化需氧量的采样要求

溶解氧应现场测定，如条件有限，可实验室测定。应用碘量法测定水中的溶解氧，水样需直接采集到样品瓶中。在采集水样时，要注意不要使水样曝气或有气泡残存于采样瓶中。特别的采样器，如直立式采水器和专用的溶解氧瓶，可防止曝气和残存气体对样品的干扰。如果使用有机玻璃采水器、球盖式采水器、颠倒采水器等，则必须防止搅动水体，入水应缓慢小心。

当样品不是用溶解氧瓶直接采集，而是需要从采样器（或采样瓶）分装时，溶解氧样品必须最先采集，而且应在采样器从水中提出后立即进行。用乳胶管一端连接采水器放入嘴或用虹吸法与采样瓶连接，乳胶管的另一端插入溶解氧瓶底。注入水样时，先慢速注至小半瓶，然后迅速充满，至溢流出瓶的水样达溶解氧瓶 1/3 ～ 1/2 容积时，在保持溢流状态下，缓慢地撤出管子。按顺序加入锰盐溶液和碱性碘化钾溶液。加入时需将移液管的尖端缓慢插入样品表面稍下处，慢慢注入试剂。小心盖好瓶塞，将样品瓶倒转 5 ～ 10 次，并尽快送实验室分析。

（3）悬浮物的采样要求

悬浮物测定用的水样，在采集后，应尽快从采样器中放出样品，在装瓶的同时摇动采样器，防止悬浮物在采样器内沉降，非代表性的杂质如树叶、杆状物等应从样品中去除。灌装前，样品容器和瓶盖应用水样彻底冲洗。

该类项目分析用样品难以保存，所以采集后应尽快分析。

（4）重金属污染物和化学需氧量的采样要求

水体中的重金属污染物和部分有机污染物易被悬浮物吸附。特别是在水体中悬浮物含量较高时，样品采集后，采样器中的样品所含的污染物会随着悬浮物的下沉而沉降。因此，必须边摇动采样器（或采样瓶）边向样品容器灌装样品，以减少被测定物质的沉降，保证样品的代表性。

（5）油类的采样要求

测定水中溶解或乳化的油含量时，应该用单层采水器固定样品瓶在水体中直接灌装，采样后迅速提出水面，保持一定的顶空体积，在现场用石油醚萃取。测定油类的样品容器禁止预先用水样冲洗。

2.3.6 灌溉水的采样深度

用于农田灌溉的渠系采集表层水。

用于农田灌溉的小型河流采集表层水。

对宽度＞30m、水较深的河流，在水面下 0.3 ～ 0.5m 处和距河底 2m 处分别采集样品；对于水深＜5m 的河流，在水面下 0.3 ～ 0.5m 处采集样品。

湖泊、水库（塘）在水面下 0.3 ～ 0.5m 处采集样品。

2.3.7 灌溉水的采样量

水样的采集量由监测项目决定，实际采水量为实际用量的 3 ～ 5 倍。一般采集 50 ～ 2000mL 即可达到要求。

2.3.8 灌溉水的采样记录

做好现场记录，认真填写“灌溉水样品采集记录表”（表 2-12）。

表2-12　灌溉水样品采集记录表

1. 采样点位信息			
样点编号		调查样点类型	
样点所在地区			
实际采样经度		计划采样经度	
实际采样纬度		计划采样纬度	
样点偏移 /m		是否质控样点	
样点偏移说明			
采样地点	省（自治区、直辖市）　市（州）　县（市、区）　乡（镇）　村　组		
周边信息	正东：□居民点 □厂矿 □耕地 □林地 □草地 □水域 □其他 正南：□居民点 □厂矿 □耕地 □林地 □草地 □水域 □其他 正西：□居民点 □厂矿 □耕地 □林地 □草地 □水域 □其他 正北：□居民点 □厂矿 □耕地 □林地 □草地 □水域 □其他		
2. 灌溉水样品信息			
水体名称		断面位置	
上游水体			

续表

<table>
<tr><td rowspan="5">水体感官描述</td><td>漂浮物</td><td colspan="3"></td></tr>
<tr><td>颜色</td><td colspan="3"></td></tr>
<tr><td>气味</td><td colspan="3"></td></tr>
<tr><td>浑浊度</td><td colspan="3"></td></tr>
<tr><td>水生生物</td><td colspan="3"></td></tr>
<tr><td>保存剂种类及数量</td><td colspan="2"></td><td>待测项目</td><td></td></tr>
<tr><td rowspan="3">现场测定记录</td><td>水温 /℃</td><td colspan="3"></td></tr>
<tr><td>pH 值</td><td colspan="3"></td></tr>
<tr><td>DO/（mg/L）</td><td colspan="3"></td></tr>
<tr><td colspan="5">3. 工作信息</td></tr>
<tr><td>采样小组负责人</td><td colspan="2"></td><td>负责人联系电话</td><td></td></tr>
<tr><td>采样人</td><td colspan="2"></td><td>采样人联系电话</td><td></td></tr>
<tr><td>采样时间</td><td colspan="2"></td><td>天气情况</td><td></td></tr>
<tr><td>样品采集工具</td><td colspan="4"></td></tr>
<tr><td>样品分装容器</td><td colspan="4"></td></tr>
<tr><td colspan="5">4. 现场采样照片</td></tr>
<tr><td colspan="2">中心点位取水</td><td colspan="2">定位设备屏显</td><td>东侧方向</td></tr>
<tr><td colspan="2"></td><td colspan="2"></td><td></td></tr>
<tr><td colspan="2">西侧方向</td><td colspan="2">南侧方向</td><td>北侧方向</td></tr>
<tr><td colspan="2"></td><td colspan="2"></td><td></td></tr>
<tr><td colspan="2">大气样品和负责人</td><td colspan="2">其他 1</td><td>其他 2</td></tr>
<tr><td colspan="2"></td><td colspan="2"></td><td></td></tr>
</table>

2.3.9 灌溉水样品采集过程中的质量控制

2.3.9.1 采样小组的组建

参考 2.2.5.1 采样小组的组建。

2.3.9.2 采样点位坐标的核查

参考 2.1.5.2 采样点位坐标的核查。

2.3.9.3 质量控制样品的采集

一般采集现场应同步进行质量控制样品的采集，包括现场空白样和现场平行样。现场空白样是指在现场以纯水作为水样，按测定项目的采集方法和要求，与样品同等条件下瓶装、保存、运输、送交实验室分析的样品。现场平行样品是指同等采样条件下，采集平行双样，密码送实验室分析。现场空白样和现场平行样品采样数量各控制在采样总数的 10% 左右，或者每批采集 2 个样品。

2.3.9.4 采样现场包装的核查

采样小组每采样完成并经系统确认 20 个点位（最后一批≤ 10 个并入上一批，>10 个则独立为一批）后，应按不低于 10% 的比例抽查采样现场包装情况的照片，判断样品包装是否合格、二维码是否统一标注在样品包装袋上的正中央、二维码是否清晰可辨。若采集样品包装不符合要求，采样单位应重新安排样品采集，并按 25% 的比例核查该采样单位已采点位所有样品的包装，若仍有包装不符合要求的样品，应责令停止采样作业，核查全部已采样品包装，限期整改，整改完成，并由质控专家组验收合格后方可继续实施采样作业，在这期间采样作业由备用采样小组完成。若采集样品二维码标签不符合要求，采样单位应于 2h 内完成对不合格二维码标签的更换。样品包装信息核查表见表 2-13。

表2-13 样品包装信息核查表

×× 区域监测中心

序号	点位编码	现场照片	现场照片是否可反映样品包装情况①	补充证据②
1	××××××-××-×××		□是 □否	
2			□是 □否	
3			□是 □否	
…			□是 □否	

①“现场照片是否可反映样品包装情况”勾选，否则需补充证据。

②需补充现场照片。

核查人员：×××　　　　联系电话：________

核查日期：×××× 年 ×× 月 ×× 日

2.4 大气样品的采集与质量控制[11-12]

2.4.1 大气样品采集的必要性

大气采样是指采集大气中污染物样品或受污染空气样品的方法。采集方法一类是使大量空气通过液体吸收剂或固体吸附剂，将大气中浓度较低的污染物富集起来，如抽气法、滤膜法；另一类是用容器（玻璃瓶、塑料袋等）采集含有污染物的空气。

大气样品采集是检测工作的源头，是首要的一步，它决定了检测结果的真实性、准确性和可靠性，为采取相应的防护措施提供了正确的依据。

2.4.2 大气样品采集的准备工作

2.4.2.1 采样前现场调查与资料收集

参照《农区环境空气质量监测技术规范》和《固定污染源排气中颗粒物测定与气态污染物采样方法》执行。

（1）监测区域内污染源调查

① 工矿企业大气污染源调查。重点调查收集工矿企业分布、类型，大气污染物种类、排放方式、排放量、排放时间以及废气处理情况。调查时应注意收集工矿企业环境影响评价资料和周围大气污染资料。

② 生活炉灶污染源调查。

③ 机动车辆及其他大气污染源调查。

（2）调查和收集与空气监测有关的自然因素方面的资料

① 气象资料：主要气候特征和要素的地理分布、时空变化规律等，如最大风速、盛行风向、气温、气压、降水量、能见度等。

② 环境条件：地形地貌、植被、所处地理位置等。

③ 植物生长情况：灵敏和抗性植物群落的伤亡和正常生长情况等作为重点调查内容，以便选出空气污染的指示植物。

（3）调查和收集有关监测区域内的行政区划

调查人口分布、农业生产、工业布局、人畜健康等社会经济情况与资料。

（4）调查和收集监测区域内大气污染状况

调查大气基础质量水平、污染状况以及大气污染对农业生产的危害，包括污染现状和污染历史等资料。

（5）整理资料

将收集的背景资料加以分类整理，归档保存。

2.4.2.2 采样前的准备

（1）采样计划的制定

根据现场调查结果和布点要求提出采样计划，确定采样点位、时间和路线，做好人员分工，准备好必要的仪器设备、采样器具等。

（2）采样仪器的校准

新购置的采样器及修理后的采样器均需进行校准。

（3）流量测量设备的校准

皂膜流量计的校准、湿式流量计的校准、转子流量计的校准、孔板流量计的校准见有关说明书。

（4）采样器定时钟校准

延时器和定时钟每季度校准一次，用走时准确的定时钟校准，使误差≤ 1%，并将校准日期记录在专用记录本上。

（5）温度计和压力计的校准

采样用温度计和压力计，应根据说明书定期校准。

（6）采样器具的准备

① 吸收管的筛选：用阻力试验或发泡试验的方法筛选出合格的吸收管，吸收管使用后用去离子水冲洗，以免堵塞玻板。

② 滤膜的检查：滤膜使用前必须在光源下对光检查，剔除有针孔、折裂、不均匀和存在其他缺陷的滤膜。

其他仪器设备、采样工具以及化学药品的准备按其相应的分析方法中的要求执行。

2.4.3 大气样品采集的原则

2.4.3.1 监测点位布设原则

监测点位的布设应具有较好的代表性，应考虑各监测点位的设置条件，尽可能一致或标准化，所取得的数据具有可比性，保证监测数据的连续性和可比性。监测点位的设置应充分满足国家农业环境监测网络的要求，要考虑区域内的污染源、自然地理、气候等可能对农区环境空气造成的影响。

2.4.3.2 监测点位布设方法和具体要求

进行周密的调查研究，按照要求进行点位布设。

2.4.3.3 采样过程中的基本要求

每次采样前，应对采样系统的气密性进行检查，按照项目监测方法标准采集空白样及平行样。保证采样时间和采样频率相同，采样前后的流量偏差应在规定范围内，保证对采样仪器的清晰校准、维护。

2.4.4 大气样品的采集方法

大气样品的采集方法可归纳为直接采样法和富集（浓缩）采样法两类。

2.4.4.1 直接采样法

（1）注射器采样

常用 100mL 注射器采集有机蒸气样品。采样时，先用现场气体抽洗 2 ～ 3 次，然后抽取 100mL，密封进气口，带回实验室分析。样品存放时间不宜长，一般应当天分析完。

（2）塑料袋采样

应选择与大气样品中污染组分既不发生化学反应，也不吸附其组分且不渗漏的塑料袋。常用的有聚四氟乙烯袋、聚乙烯袋及聚酯袋等。为减少对被测组分的吸附，可在袋的内壁衬银、铝等金属膜。采样时，先用二联球打进现场气体，冲洗 2 ～ 3 次，再充满大气样品，夹封进气口，尽快带回分析。

（3）采气管采样

采气管是两端具有旋塞的管式玻璃容器，其容积为 100 ～ 500mL。采样时，打开两端旋塞，将二联球或抽气泵接在采气管的一端，迅速抽进比采气管容积大 6 ～ 10 倍的欲采气体，使采气管中原有气体被置换出，关上两端旋塞，采气体积即为采气管的容积。

（4）真空瓶采样

采样瓶是一种用耐压玻璃制成的固定容器，容积为 500 ～ 1000mL。采样时先将瓶内抽成真空并测量剩余压力，携带至现场打开瓶塞，则被测空气在压力差的作用下会自动充进瓶中，关闭瓶塞，带回实验室分析。

2.4.4.2 富集采样法

富集采样法亦称浓缩采样法，是对空气样品中被测组分在采样的同时进行浓缩的一种气体采样方法。由于大气中污染物浓度一般比较低，对直接采集的气体样品进行分析测试时，往往因其浓度太低而不能满足分析方法的检测限要求。此时必须采用富集采样法，提高被测组分的浓度。

常用的方法有溶液吸收法、填充柱阻留法和滤料阻留法等。

（1）溶液吸收法

该方法是采集空气中气态、蒸气态及某些气溶胶态污染物质的常用方法，采样时，用抽气装置将欲测空气以一定流量抽入装有吸收液的吸收管（瓶）。采样结束后，倒出吸收液进行测定，根据测得结果及采样体积计算空气中污染物的浓度。

（2）填充柱阻留法

采样时，让气样以一定流速通过填充柱，则欲测组分会因吸附、溶解或化学反应等作用被阻留在填充剂上，达到浓缩采样的目的。采样后，通过解吸或溶剂洗脱，使被测组分从填充剂上释放出来进行测定。

（3）滤料阻留法

该方法是将过滤材料（滤纸、滤膜等）放在采样夹上，用抽气装置抽气，则空气中的颗粒物被阻留在过滤材料上，称量过滤材料上富集的颗粒物质量，根据采样体积，即可计算出空气中颗粒物的浓度。

2.4.5 大气样品的采样记录

采样人员应及时将现场采样点位信息、大气样品信息等准确记录至“大气样品采集记录表”（表 2-14）中。

表2-14 大气样品采集记录表

1. 采样点位信息			
样点编号		调查样点类型	
样点所在地区			
实际采样经度		计划采样经度	
实际采样纬度		计划采样纬度	
样点偏移 /m		是否质控样点	
样点偏移说明			

续表

<table>
<tr><td>采样地点</td><td colspan="5">省（自治区、直辖市）　市（州）　县（市、区）　乡（镇）　村　组</td></tr>
<tr><td>周边信息</td><td colspan="5">正东：□居民点 □厂矿 □耕地 □林地 □草地 □水域 □其他
正南：□居民点 □厂矿 □耕地 □林地 □草地 □水域 □其他
正西：□居民点 □厂矿 □耕地 □林地 □草地 □水域 □其他
正北：□居民点 □厂矿 □耕地 □林地 □草地 □水域 □其他</td></tr>
<tr><td colspan="6">2. 大气样品信息</td></tr>
<tr><td>吸收液或滤膜编号</td><td colspan="5"></td></tr>
<tr><td>采样起止时间</td><td colspan="2"></td><td>采样间隔时间 /min</td><td colspan="2"></td></tr>
<tr><td>采样流量 /（L/min）</td><td colspan="2"></td><td>采样体积 /L</td><td colspan="2"></td></tr>
<tr><td>气温 /℃</td><td colspan="2"></td><td>气压 /Pa</td><td colspan="2"></td></tr>
<tr><td>保存剂种类及数量</td><td colspan="2"></td><td>待测项目</td><td colspan="2"></td></tr>
<tr><td>标况体积 /L</td><td colspan="5"></td></tr>
<tr><td colspan="6">3. 工作信息</td></tr>
<tr><td>采样小组负责人</td><td colspan="2"></td><td colspan="2">负责人联系电话</td><td></td></tr>
<tr><td>采样人</td><td colspan="2"></td><td colspan="2">采样人联系电话</td><td></td></tr>
<tr><td>采样时间</td><td colspan="2"></td><td colspan="2">天气情况</td><td></td></tr>
<tr><td>样品采集工具</td><td colspan="5"></td></tr>
<tr><td>样品分装容器</td><td colspan="5"></td></tr>
<tr><td colspan="6">4. 现场采样照片</td></tr>
<tr><td colspan="2">中心点位取大气</td><td colspan="2">定位设备屏显</td><td colspan="2">东侧方向</td></tr>
<tr><td colspan="2"></td><td colspan="2"></td><td colspan="2"></td></tr>
<tr><td colspan="2">西侧方向</td><td colspan="2">南侧方向</td><td colspan="2">北侧方向</td></tr>
<tr><td colspan="2"></td><td colspan="2"></td><td colspan="2"></td></tr>
<tr><td colspan="2">大气样品和负责人</td><td colspan="2">其他 1</td><td colspan="2">其他 2</td></tr>
<tr><td colspan="2"></td><td colspan="2"></td><td colspan="2"></td></tr>
</table>

2.4.6　大气样品采集过程中的质量控制

2.4.6.1　采样小组的组建

参考 2.2.5.1 采样小组的组建。

2.4.6.2 准备工作

采样前应做好包括工具类、器具类、文具类、防护用品以及运输工具等采样所需物资的准备工作，并保证其状态良好。

开始采样前应试启动采样器，检查设备供电、气密性等，检查仪器之间的连接是否正确，并校准设备时间。

2.4.6.3 采样记录

注意采样时周围环境和气象条件的变化，并认真做好记录。采样记录填写要与工作程序同步，完成一项填写一项，不得超前或后补，填写记录要详实等。

参考文献

[1] 国务院第三次全国土壤普查领导小组办公室. 国务院第三次全国土壤普查领导小组办公室调研座谈第三次全国土壤普查技术规程规范验证情况 [J]. 中国农业综合开发，2023, 240(6): 62.

[2] NY/T 395—2025. 农田土壤环境质量监测技术规范 [S].

[3] NY/T 1121.1—2006. 土壤检测　第 1 部分：土壤样品的采集、处理和贮存 [S].

[4] NY/T 398—2000. 农、畜、水产品污染监测技术规范 [S].

[5] NY/T 396—2000. 农用水源环境质量监测技术规范 [S].

[6] HJ/T 166—2004. 土壤环境监测技术规范 [S].

[7] NY/T 1121.22—2010. 土壤检测　第 22 部分：土壤田间持水量的测定—环刀法 [S].

[8] NY/T 52—1987. 土壤水分测定法 [S].

[9] GB 50179—2015. 河流流量测验规范 [S].

[10] GB/T 5750.2—2023. 生活饮用水标准检验方法　第 2 部分：水样的采集与保存 [S].

[11] NY/T 397—2000. 农区环境空气质量监测技术规范 [S].

[12] GB/T 16157—1996. 固定污染源排气中颗粒物测定与气态污染物采样方法 [S].

第3章

样品制备与质量控制方法

3.1 土壤样品的制备 [1-2]

土壤样品的制备目的主要有以下几个。

① 剔除非土壤成分。非土壤成分包括各类侵入体（如动物残体、植物残茬、石块等）、新生体（如铁锰结核和石灰结核等）。

② 便于保存。防止霉变，使样品可以长期保存。

③ 提高检测质量。适当磨细，充分混匀，减小称样误差；全量分析项目，样品需要尽可能磨细，以使分解样品的反应能够完全和彻底。

3.1.1 土壤样品制备的准备工作

样品制备单位应根据具体制样任务，并结合本单位实际情况，制订详细、合理的制样计划，内容应包括任务部署、人员分工、时间节点、制样准备、样品交接、质量监督检查和注意事项等，参照《农田土壤环境质量监测技术规范》执行。

制样单位需根据承担的制样任务数量，提前准备好足够容纳所承担任务量的晾晒风干场所及烘干设备，并对场所条件及设备进行自查。按时记录样品风干或烘干情况。

在室内环境自然风干或在室外有遮挡（无阳光直射）的场所进行风干时，制样人员需在样品风干期间每天每隔 2h 记录一次风干场所的温度和湿度，若湿度 > 60%（秦岭—淮河以南地区可放宽至 75%），应立即更换风干场所或停止作业；制样人员需在样品风干期间定期检测和记录空气中目标污染物的浓度。不得在室外无遮挡的环境中进行样品风干处理（水稻、小麦未脱粒样品除外）。使用烘干设备进行样品干燥时，应记录每次样品烘干的温度、时间及样品数量等信息，若烘干设备温度超过 65℃，应立即停止使用该设备进行烘干，待检修完成或更换设备后，方可继续进行烘干作业。制样人员需按时记录样品风干或烘干情况（表 3-1、表 3-2）。

表3-1 晾晒风干场所信息记录表

晾晒风干场所：×××　　晾晒风干地址：×××县×××乡×××村

时间	环境状况		记录人员
	温度/℃	湿度/%	
2019-09-24	26	35	×××

表3-2　烘干设备信息记录表

地址：××× 县 ××× 乡 ××× 村

时间	烘干设备型号	烘干设备品牌	样品烘干情况				记录人员
			批次	数量 / 个	烘干温度 /℃	烘干时长 /h	
2019-09-24			3	25	60	1	×××

准备相应数量的制样室和制样工具及设备，并进行自查。制样室应通风良好，每个制样工位应做适当隔离，制样室内应安装监控摄像头，确保全方位、无死角监控；制样室内制样设备、工具及容器应准备齐全且状态良好，分装容器材质规格应满足技术要求。

制样单位应根据所承担的年度任务量设置相应数量的制样室和制样工具及设备，并对每一个拟进行样品制备的场所及每一个拟进行样品制备的设备逐一进行自查。

土壤制样工具及容器一般包括：盛样用搪瓷盘、木盘等；土壤样品粗粉碎用木槌、木铲、木棒、有机玻璃棒、有机玻璃板、硬质木板、无色聚乙烯薄膜等；土壤样品细磨样用玛瑙球磨机、玛瑙研钵、瓷研钵等；孔径＜2mm（10 目）、＜0.25mm（60 目）和＜0.15mm（100 目）的尼龙筛；磨口玻璃瓶、聚乙烯塑料瓶、牛皮纸袋等分装容器，规格视样品量而定，应避免使用含有待测组分或对测试有干扰的材料制成的样品瓶或样品袋盛装样品；电子天平、样品制备手持终端、便携式蓝牙打印机、样品标签纸、电脑、常规打印机、原始记录表等。

制样人员必须在样品制备开始前对本年度拟启用和备用的全部粉碎设备的机器性能进行空白试验测试，以排除细磨工具对样品的可能污染：选取 3 份及以上土壤样品同时进行人工磨样和机器磨样，每份土壤样品均需检测总镉、总汞、总砷、总铜、总铅、总铬、总锌和总镍 8 项重金属含量，计算机器磨样测定值与人工磨样测定值的相对误差；填写磨样机器性能测试空白试验记录表（表 3-3）并存档备查。

表3-3　土壤磨样机器性能测试空白试验记录表

×× 制样单位　　　　　　　　　　　　试验日期：×××× 年 ×× 月 ×× 日

检测指标	第一份样品			第二份样品			第三份样品			平均相对误差 $\bar{\delta}$ /%
	检测值 /（mg/kg）		相对误差 δ_1/%	检测值 /（mg/kg）		相对误差 δ_2/%	检测值 /（mg/kg）		相对误差 δ_3/%	
	机器磨样	人工磨样		机器磨样	人工磨样		机器磨样	人工磨样		
总镉										
总汞										

续表

<table>
<tr><th rowspan="3">检测指标</th><th colspan="3">第一份样品</th><th colspan="3">第二份样品</th><th colspan="3">第三份样品</th><th rowspan="3">平均相对误差 $\bar{\delta}$ /%</th></tr>
<tr><th colspan="2">检测值 /（mg/kg）</th><th rowspan="2">相对误差 δ_1/%</th><th colspan="2">检测值 /（mg/kg）</th><th rowspan="2">相对误差 δ_2/%</th><th colspan="2">检测值 /（mg/kg）</th><th rowspan="2">相对误差 δ_3/%</th></tr>
<tr><th>机器磨样</th><th>人工磨样</th><th>机器磨样</th><th>人工磨样</th><th>机器磨样</th><th>人工磨样</th></tr>
<tr><td>总砷</td><td></td><td></td><td></td><td></td><td></td><td></td><td></td><td></td><td></td><td></td></tr>
<tr><td>总铜</td><td></td><td></td><td></td><td></td><td></td><td></td><td></td><td></td><td></td><td></td></tr>
<tr><td>总铅</td><td></td><td></td><td></td><td></td><td></td><td></td><td></td><td></td><td></td><td></td></tr>
<tr><td>总铬</td><td></td><td></td><td></td><td></td><td></td><td></td><td></td><td></td><td></td><td></td></tr>
<tr><td>总锌</td><td></td><td></td><td></td><td></td><td></td><td></td><td></td><td></td><td></td><td></td></tr>
<tr><td>总镍</td><td></td><td></td><td></td><td></td><td></td><td></td><td></td><td></td><td></td><td></td></tr>
</table>

土壤样品人工磨样方法：人工使用小木槌将样品砸碎，将砸碎后的样品放入玛瑙研钵，再使用钵杵将样品捣碎并研磨，或者将其放置在碾板上，用木碾将其慢慢碾碎。

求三次相对误差的平均值，得到平均相对误差，并与磨样机器性能测试空白试验允许范围（表 3-4）进行比较。对于不符合相对误差要求的机器，需立即更换并重新测定空白试验结果，或换成人工磨样的方式后方可进行样品加工。

表3-4　土壤磨样机器性能测试空白试验允许范围

<table>
<tr><th>检测项目</th><th>含量范围 /（mg/kg）</th><th>相对误差 /%</th></tr>
<tr><td rowspan="3">总镉</td><td>＜0.1</td><td>± 30</td></tr>
<tr><td>0.1 ～ 0.4</td><td>± 20</td></tr>
<tr><td>＞0.4</td><td>± 15</td></tr>
<tr><td rowspan="3">总汞</td><td>＜0.1</td><td>± 30</td></tr>
<tr><td>0.1 ～ 0.4</td><td>± 25</td></tr>
<tr><td>＞0.4</td><td>± 20</td></tr>
<tr><td rowspan="3">总砷</td><td>＜10</td><td>± 20</td></tr>
<tr><td>10 ～ 20</td><td>± 15</td></tr>
<tr><td>＞20</td><td>± 10</td></tr>
<tr><td rowspan="3">总铜</td><td>＜20</td><td>± 20</td></tr>
<tr><td>20 ～ 30</td><td>± 15</td></tr>
<tr><td>＞30</td><td>± 10</td></tr>
</table>

续表

检测项目	含量范围 /（mg/kg）	相对误差 /%
总铅	＜20	±20
	20～40	±15
	＞40	±10
总铬	＜50	±20
	50～90	±15
	＞90	±10
总锌	＜50	±20
	50～90	±15
	＞90	±10
总镍	＜20	±20
	20～40	±15
	＞40	±10

相对误差（δ）按式（3-1）计算：

$$\delta = \frac{|x-\mu|}{\mu} \times 100\% \tag{3-1}$$

式中 δ——机器磨样测定值与人工磨样测定值相比的相对误差；

x——机器磨样测定值，mg/kg；

μ——人工磨样测定值，mg/kg。

制样单位应熟练掌握四分法操作以及样品制备方法，并明晰样品包装、标签、制样量等要求。于制样工作开始前录制并保存2mm（10目）、0.15mm（100目）土壤样品的制备过程视频各一份，制样视频需清楚反映制样工具、制样量、样品包装及标签等。

安排专人通过现场或视频等方式逐个清点核实样品，并逐个检查全部样品，利用手持终端扫码确认、记录样品交接信息，打印样品交接单，双方签字并各自留存样品交接单，不合格样品应拍照留证并退回。

具体交接核查内容包括但不限于：样品量是否符合要求；样品包装是否完好无损、样品是否被污损；样品标签及编码是否有重复，是否清晰可辨、正确无误；样品保存、运输条件及流转时间是否符合要求。

3.1.2 土壤样品制备的原则

对不合格样品一律拍照留证，并予以退回，说明拒收该样品的理由（拒收理由可以是一项或多项原因），并于3d内接收采样单位重新提供的样品。

样品制备时，制样人员需严格按照规定的制样方法及要求进行土壤样品制备，原则上，要尽可能使每一份样品都均匀地来自该样品总量。严格按照四分法操作，保证样品的均匀性。

制样所用工具应在处理每份样品前均清理干净，严防交叉污染，建议采用自来水清洗后烘干或晾干制样工具。

样品制备时应现场填写土壤样品制备记录表。研磨过程中不可随意遗弃样品，应及时填写样品制备原始记录表，注意记录过筛前后的土壤样品质量。

样品风干（烘干）、细磨过程中样品编码必须始终保持一致。

3.1.3 土壤样品制备的方法

3.1.3.1 样品风干（烘干）的操作方法

首先应核对标签并称量，然后将样品倒出在盛样用器皿（如搪瓷盘）中，用木铲摊开铺平土壤样品，摊成2～3cm的薄层，除去土壤中混杂的砖瓦石块、石灰结核、动植物残体等，并在搪瓷盘上贴上标签；放在风干架上自然风干，需经常翻动样品，半干状态时，用木棍压碎或用两个木铲搓碎土样，或戴一次性手套掰碎土块，置于阴凉处自然风干。也可采用土壤样品烘干机烘干，但应注意烘干温度的设定，应以不对样品中待测指标产生影响为宜。

3.1.3.2 样品粗磨的操作方法

风干或烘干后称量样品，分多次取样进行粗磨，在制样室将风干的样品倒在有机玻璃板或硬质木板上，用木槌碾压，用木棒或有机玻璃棒再次压碎，拣出杂质，细小已断的植物须根可采用静电吸附的方法清除，需将所有杂质收集起来；将全部土壤样品手工研磨后混匀，过2mm（10目）相应材质的筛子，去除2mm以上的石块，大于2mm的土团可用木槌砸碎，并使用白瓷研钵反复研磨、过筛，直至全部土团能通过2mm（10目）筛；收集通过2mm（10目）筛的样品，同时也将未过筛的砂粒、石块收集起来，多次反复操作直至所有风干样品全部经过粗磨筛分；粗磨完成的样品（10目）用木铲充分混匀，按四分法分出所需进一步细磨的样品量，用牛皮纸袋或塑料瓶进行分装，并粘贴标签。

3.1.3.3 样品细磨的操作方法

将待细磨样品过待测指标检测方法所规定目数的筛子，对于未通过的样品用玛瑙球磨机（或手工）研磨至全部通过；将粗筛和细筛上下叠放，上层放粗筛，用于隔离玛瑙珠，下层为细筛，用于筛分所需目数样品；充分混匀所有通过细筛的样品，采用四分法分成所需份数，用牛皮纸袋或塑料瓶进行分装，并粘贴标签。

3.1.3.4 土壤剖面样品制备

样品风干后，一部分样品按土壤发生层次分别装入容器中，每份不少于500g，流转至土壤样品库保存；一部分样品按照一般样品的粗磨，分层完成相关操作。

耕地园地每层剖面样品的送检样品不少于600g，留存样品不少于200g。

林地草地每层剖面样品的送检样品不少于540g，留存样品不少于160g。

3.1.3.5 土壤水稳性大团聚体样品制备

一般样品、剖面样品的第1层样品采集时，均需采集土壤水稳性大团聚体样品。将野外采集的土壤沿自然结构轻轻剥成10～12mm直径的小土块，弃去根系与植物残茬和杂物。剥样时应沿土壤的自然结构轻轻剥开，避免受机械压力而变形。然后将样品按一般样品制备相关要求风干，风干时应尽可能保持样品形态，严禁压碎或搓碎样品。

3.1.4 土壤样品制备过程中的质量控制

3.1.4.1 样品风干（烘干）

晾晒风干场所应通风良好，具备一定的控温条件，无易挥发性化学物质；配备有专用的样品架、托盘、牛皮纸等；土壤样品和农产品样品应分类分区进行晾晒或风干。烘干设备应通过检定，留存检定证书且证书在有效期内。风干或烘干时，样品之间应相互隔离，避免交叉污染。

3.1.4.2 晾晒风干时间

样品晾晒风干周期不得超过30d，遇到特殊情况时应在截止日期前3d向质控中心提出延期申请（表3-5），说明延期理由和预计完成时间，并提交证明材料，由质控中心审核后，决定是否延长时限及具体延长时间。未经质控中心审批擅自超期的制样单位，一经发现，应立即停止制样作业，对已完成晾晒风干的样品进行全部核查，对不符合晾晒风干周期的样品要求采样小组限期整改，整改完成，并由质控专家组验收合格后，方可继续实施制样作业。晾晒时间记录表见表3-6。

表3-5 延期申请表

区域监测中心：__________
样品编码：__________
开始晾晒风干时间：×××× 年 ×× 月 ×× 日
预计结束晾晒风干时间：×××× 年 ×× 月 ×× 日
延期理由：__________
证明材料（样品照片）：
申请人：××× 联系电话：______________
申请日期：×××× 年 ×× 月 ×× 日

表3-6 晾晒时间记录表

×× 区域监测中心

样品编码	晾晒风干开始时间	晾晒风干结束时间	风干周期 /d	延期说明[①]
××××××-××-×××	××××-××-××	××××-××-××	6	天气状况

① 延期说明需附延期申请表。
核查人员：××× 联系电话：______________
核查日期：×××× 年 ×× 月 ×× 日

3.1.4.3 制样场所核查

在样品粗制备之前，采取查看视频记录的形式核查制样场所设施、设备及环境是否符合制样要求，并要求视频记录保存到次年 3 月底。若发现制样场所不符合要求，则要求制样场所整改。制样场所核查表见表 3-7。

表3-7 制样场所核查表

×× 区域监测中心

制样场所	详细地址	是否安装摄像头	样品存放是否合理	记录视频
	×× 省 ×× 市	□是 □否	□是 □否	
		□是 □否	□是 □否	
		□是 □否	□是 □否	
		□是 □否	□是 □否	

核查人员：××× 联系电话：______________
核查日期：×××× 年 ×× 月 ×× 日

3.1.4.4　磨样机器性能测试空白试验核查

核查制样单位磨样机器性能测试空白试验记录表，核实磨样机器性能。若发现磨样机器性能不符合要求，应立即停止制样作业，限期整改，并采用性能符合要求的磨样机器或人工磨样对已制备完成的样品全部重新进行制备。

3.1.4.5　过筛损失率的控制

每份土壤样品过筛前后，应填写制样记录，详细记录制样时间、过筛目数、原始样品质量和粗制样品质量，计算各土壤样品过筛损失率并统计损失率范围。原则上损失率应小于5%。

过筛损失率（L）按式（3-2）计算：

$$L=\frac{a-b}{a}\times100\% \tag{3-2}$$

式中　L——过筛损失率；

a——过筛前样品质量，g；

b——过筛后样品质量，g。

土壤样品制样信息记录表见表3-8。

表3-8　土壤样品制样信息记录表

××区域监测中心

样品编码	过筛目数/目	原始样品质量/g	粗制样品质量/g	质量损失率/%	制样时间
××××××-××-×××	10	1500.0	1440.0	4.0	2024-10-09

记录人员：×××　　　　联系电话：________

记录日期：××××年××月××日

3.1.4.6　均匀度检查

每完成100个土壤样品（最后一批≤50个并入上一批，＞50个则独立为一批）的细加工后，按照不低于5%的比例对样品均匀度进行抽查（表3-9）。检查方法为：从同一份样品的不同部位随机抽取3份5g的样品，送指定实验室检测土壤样品中重金属总镉的含量差异，含量差异以相对偏差计，核查这3份样品对应指标的相对偏差是否超过允许范围（表3-10）。

表3-9 样品均匀度检查表

抽查日期	样品编码	检测结果 /（mg/kg）	相对偏差 /%
2024-01-01	××××××-××-×××-×	0.38	5.7
		0.35	
		0.32	

表3-10 样品均匀度检查相对偏差允许范围

含量范围 /（mg/kg）	相对偏差 /%
＜0.1	30
0.1 ～ 0.4	20
＞0.4	15

相对偏差（RD）按式（3-3）和式（3-4）计算：

$$\mathrm{RD}=\frac{\bar{d}}{\bar{x}}\times 100\% \tag{3-3}$$

$$\bar{d}=\frac{\sum_{i=1}^{n}\left|x_i-\bar{x}\right|}{n} \tag{3-4}$$

式中 RD——相对偏差；

$\bar{d}$——3 份样品检测结果的平均偏差，mg/kg；

$\bar{x}$——3 份样品检测结果的算术平均值，mg/kg；

x_i——第 i 份样品的检测结果，mg/kg；

n——样品数，此为 3。

若相对偏差超过允许范围，判定为不合格，则本次抽查至上一次抽查中间全部土壤样品需重新磨样；同时，后续此项质控频率和比例从每 100 个样品中抽查 1 个（或 5 个或 20 个）提高到每 50 个样品中抽查 1 个（或 5 个或 20 个）；若再次发现此类错误，质控频率和比例应进一步提高到每 20 个样品中抽查 1 个（或 5 个或 20 个）。

3.1.4.7 样品细加工不合格率核查

每批次样品细加工完成后，统计各批次样品细加工的不合格率，并填写样品细加工核查统计表。

样品细加工不合格率（F）按式（3-5）计算：

$$F=\frac{d}{t}\times 100\% \tag{3-5}$$

式中 F——样品细加工不合格率；

d——某批次不合格样品数，个；

t——某批次全部样品数，个。

土壤样品细加工核查统计表见表 3-11。

表3-11 土壤样品细加工核查统计表

批次号	不合格样品数 / 个	样品总数 / 个	不合格样品编码	样品不合格率 /%
××××××	2	50	××××××-××-×××、××××××-××-×××	4

核查人员：××× 联系电话：＿＿＿＿＿＿

核查日期：××××年××月××日

3.2 农产品样品的制备[3]

3.2.1 农产品样品制备的准备工作

参照《农产品质量安全监测样品制备技术规程》中土壤样品制备要求，增加相应的制样工具及容器。

在糙米、麦粒和玉米细磨前开展粒径试验，以确定农产品样品的研磨时间。

农产品样品制备参照土壤样品制备进行，另需准备以下制样工具及容器：稻穗、麦穗脱粒用脱粒机，去皮用砻谷机。玉米脱粒用硬质木搓板或木块。糙米、麦粒和玉米粒细磨用食品级不锈钢高速粉碎机、玛瑙或氧化锆研磨机，蔬菜样品捣碎用营养调理机、细胞破壁机、组织捣碎机等。

制样人员必须在样品制备开始前对本年度拟启用和备用的全部粉碎设备的机器性能进行空白试验测试，以排除细磨工具对样品的可能污染：选取 3 份及以上农产品样品（干样），同时进行人工磨样和机器磨样，每份农产品样品（干样）均需检测总镉、总汞、总砷、总铅和总铬 5 项重金属含量，计算机器磨样测定值与人工磨样测定值的相对误差；填写磨样机器性能测试空白试验记录表（表 3-12）并存档备查。

表3-12　农产品磨样机器性能测试空白试验记录表

××制样单位　　　　　　　　　　　　　试验日期：××××年××月××日

检测指标	第一份样品			第二份样品			第三份样品			平均相对误差 $\bar{\delta}$ /%
	检测值/(mg/kg)		相对误差 δ_1/%	检测值/(mg/kg)		相对误差 δ_2/%	检测值/(mg/kg)		相对误差 δ_3/%	
	机器磨样	人工磨样		机器磨样	人工磨样		机器磨样	人工磨样		
总镉										
总汞										
总砷										
总铅										
总铬										

糙米、麦粒和玉米粒手工细磨方法：称取糙米、麦粒或玉米粒 10g，先用木槌敲打破碎后，放入烘箱，(65±5)℃烘 30min，再用木槌粉碎，过 0.25mm（60 目）筛，如有剩余，重复以上步骤。农产品样品细磨工具材质需达到食品级，新购置的细磨工具在磨样前需用同类型样品做磨损老化处理。

求 3 次相对误差的平均值，得到平均相对误差，并与磨样机器性能测试空白试验允许范围（表 3-13）进行比较。对于不符合相对误差要求的机器，需立即更换磨样机器并重新测定空白试验结果，或换成人工磨样的方式后方可进行样品加工。

表3-13　农产品磨样机器性能测试空白试验允许范围

检测项目	含量范围/(mg/kg)	相对误差/%
总镉	＜0.1	±35
	0.1～0.2	±30
	＞0.2	±25
总汞	＜0.1	±35
	0.1～0.2	±30
	＞0.2	±25
总砷	＜0.1	±35
	0.1～1.0	±30
	＞1.0	±25

续表

检测项目	含量范围 /（mg/kg）	相对误差 /%
总铅	＜0.1	± 35
	0.1 ～ 1.0	± 30
	＞1.0	± 25
总铬	＜0.1	± 35
	0.1 ～ 1.0	± 30
	＞1.0	± 25

相对误差（δ）按式（3-1）计算。

制样人员需在糙米、麦粒和玉米粒细磨前开展粒径试验，即用机器研磨农产品样品时记录不同研磨时间的过筛残留量，绘制散点图并做曲线拟合（图 3-1），以过 0.25mm（60 目）筛残留量占样品总量百分比＜10% 的时间作为后续研磨的作业时间，此试验需至少重复 3 次，求取平均值，计算平均偏差（平均偏差不得大于 2），并记录（表 3-14）。

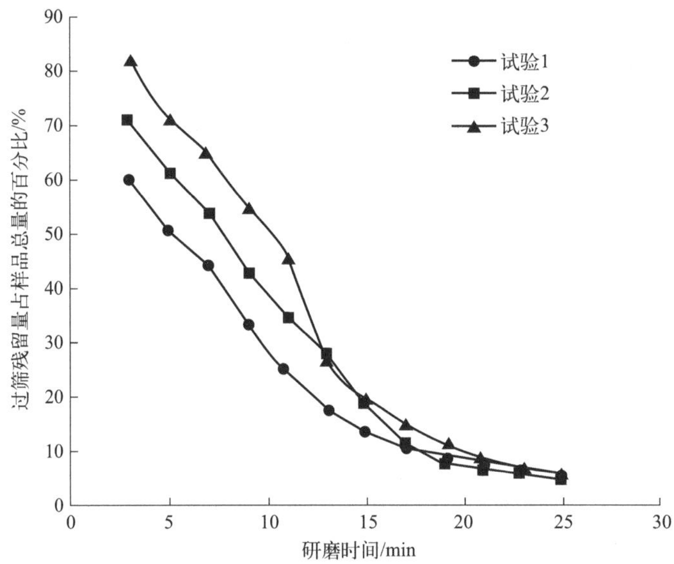

图 3-1　样品粒径试验示意图

表3-14　样品粒径试验记录表

研磨时间 /min	过筛残留量占样品总量的百分比 /%								
	糙米			麦粒			玉米粒		
	试验 1	试验 2	试验 3	试验 1	试验 2	试验 3	试验 1	试验 2	试验 3

续表

研磨时间 /min	过筛残留量占样品总量的百分比 /%								
	糙米			麦粒			玉米粒		
	试验 1	试验 2	试验 3	试验 1	试验 2	试验 3	试验 1	试验 2	试验 3
过筛残留量占样品总量的百分比＜10% 的研磨时间 /min									
平均偏差									

试验人员： 联系电话： 试验日期：×××× 年 ×× 月 ×× 日
记录人员： 联系电话： 记录日期：×××× 年 ×× 月 ×× 日

制样单位于农产品制样工作开始前录制并保存 0.25mm（60 目）农产品样品的制备过程视频一份，制样视频需清楚反映制样工具、制样量、样品包装及标签等。

3.2.2 农产品样品制备的原则

严格按照规定的制样方法及要求，保证样品无污染及其均匀性，同时所有样品在制备过程中样品编码必须始终保持一致。

制样人员需严格按照规定的制样方法及要求进行农产品样品制备，要尽可能使每一份样品都均匀地来自该样品总量。农产品干样应严格按照四分法操作进行样品分装，蔬菜、水果等的鲜样匀浆等工具应先用自来水清洗后，再用去离子水冲洗。

3.2.3 农产品样品制备的方法

3.2.3.1 农产品干样

（1）样品风干的操作方法

首先应核对标签，称量，并除去杂质。对普通循环监测点和耕地地力监测点的农产品样品（稻穗、麦穗和玉米）进行风干或烘干，对农药监测点的农产品样品仅可自然风干。

（2）样品粗磨的操作方法

风干 / 烘干后的稻穗、麦穗用小型脱粒机脱粒，玉米用硬质木搓板与硬质木块进行手工脱粒，反复混合均匀，并对粗制完成的糙米、麦粒和玉米粒样品用四分法进行缩分，对于普通循环监测点和耕地地力监测点，应分出国家样品库保存样品（简称“国库样”）250g、待细制备样 100g，其余为区域监测中心留存样品，而对于农药监测点，应分出国库样 250g、待细制备样 250g，其余为区域监测中心留存样品，用牛皮纸袋或塑料瓶进行分装，并粘贴标签。

（3）样品细磨的操作方法

将所有待细磨样品的糙米、麦粒或玉米粒样品，先用自来水清洗 3 ～ 5 次，至自来水清澈，然后用去离子水清洗 2 次。普通循环监测点和耕地地力监测点的籽粒在清洗完毕后应立即在（65 ± 5）℃下烘干后细磨，农药监测点的籽粒则仅可风干。对于普通循环监测点和耕地地力监测点农产品样品，取 100g 按照糙米、麦粒和玉米粒粒径试验确定的 60 目细磨时间进行细磨，并按四分法取 25g 作为重金属送检样，其余妥善保存，备复测，用牛皮纸袋或塑料瓶进行样品分装，并粘贴标签；对于农药监测点，取 250g 按照糙米、麦粒和玉米粒粒径试验确定的 60 目细磨时间进行细磨，并按四分法取 25g 作为重金属送检样，用四分法取 100g 作为农药残留送检样，其余妥善保存，备复测，用牛皮纸袋或塑料瓶进行样品分装，并粘贴标签。

3.2.3.2 农产品鲜样

测定重金属的蔬菜、水果等鲜样应先用清水洗净，再用去离子水冲洗 2 次，置于阴凉通风无污染处晾至无水，或用洁净纸（布）擦干 [测定农药残留的蔬菜、水果等鲜样应用洁净的毛（纸）巾擦掉附着于其上的泥土等物]，制备成匀浆装入洁净的聚乙烯瓶中，密封，于 −18℃冰箱中低温保存。

普通循环监测点和耕地地力监测点，制备实验室送检样 1 瓶（200mL）；农药监测点，制备实验室送检样 2 瓶（200mL）。

3.2.3.3 烟叶、茶叶样品的操作方法

烟叶、茶叶等样品，先用自来水清洗 3 ～ 5 次，至自来水清澈，然后用去离子水清洗 2 次。清洗完毕的烟叶、茶叶等样品立即在 (65 ± 5)℃下烘干，用高速粉碎机（或氧化锆研磨机）细磨，混合均匀。

3.2.4 农产品样品制备过程中的质量控制

3.2.4.1 农产品样品（干样）

（1）风干（烘干）

晾晒风干场所应通风良好，具备一定的控温条件，无易挥发性化学物质；配备有

专用的样品架、托盘、牛皮纸等；土壤样品和农产品样品应分类分区进行晾晒或风干。烘干设备应通过检定，留存检定证书且证书在有效期内。风干或烘干时，样品之间应相互隔离，避免交叉污染。

（2）晾晒风干时间

参考 3.1.4.2 晾晒风干时间。

（3）制样场所核查

参考 3.1.4.3 制样场所核查。

（4）磨样机器性能测试空白试验核查

参考 3.1.4.4 磨样机器性能测试空白试验核查。

（5）状态检查

区域监测中心每粗制备完成并经系统确认 20 个农产品样品（干样，最后一批 ≤ 10 个并入上一批，＞10 个则独立为一批）后，按 5%（向上取整）的比例，通过审查记录表结合查看现场照片的形式，核查农产品粗制备样品状态，小麦、稻谷等粒状农产品的制备是否完全脱粒，烟草、茶叶等农产品是否清洗烘干。若发现任一农产品样品（干样）不合格，则要求制样小组重新制样，并按 20% 抽查剩余粗制备农产品样品（干样），若再次发现农产品样品（干样）不合格，则 100% 核查全部粗制备农产品样品（干样）。农产品样品（干样）状态核查记录表见表 3-15。

表3-15　农产品样品（干样）状态核查记录表

××区域监测中心

样品编码①	农产品样品（干样）	现场照片
××××××-××-×××	□合格　□不合格	
	□合格　□不合格	
	□合格　□不合格	
	□合格　□不合格	

①系统根据样品编码自动链接相应现场照片。

核查人员：×××　　　　联系电话：________

核查日期：××××年××月××日

（6）细加工均匀度检查

每完成 100 个农产品（仅糙米、麦粒、玉米粒）样品（最后一批≤ 50 个并入上一批，＞50 个则独立为一批）的细加工后，按照不低于 5% 的比例对样品均匀度进行抽查（表 3-9）。检查方法为：从同一份样品的不同部位随机抽取 3 份 5g 的样品，送指定实验室检测农产品样品中重金属总镉的含量差异，含量差异以相对偏差计，核查这 3 份样品对应指标的相对偏差是否超过允许范围（表 3-16）。

表3-16　样品均匀度检查相对偏差允许范围

含量范围 /（mg/kg）	相对偏差 /%
＜0.1	35
0.1 ～ 0.2	30
＞0.2	25

相对偏差（RD）按式（3-3）和式（3-4）计算。

（7）样品细加工不合格率核查

每批次样品细加工完成后，统计各批次样品细加工不合格率，并填写样品细加工核查统计表。

样品细加工不合格率（F）按式（3-5）计算。

农产品（干样）样品细加工核查统计表见表 3-17。

表3-17　农产品（干样）样品细加工核查统计表

批次号	不合格样品数 / 个	样品总数 / 个	不合格样品编码	样品不合格率 /%
××××××	1	50	××××××-××-×××	2

核查人员：×××　　　　联系电话：________

核查日期：××××年××月××日

3.2.4.2　农产品样品（鲜样）

（1）制样场所核查

参考 3.1.4.3 制样场所核查。

（2）状态检查

区域监测中心每制备完成并经系统确认 20 个农产品样品（鲜样，最后一批≤ 10 个并入上一批，＞10 个则独立为一批）后，通过查看现场照片核查水果、蔬菜等农产品是否采用新鲜样加工的方式（新鲜采摘的水果、蔬菜用去离子水清洗干净并晾干后整株破碎），均匀混合成待测试样品并冷冻保存。同时，冷冻样一式两份（平行样一式四份）需全部寄送至检测机构。不合格的农产品样品（鲜样）应要求制样小组重新制样，当年无法重新采样时，需在下一年度相同时间采集该点位样品进行补测。农产品样品（鲜样）状态核查记录表见表 3-18。

表3-18 农产品样品（鲜样）状态核查记录表

××区域监测中心

样品编码①	农产品样品（鲜样）	现场照片
××××××-××-×××	□合格 □不合格	
	□合格 □不合格	
	□合格 □不合格	
	□合格 □不合格	

①系统根据样品编码自动链接相应现场照片。

核查人员：××× 联系电话：________

核查日期：××××年××月××日

（3）制样时间

蔬菜、水果等鲜样交接完毕后应尽快处理，在保证其新鲜度的条件下，最迟48h内完成匀浆制样并低温（–18℃以下）保存。鲜样样品制备量≥2瓶时，应在样品破碎后立即分装，避免因样品分层而导致的样品不均匀。

参考文献

[1] NY/T 395—2025. 农田土壤环境质量监测技术规范 [S].

[2] NY/T 4691—2023. 农产品产地土壤环境监测质量控制技术规范 [S].

[3] DB37/T 3870—2020. 农产品质量安全监测样品制备技术规程 [S].

第 4 章

样品流转与质量控制样品添加

- 样品流转的基本要求
- 质量控制样品的添加
- 二次转码的操作方法

4.1 样品流转的基本要求

4.1.1 制订样品流转计划

负责样品流转的单位（流转中心）应综合考虑采样、分析测试等任务安排，对本行政区域内样品流转进行统筹，制定样品流转计划。样品流转计划应包括样品份数，样品从采样现场向初步制备场所、流转中心、检测实验室流转的各环节交接时间，质控样品插入要求等内容。

4.1.2 样品的转运

采样小组（包括初步制备人员）和样品流转中心应指定核对负责人，在样品转运现场对样品逐一核对，重点检查样品标签、样品质量、样品数量、样品分装容器、样品目的地、样品应送达时间等，如有缺项、漏项和错误，应及时补齐、修正后方可装运。

采集的环境样品运输过程中，应使用样品运输箱，按相关监测技术规范要求，采取有效措施，保证样品性质稳定，避免沾污、损失或丢失；样品接收、核查、发放各环节应受控，样品交接记录、样品标签及其包装应完整无缺；若发现样品出现异常或处于损坏状态，应如实记录，并尽快采取相关处理措施，必要时应重新采集样品。装运时，准确填写“样品装运记录表”（表 4-1），样品运输过程中应做好适当的减震隔离，样品流转运输必须保证样品安全和及时送达。

表4-1 样品装运记录表

<table>
<tr><td>样品箱编号</td><td colspan="2"></td><td>样品数量</td><td colspan="2"></td></tr>
<tr><td>送达单位</td><td colspan="2"></td><td>送达期限</td><td colspan="2"></td></tr>
<tr><td>序号</td><td>样品编码</td><td>样品类别</td><td>保存方式</td><td>有无措施
防止沾污</td><td>有无措施
防止破损</td></tr>
<tr><td>1</td><td></td><td>土壤□
水 □
空气□</td><td>常温□
低温□</td><td>有□无□</td><td>有□无□</td></tr>
<tr><td>2</td><td></td><td>土壤□
水 □
空气□</td><td>常温□
低温□</td><td>有□无□</td><td>有□无□</td></tr>
<tr><td>…</td><td></td><td></td><td></td><td></td><td></td></tr>
</table>

续表

交运单位		交运人		联系方式	
承运单位		运输负责人		运输车辆号牌	
交运日期					

4.1.3　样品的交接

采集的样品送到指定地点后，样人和收样人均需清点核实样品，确认并记录交接信息，准确填写“样品交接记录表”（表 4-2）。

表4-2　样品交接记录表

样品流转环节	□采样小组—制样机构 □制样机构—流转中心			□采样小组—流转中心 □流转中心—检测实验室		
序号	样品编码	样品类别	样品质量是否符合要求	样品包装是否完好	样品标签是否完好	保存方法是否符合要求
1		土壤□ 水　□ 空气□	是□否□	是□否□	是□否□	是□否□
2		土壤□ 水　□ 空气□	是□否□	是□否□	是□否□	是□否□
…						
送样单位		送样人		联系方式		
收样单位		收样人		联系方式		
送样日期				收样日期		

4.2 质量控制样品的添加

4.2.1　质量控制样品的添加目的

添加质量控制样品是保证农产品产地环境监测实验室间外部质量的一种技术手段，是针对使用同一分析方法时，因试剂、分析用水、玻璃容器、分析仪器、实验室温度与湿度等不同以及分析人员技术水平、操作习惯不同所引起的系统误差而提出来的，检验和纠正实验室内或者实验室间的误差，可使在保证基础数据质量的前提下，提供准确、可靠的监测结果。

4.2.2 质量控制样品种类

4.2.2.1 有证标准物质

根据国际通用计量学基本术语和国际标准化组织指南的定义，标准物质是具有一种或多种足够均匀和很好地确定了特性值，用以校准设备，评价测量方法或给材料赋值的材料或物质。而有证标准物质是指附有证书的标准物质，其一种或多种特性值用建立了溯源性的程序确定，使之可溯源到准确复现的用于表示该特性值的计量单位，每个标准值都附有给定置信水平的不确定度。标准物质的特性值具有均匀性、稳定性、准确性和复现性的特点。标准物质可用于分析方法的验证和标准化，校正并标定分析测定仪器，评价测定方法的准确度和测试人员的技术水平，进行质量保证工作，实现各实验室内及实验室间、行业之间数据的可比性和一致性。

我国的有证标准物质分为国家一级标准物质和国家二级标准物质。

① 一级标准物质指经协作实验，用绝对测量法或其他准确可靠的方法定值，准确度达到国内最高水平并相当于国际水平，经国家市场监督管理总局批准而颁布的，且附有证书的标准物质。我国已经拥有多种有证标准物质，如 ESS 系列、GSS 系列、GBW 系列等，国家标准物质资源共享平台可查询到相关标准物质信息。

② 二级标准物质指各部委或科研单位为满足本部门及有关使用单位的需要而研制出的工作标准物质。其特性量值通过与一级标准物质直接比对或用其他准确可靠的分析方法测试而获得，准确度和均匀性能满足一般测量的需要，稳定性在半年以上，或能满足实际测量需要，经有关主管部门审查批准，报国家市场监督管理总局备案。农产品产地环境监测中一般建议采用国家一级标准物质。国家有证标准物质及证书示例见图 4-1。

检测实验室可使用有证标准物质进行内部质量控制。通常将其与常规样品同步进行样品检测，将所检测结果与约定值相比较进行分析和判断，以评价检测过程的准确度，推断检测过程是否存在系统误差或是否出现异常差错。使用有证标准物质时，应选择合适的标样，使标样的种类、背景结构、组分、含量水平等尽可能与待测样品一致或近似。如果与标准物质在化学性质和基本组成上差异很大，由于基体干扰，用标准物质作为标定或校正仪器的标准，有可能会产生一定的系统误差。

4.2.2.2 平行样品

采集和测定平行样是实施环境监测质量保证的一项措施。平行样的测定结果在一定程度上反映了测试的精密度水平。在环境监测中，采集和测定平行样的百分比应根据样

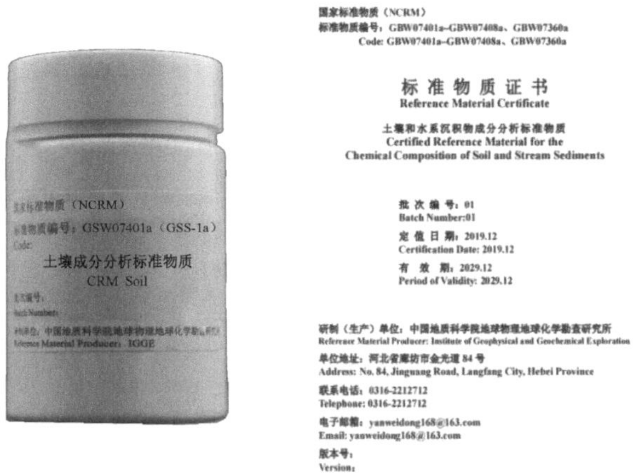

图 4-1　国家有证标准物质及证书示例

品的批量、测定的难易程度、有无质量控制等进行确定，一般不少于全部样品的 10%。平行样的测定结果可根据标准方法所规定的界限来判别合格与否，也可将测定结果点入质量控制图进行判别。此外，也可参考分析化学中所做的一般规定进行判别。

4.2.3　质控样品添加基本要求

4.2.3.1　土壤质控样品添加基本要求[1-6]

（1）平行质控样

平行质控样是利用在平行样品采集点位采集的土壤样品制备混匀后以四分法分装而成的，用于评价实验室分析测试的精密度，以控制随机误差的外部质量控制样品。

（2）定值质控样

定值质控样是一种理化性质和组成足够均匀稳定的，用于评价实验室分析测试的准确度，以控制系统误差的外部质量控制样品。

（3）质控样添加数量

质控样的添加应按照批次进行。每一批次样品数量不得超过检测机构一次消解或浸提等前处理的能力。每批次土壤干样中至少添加 1 份平行质控样和 1 份定值质控样；每批次土壤鲜样中至少添加 1 份平行质控样。当每一批次样品数量大于 50 个时，至少按样品数量 2% 的比例进行添加。需要注意的是，定值质控样的选择应尽量与待测土壤样品产地相同。

若由三家及以上检测机构共同承担样品检测任务，则每批次样品中还需至少添加一份互检样品。土壤干样和鲜样质控样添加记录表分别见表 4-3 和表 4-4。

表4-3　土壤干样质控样添加记录表

×× 区域监测中心

样包编码	批次编码	平行质控样		定值质控样		互检样				添加日期
		原样编码	平行样编码	原编码	现编码	互检样编码	送往全国质控中心互检样编码1	送往全国质控中心互检样编码2	送往全国质控中心日期	
××××××	××××××	××××××-××-×××	××××××-××-×××	××××××-××-×××	××××××-××-×××	××××××-××-×××	××××××-××-×××	××××××-××-×××	××××-××-××	××××-××-××

记录人员：×××　　　　联系电话：________

记录日期：××××年××月××日

表4-4　土壤鲜样质控样添加记录表

×× 区域监测中心

样包编码	批次编码	平行质控样		互检样				添加日期
		原样编码	平行样编码	互检样编码	送往全国质控中心互检样编码 1	送往全国质控中心互检样编码 2	送往全国质控中心日期	
××××××	××××××	××××××-××-×××	××××××-××-×××	××××××-××-×××	××××××-××-×××	××××××-××-×××	××××-××-××	××××-××-××

记录人员：×××　　　　联系电话：________

记录日期：××××年××月××日

4.2.3.2 农产品质控样品添加基本要求

参考 4.2.3.1 的基本要求。

4.2.3.3 水源质控样品添加基本要求[1-2,7]

（1）现场空白样品

现场空白样品是指在现场以纯水作样品，按测定项目的采集方法和要求，与样品同等条件下装瓶、保存、运输、送交实验室分析的样品。

（2）现场平行样品

现场平行样品是指同等采样条件下采集的水源密码平行双样，送实验室分析。

（3）质控样品采集数量

现场空白样品和现场平行样品采样数量各控制在采样总数的 10% 左右，或在每批采集 2 个样品。

4.2.3.4 空气质控样品添加基本要求[1-2,8]

（1）室内空白样品

空气中氮氧化物、二氧化硫的样品系由采样泵采自环境空气。制作校准曲线的标准溶液系由相当的化学试剂所配制，二者存在显著的差异。实验室的空白只相当于校准曲线的零浓度值。因此，这两个项目在实验室分析时不必另做实验室空白实验。

（2）现场空白样品

采集二氧化硫和氮氧化物样品时应加带一个现场空白吸收管，和其他采样吸收管同时带到现场。该管不采样，采样结束后和其他采样吸收管一并送交实验室，此管即为该采样点当天该项目的静态现场空白管。

样品分析时测定现场空白值，并与校准曲线的零浓度值进行比较。例如，现场空白值高于或低于零浓度值且无解释依据时，应以该现场空白值为准，对该采样点当天的实测数据加以校正。当现场空白值高于零浓度值时，分析结果应减去两者的差值；当现场空白值低于零浓度值时，分析结果应加上两者差值的绝对值。采用上法可消除某些样品测定值低于校准曲线空白值的不合理现象。

① 采集氟化物使用的滤膜（或石灰滤纸）现场空白样品：将浸渍好的滤膜（或石灰滤纸）带到采样现场，不采集样品。采样结束后，和样品滤膜（或石灰滤纸）一并带回实验室，即为氟化物的现场空白样品。

② 现场空白样采集的数量：二氧化硫和氮氧化物每天采集 1 个；氟化物滤膜每

批样品需采集 4 ～ 6 个。

（3）现场空白样品的采集要求

用两台型号相同的采样器，以同样的采样条件（包括时间、地点、吸收液、滤膜、流量、朝向等）采集的气样为平行样。采集二氧化硫、氮氧化物的平行样时两台仪器相距 1 ～ 2m，采集氟化物和总悬浮颗粒物时相距 2 ～ 4m。

4.3 二次转码的操作方法

4.3.1　二次转码基本要求

为保证样品检测质量，采集的检测样品在送至检测机构前需进行二次转码。一般由样品流转中心或者质量控制实验室负责对送至检测实验室分析测试的样品进行二次转码，提前制订送检样品二次转码规则。转码后的样品编码应力求简单明了，不同类型的待检测样品土壤和农产品应分别进行二次转码。

4.3.2　二次转码方法

在样品流转到检测实验室前，样品流转中心或者质量控制实验室应于独立场地在送检样品中随机插入密码平行样品和有证标准物质，并对样品进行二次转码，再发送到检测实验室。同时，做好批次样品转码和信息记录等，并签字留存（表 4-5）。

表4-5　样品二次转码记录表

序号	批次编号	样品编码	样品类别	标准物质编码（标注物质名称）	密码平行样编码（原样品编码）	送检样品编号（转码后样品编码）
1			土壤□ 水　□ 大气□			
2			土壤□ 水　□ 大气□			
		标准物质	土壤□ 水　□ 大气□			

续表

序号	批次编号	样品编码	样品类别	标准物质编码（标注物质名称）	密码平行样编码（原样品编码）	送检样品编号（转码后样品编码）
		……	土壤☐ 水 ☐ 大气☐			
		密码平行样	土壤☐ 水 ☐ 大气☐			
		……	土壤☐ 水 ☐ 大气☐			
单位名称						
工作地点						
标准物质、密码平行样添加人						
转码人						
完成时间				××××年××月××日		

注：标准物质编码和密码平行样编码均为添加样品后现场编码，添加标准物质和密码平行样后要完成该批次转码，并填入送检样品编号一栏。

参考文献

[1] 陈玲，赵建夫．环境监测 [M]．3 版．北京：化学工业出版社，2021.

[2] 曲磊，王金梅，支金虎．环境监测 [M]．北京：中央民族大学出版社，2015.

[3] NY/T 395—2025．农田土壤环境质量监测技术规范 [S].

[4] 李旭冉．土壤环境监测质量管理体系研究 [M]．北京：中国环境出版集团，2019.

[5] 生态环境部,《土壤环境监测分析方法》编委会．土壤环境监测分析方法 [M]．北京：中国环境出版集团，2019.

[6] NY/T 4691—2025．农产品产地土壤环境监测质量控制技术规范 [S].

[7] NY/T 396—2000．农用水源环境质量监测技术规范 [S].

[8] NY/T 397—2000．农区环境空气质量监测技术规范 [S].

第5章

土壤样品检测与质量控制方法

- 土壤镉、铅、铬、铜、镍和锌总量的分析测定
- 土壤中砷和汞总量的分析测定
- 土壤有效态重金属的分析测定
- 土壤 pH 值的分析测定
- 土壤阳离子交换量的分析测定
- 多环芳烃类的分析测定
- 有机氯农药的分析测定

本书以现行国家或行业标准为例，对农产品产地土壤样品分析测定所涉及的分析测定方法进行简要介绍。

根据《土壤环境质量　农用地土壤污染风险管控标准（试行）》（GB 15618）中规定的风险筛选值和管制值要求，土壤样品分析测定分为基本项目和其他项目（表 5-1），其中基本项目为必测项目，包括镉、汞、砷、铅、铬、铜、镍和锌的测定；其他项目为选测项目，包括六六六、滴滴涕和苯并 [*a*] 芘；同时，还需测定土壤 pH 值和含水量等 [1]。如果与农产品协同采样，还可以根据需要测定土壤有效态重金属、有机质、机械组成和阳离子交换量等。

表5-1　农产品产地土壤分析测定项目

序号	样品类型	测定项目	
		必测（基本）项目	选测（其他）项目
1	土壤	镉、汞、砷、铅、铬、铜、镍和锌（总量和有效态）	六六六、滴滴涕和苯并 [*a*] 芘
2	农产品	镉、汞、砷、铅、铬、铜、镍和锌	—

注：1. 重金属和类金属砷均按元素总量计。

2. 六六六总量为 α- 六六六、β- 六六六、γ- 六六六、δ- 六六六四种异构体的含量总和。

3. 滴滴涕总量为 *p,p'*- 滴滴伊、*p,p'*- 滴滴滴、*o,p'*- 滴滴涕、*p,p'*- 滴滴涕四种衍生物的含量总和。

检测方法是监测工作的基础，只有完善土壤环境监测方法体系，提高土壤环境监测技术水平，才能保证土壤监测的科学性、规范性、准确性，以及评价结果的客观性和合理性，从而掌握土壤环境的真实状况，进一步推进土壤环境监管。土壤环境中重金属分析测定的常用标准方法是国家标准和行业标准。目前为止，我国有关农产品产地土壤分析测定项目涉及的国家标准和行业标准方法有 24 个，具体见表 5-2。

表5-2　土壤分析测定项目涉及的国家标准和行业标准方法

序号	标准名称	标准号
1	土壤和沉积物　六价铬的测定　碱溶液提取 - 火焰原子吸收分光光度法	HJ 1082
2	土壤和沉积物　铜、锌、铅、镍、铬的测定　火焰原子吸收分光光度法	HJ 491
3	土壤和沉积物　总汞的测定　催化热解 - 冷原子吸收分光光度法	HJ 923
4	土壤和沉积物　金属元素总量的消解　微波消解法	HJ 832
5	土壤和沉积物　12 种金属元素的测定　王水提取 - 电感耦合等离子体质谱法	HJ 803
6	土壤　8 种有效态元素的测定　二乙烯三胺五乙酸浸提 - 电感耦合等离子体发射光谱法	HJ 804
7	土壤和沉积物　汞、砷、硒、铋、锑的测定　微波消解 / 原子荧光法	HJ 680
8	土壤质量　总汞、总砷、总铅的测定　原子荧光法　第 1 部分：土壤中总汞的测定	GB/T 22105.1

续表

序号	标准名称	标准号
9	土壤质量　总汞、总砷、总铅的测定　原子荧光法　第2部分：土壤中总砷的测定	GB/T 22105.2
10	土壤质量　总汞、总砷、总铅的测定　原子荧光法　第3部分：土壤中总铅的测定	GB/T 22105.3
11	土壤质量　总砷的测定　二乙基二硫代氨基甲酸银分光光度法	GB/T 17134
12	土壤质量　总砷的测定　硼氢化钾 - 硝酸银分光光度法	GB/T 17135
13	土壤质量　总汞的测定　冷原子吸收分光光度法	GB/T 17136
14	土壤质量　铜、锌的测定　火焰原子吸收分光光度法	GB/T 17138
15	土壤质量　镍的测定　火焰原子吸收分光光度法	GB/T 17139
16	土壤质量　铅、镉的测定　KI-MIBK 萃取火焰原子吸收分光光度法	GB/T 17140
17	土壤质量　铅、镉的测定　石墨炉原子吸收分光光度法	GB/T 17141
18	土壤中六六六和滴滴涕测定的气相色谱法	GB/T 14550
19	土壤和沉积物　无机元素的测定　波长色散 X 射线荧光光谱法	HJ 780
20	土壤和沉积物　多环芳烃的测定　气相色谱 - 质谱法	HJ 805
21	土壤和沉积物　多环芳烃的测定　高效液相色谱法	HJ 784
22	土壤和沉积物　半挥发性有机物的测定　气相色谱 - 质谱法	HJ 834
23	土壤和沉积物　有机氯农药的测定　气相色谱 - 质谱法	HJ 835
24	土壤和沉积物　有机氯农药的测定　气相色谱法	HJ 921

5.1 土壤镉、铅、铬、铜、镍和锌总量的分析测定

5.1.1　消解方法

根据《土壤和沉积物　铜、锌、铅、镍、铬的测定　火焰原子吸收分光光度法》（HJ 491）、《土壤和沉积物　金属元素总量的消解 微波消解法》（HJ 832）和《土壤和沉积物　12 种金属元素的测定　王水提取 - 电感耦合等离子体质谱法》（HJ 803）

中提供的消解方法进行土壤样品的消解。

5.1.1.1 盐酸-硝酸-氢氟酸-高氯酸电热板消解法（HJ 491）[2]

准确称取 0.2 ～ 0.3g（精确至 0.1mg）的土壤样品（10 目）于 50mL 聚四氟乙烯坩埚中，用水润湿后加入 10mL 盐酸，于通风橱内的电热板上 90 ～ 100℃加热，使样品初步分解，待消解液剩余约 3mL 时，加入 9mL 硝酸，加盖加热至无明显颗粒，加入 5 ～ 8mL 氢氟酸，开盖，于 120℃加热飞硅 30min，稍冷，加入 1mL 高氯酸，于 150 ～ 170℃加热至冒白烟，加热时应经常摇动坩埚。若坩埚壁上有黑色碳化物，加入 1mL 高氯酸加盖继续加热至黑色碳化物消失，再开盖，加热赶酸至内容物呈不流动的液珠状（趁热观察）。加入 3mL 硝酸溶液，温热溶解可溶性残渣，全量转移至 25mL 容量瓶中，用 1% 硝酸溶液定容至标线，摇匀，保存于聚乙烯瓶中，静置，取上清液待测。于 30d 内完成分析。

5.1.1.2 盐酸-硝酸-氢氟酸-高氯酸石墨电热消解法（HJ 491）[2]

准确称取 0.2 ～ 0.3g（精确至 0.1mg）的土壤样品（100 目）于 50mL 聚四氟乙烯消解管中，用水润湿后加入 5mL 盐酸，于通风橱内的石墨电热消解仪上 100℃加热 45min。加入 9mL 硝酸加热 30min，加入 5mL 氢氟酸加热 30min，稍冷，加入 1mL 高氯酸，加盖 120℃加热 3h；开盖，150℃加热至冒白烟，加热时需摇动消解管。若消解管内壁有黑色碳化物，加入 0.5mL 高氯酸加盖继续加热至黑色碳化物消失，开盖，160℃加热赶酸至内容物呈不流动的液珠状（趁热观察）。加入 3mL 硝酸溶液，温热溶解可溶性残渣，全量转移至 25mL 容量瓶中，用 1% 硝酸溶液定容至标线，摇匀，保存于聚乙烯瓶中，静置，取上清液待测。于 30d 内完成分析。

5.1.1.3 硝酸-盐酸-氢氟酸微波消解法（HJ 832）[3]

准确称取 0.25 ～ 0.5g（精确至 0.1mg）的土壤样品（100 目）于消解罐中，用水润湿后在防酸通风橱中，依次加入 6mL 硝酸、3mL 盐酸和 2mL 氢氟酸，使样品和消解液充分混匀。若有剧烈化学反应，待反应结束后再加盖拧紧。将消解罐装入消解罐支架后，放入微波消解装置的炉腔中，确认温度传感器和压力传感器工作正常。按照表 5-3 的升温程序进行微波消解，程序结束后冷却。待罐内温度降至室温后在防酸通风橱中取出消解罐，缓缓泄压放气，打开消解罐盖。

将消解罐中的溶液转移至聚四氟乙烯坩埚中，用少许二次去离子水（或高纯水）洗涤消解罐和盖子后一并倒入坩埚。将坩埚置于温控加热设备上在微沸的状态下进行赶酸。待液体成黏稠状时，取下稍冷，用滴管取少量 1% 硝酸溶液冲洗坩埚内壁，利用余温溶解附着在坩埚壁上的残渣，之后转入 25mL 容量瓶中，用 1% 硝酸溶液定容至标线，混匀，静置 60min 取上清液待测。

表5-3　微波消解升温程序

升温时间 /min	消解温度 /℃	保持时间 /min
7	室温→ 120	3
5	120 → 160	3
5	160 → 190	25

注意事项：

① 微波消解后若有黑色残渣，说明碳化物未被完全消解。在温控加热设备上向坩埚补加 2mL 硝酸、1mL 氢氟酸和 1mL 高氯酸，在微沸状态下加盖反应 30min 后，揭盖继续加热至高氯酸白烟冒尽，液体成黏稠状。上述过程反复进行直至黑色碳化物消失。

② 由于土壤所含有机质差异较大，微波消解的硝酸、盐酸和氢氟酸的用量可根据实际情况酌情增加。

③ 样品中所测元素含量低时，可将样品称取量提高到 1g（精确至 0.0001g），微波消解的硝酸、盐酸和氢氟酸的用量也应按比例根据实际情况酌情增加，或增加消解次数。

④ 为避免消解液损失和安全伤害，消解后的消解罐必须冷却至室温后才能开盖。

5.1.1.4　王水电热板加热消解法（HJ 803）[4]

移取 15mL 王水（硝酸：盐酸 =1：3）于 100mL 锥形瓶中，加入 3 粒或 4 粒小玻璃珠，放上玻璃漏斗，于电热板上加热至微沸，使王水蒸气浸润整个锥形瓶内壁约 30min，冷却后弃去，用实验用水洗净锥形瓶内壁，晾干待用。

准确称取 0.1g（精确至 0.0001g）的土壤样品（100 目），置于上述已准备好的 100mL 锥形瓶中，加入 6mL 王水溶液，放上玻璃漏斗，于电热板上加热，保持王水处于微沸状态 2h（保持王水蒸气在瓶壁和玻璃漏斗上回流，但反应不能过于剧烈而导致样品溢出）。消解结束后静置冷却至室温，用慢速定量滤纸将提取液过滤收集于 50mL 容量瓶。待提取液滤尽后，用少量 1% 硝酸溶液清洗玻璃漏斗、锥形瓶和滤渣至少 3 次，洗液一并过滤收集于容量瓶中，用实验用水定容至刻度。

5.1.1.5　王水微波消解法（HJ 803）[4]

称取待测样品 0.1g（精确至 0.0001g），置于聚四氟乙烯密闭消解罐中，加入 6mL 王水。将消解罐安置于消解罐支架上，放入微波消解仪中，按照表 5-4 提供的微波消解参考程序进行消解，消解结束后冷却至室温。打开密闭消解罐，用慢速定量滤纸将提取液过滤收集于 50mL 容量瓶中。待提取液滤尽后，用少量硝酸溶液清洗聚四氟乙烯消解罐的盖子内壁、罐体内壁和滤渣至少 3 次，洗液一并过滤收集于容量瓶中，用实验用水定容至刻度。也可参照微波消解仪说明书，优化其功率、升温时间、温度、保持时间等参数。

表5-4 微波消解参考程序

步骤	升温时间 /min	目标温度 /℃	保持时间 /min
1	5	120	2
2	4	150	5
3	5	185	40

对于以上五种消解方法，同时制备空白试样，即不加土壤样品，按照与土壤试样制备的相同步骤制备空白试样。

5.1.2 分析测定方法

5.1.2.1 电感耦合等离子体质谱法[4]

根据《土壤和沉积物 12 种金属元素的测定 王水提取 - 电感耦合等离子体质谱法》（HJ 803）（ICP-MS），测定土壤中的镉、铜、锌、铅、镍、铬的总量。

（1）分析原理

土壤经酸消解后，试样中的镉、铜、锌、铅、镍、铬全部进入试液中。试样由载气带入雾化系统进行雾化后，目标元素以气溶胶形式进入等离子体的轴向通道，在高温和惰性气体中被充分蒸发、解离、原子化和电离，转化成带电荷的正离子经离子采集系统进入质谱仪，质谱仪根据离子的质荷比进行分离并定性、定量分析。在一定浓度范围内，离子的质荷比所对应的响应值与其浓度成正比。

（2）仪器调谐

点燃等离子体后仪器预热稳定 30min。用质谱仪调谐液（宜选用含有 Li、Y、Be、Mg、Co、In、Tl、Pb 和 Bi 元素的溶液为质谱仪的调谐溶液，ρ=10.0μg/L，亦可直接购买市售有证标准物质）对仪器的灵敏度、氧化物和双电荷进行调谐，在仪器的灵敏度、氧化物和双电荷满足要求的条件下，质谱仪给出的调谐液中所含元素信号强度的相对标准偏差应≤ 5%。在涵盖待测元素的质量范围内进行质量校正和分辨率校验，如质量校正结果与真实值的差值超过 +0.1amu 或调谐元素信号的分辨率在 10% 峰高处所对应的峰高超过 0.6 ～ 0.8amu 的范围，应按照仪器使用说明书对质谱仪进行校正。

（3）标准曲线的绘制

分别移取一定体积的多元素标准使用液（ρ=200μg/L）于同一组 100mL 容量瓶中，

用硝酸溶液（0.5mol/L）稀释定容至刻度，混匀。以硝酸溶液（0.5mol/L）为标准系列的最低浓度点，另制备至少5个浓度点的标准系列。标准系列溶液浓度见表5-5。内标标准使用液可直接加入标准系列中，也可通过蠕动泵在线加入。内标应选择试样中不含有的元素，或浓度远大于试样本身含量的元素。按优化的仪器参考条件（表5-6），将标准系列从低浓度到高浓度依次导入雾化器进行分析，以各元素的质量浓度为横坐标，对应的响应值和内标响应值的比值为纵坐标，建立标准曲线。标准曲线的浓度范围可根据测定实际需要进行调整。推荐使用和同时检测的质量数以及对应内标物见表5-7。

表5-5　标准系列溶液浓度

元素	C_0/(μg/L)	C_1/(μg/L)	C_2/(μg/L)	C_3/(μg/L)	C_4/(μg/L)	C_5/(μg/L)
镉	0	0.2	0.4	0.6	0.8	1.0
钴	0	10.0	20.0	40.0	60.0	80
铜	0	25.0	50.0	75.0	100	150
铬	0	25.0	50.0	100	150	200
锰	0	200	400	600	800	1000
镍	0	10.0	20.0	50.0	80.0	100
铅	0	20.0	40.0	60.0	80.0	100
锌	0	20.0	40.0	80.0	160	320
钒	0	20.0	40.0	80.0	160	320
砷	0	10.0	20.0	30.0	40.0	50.0
钼	0	1.0	2.0	3.0	4.0	5.0
锑	0	1.0	2.0	3.0	4.0	5.0

表5-6　仪器参考条件

功率	雾化器	采样锥和截取锥	载气流速	采样深度	内标加入方式	检测方式
1240W	高盐雾化器	镍	1.10L/min	6.9mm	在线加入内标：锗、铟、铋等多元素混合标准溶液	自动测定3次

表5-7　推荐使用和同时检测的质量数以及对应内标物

元素	质量数	内标物	元素	质量数	内标物
镉	111,114	Rh或In	铅	206,207,208	Re或Bi
钴	59	Sc或Ge	锌	66,67,68	Ge

续表

元素	质量数	内标物	元素	质量数	内标物
铜	$\underline{63}$,65	Ge	钒	$\underline{51}$	Sc 或 Ge
铬	$\underline{52}$,53	Sc 或 Ge	砷	$\underline{75}$	Ge
锰	$\underline{55}$	Sc 或 Ge	钼	95,$\underline{98}$	Rh
镍	$\underline{60}$,62	Sc 或 Ge	锑	$\underline{121}$,123	Rh 或 In

注：下划线标识为推荐使用的质量数。

（4）试样的测定

每个试样测定前，用 2% 硝酸溶液冲洗系统直至信号降至最低，待分析信号稳定后开始测定。按照与建立标准曲线相同的仪器参考条件和操作步骤进行试样的测定。若试样中待测目标元素浓度超出标准曲线范围，必须经稀释后重新测定，稀释液使用 0.5mol/L 硝酸溶液，稀释倍数为 f。

（5）实验室空白试样的测定

按照与试样的测定相同的仪器参考条件和操作步骤测定实验室空白试样。

（6）结果计算

土壤样品中各金属元素的含量 ω_1（mg/kg），按照式（5-1）进行计算：

$$\omega_1 = \frac{(\rho - \rho_0) \times V \times f}{m \times \omega_{\mathrm{dm}}} \times 10^{-3} \tag{5-1}$$

式中 ω_1——土壤样品中金属元素的含量，mg/kg；

ρ——由标准曲线计算所得试样中金属元素的质量浓度，μg/L；

ρ_0——实验室空白试样中对应金属元素的质量浓度，μg/L；

V——消解后试样的定容体积，mL；

f——试样的稀释倍数；

m——称取过筛后土壤样品的质量，g；

ω_{dm}——土壤样品中干物质的含量，%。

5.1.2.2 火焰原子吸收分光光度法（AAS法）[2]

根据《土壤和沉积物　铜、锌、铅、镍、铬的测定　火焰原子吸收分光光度法》（HJ 491），测定土壤中的铜、锌、铅、镍、铬的总量。

（1）分析原理

土壤经酸消解后，试样中的铜、锌、铅、镍、铬全部进入试液中，并在空气 - 乙炔火焰中原子化，其基态原子分别对相应的空心阴极灯发射的特征谱线产生选择性吸收，其吸收强度在一定范围内与铜、锌、铅、镍、铬的浓度成正比。

（2）标准曲线的测定

取 100mL 容量瓶，用 1% 硝酸溶液分别稀释铜、锌、铅、镍、铬的标准使用液（100mg/L），配制成标准系列（表 5-8）。按照仪器测量条件，用标准曲线零浓度点调节仪器零点，由低浓度到高浓度依次测定标准系列的吸光度，以各元素标准系列质量浓度为横坐标，相应的吸光度为纵坐标，建立标准曲线。

表5-8　各元素的标准系列　　单位：mg/L

元素	标准系列					
铜	0.00	0.10	0.50	1.00	3.00	5.00
锌	0.00	0.10	0.20	0.30	0.50	0.80
铅	0.00	0.50	1.00	5.00	8.00	10.00
镍	0.00	0.10	0.50	1.00	3.00	5.00
铬	0.00	0.10	0.50	1.00	3.00	5.00

注：可根据仪器灵敏度或试样的浓度调整标准系列范围，至少配制 6 个浓度点（含零浓度点）。

（3）空白和试样的测定

按照与标准曲线的建立相同的仪器条件进行空白和试样的测定。土壤中铜、锌、铅、镍、铬的质量分数 ω_i（mg/kg）按照式（5-2）进行计算：

$$\omega_i = \frac{(\rho_i - \rho_{0i}) \times V}{m \times \omega_{dm}} \quad (5\text{-}2)$$

式中　ω_i——土壤中元素的质量分数，mg/kg；

ρ_i——试样中元素的质量浓度，mg/L；

ρ_{0i}——空白试样中元素的质量浓度，mg/L；

V——消解后试样的定容体积，mL；

m——土壤样品的称样量，g；

ω_{dm}——土壤样品的干物质含量，%。

5.1.2.3　石墨炉原子吸收分光光度法[5]

当土壤中的铅、镉含量很低时，可以参考《土壤质量　铅、镉的测定　石墨炉原子吸收分光光度法》（GB/T 17141）测定铅和镉含量。

（1）分析原理

将试液注入石墨炉中，经过预先设定的干燥、灰化、原子化等升温程序使共存基体成分蒸发除去，同时在原子化阶段的高温下铅、镉化合物离解为基态原子蒸气，并对空心阴极灯发射的特征谱线产生选择性吸收。在选择的最佳测定条件下，通过背景扣除，测定试液中铅、镉的吸光度。

（2）校准曲线的测定

准确移取铅、镉混合标准使用液（铅250μg/L，镉50μg/L）0.00mL、0.50mL、1.00mL、2.00mL、3.00mL、5.00mL于25mL容量瓶中。加入3.0mL磷酸氢二铵溶液（质量分数为5%），用硝酸溶液（体积分数为0.2%）定容。该标准溶液含铅0.0、5.0μg/L、10.0μg/L、20.0μg/L、30.0μg/L、50.0μg/L，含镉0.0、1.0μg/L、2.0μg/L、4.0μg/L、6.0μg/L、10.0μg/L。按仪器操作条件由低到高浓度顺次测定标准溶液的吸光度。用减去空白的吸光度与相对应的元素含量（μg/L）分别绘制铅、镉的校准曲线。

（3）空白和试样的测定

按照与标准曲线的建立的相同仪器条件进行空白和试样的测定。土壤中铅、镉的质量分数ω（mg/kg）按照式（5-3）进行计算：

$$\omega=\frac{c\times V}{m\times\omega_{\mathrm{dm}}}\times10^{3} \tag{5-3}$$

式中 ω——土壤中铅或镉元素的质量分数，mg/kg；

c——试液的吸光度减去空白试验的吸光度，然后在校准曲线上查得铅、镉的含量，μg/L；

V——消解后试液定容的体积，mL；

m——土壤样品的称样量，g；

ω_{dm}——土壤样品的干物质含量，%。

5.1.2.4 KI-MIBK萃取火焰原子吸收分光光度法[6]

土壤中的铅、镉含量还可以采用《土壤质量 铅、镉的测定 KI-MIBK萃取火焰原子吸收分光光度法》（GB/T 17140）进行测定。

（1）分析原理

在约1%的盐酸介质中，加入适量的KI，试液中的Pb^{2+}、Cd^{2+}与I^-形成稳定的离子缔合物，可被甲基异丁基甲酮（MIBK）萃取。将有机相喷入火焰，在火焰的高温下，铅、镉化合物离解为基态原子，该基态原子蒸气对相应的空心阴极灯发射的特征谱线产生选择性吸收。在选择的最佳测定条件下，测定铅、镉的吸光度。

当盐酸浓度为1%～2%、碘化钾浓度为0.1mol/L时，甲基异丁基甲酮（MIBK）对铅、镉的萃取率分别是99.4%和99.3%以上。在浓缩试样中铅、镉的同时，还可达到与大量共存成分铁铝及碱金属、碱土金属分离的目的。

（2）样品的萃取

在分液漏斗中，加入 2.0mL 抗坏血酸溶液（质量分数为 10%），2.5mL 碘化钾溶液（2mol/L），摇匀。然后，准确加入 5.00mL 甲基异丁基甲酮（在分液漏斗中放入和 MIBK 等体积的水，振摇 1min，静置分层约 3min 后弃去水相，取上层 MIBK 相使用），振摇 1 ～ 2min，静置分层。取有机相备测。由于 MIBK 的密度比水小，分层后可直接喷入火焰，不一定必须与水相分离。因此在实际操作中可以用 50mL 比色管替代分液漏斗。

（3）试样的测定

按照仪器使用说明书调节仪器至最佳工作条件，测定有机相试液（MIBK）的吸光度。

（4）空白试验

用去离子水代替试样，采用和土壤样品消解相同的步骤和试剂，制备全程序空白溶液，并按试样测定的步骤进行测定。每批样品至少制备 2 个以上的空白溶液。

（5）校准曲线的绘制

在 100mL 分液漏斗中加入铅、镉混合标准使用液（铅 5mg/L，镉 0.25mg/L），其浓度范围应包括试样中铅、镉的浓度（表 5-9）。然后加入 1mL 盐酸溶液（体积分数为 50%），加水至 50mL 左右。以下操作同试样的分析，由低到高浓度顺次测定标准溶液的吸光度。用减去空白的吸光度与相对应的元素含量（mg/L）绘制校准曲线。

表5-9　铅、镉校准曲线溶液浓度

混合标准溶液体积 /mL	0.00	0.50	1.00	2.00	3.00	5.00
MIBK 中 Pb 的浓度 /（mg/L）	0.00	0.50	1.00	2.00	3.00	5.00
MIBK 中 Cd 的浓度 /（mg/L）	0.00	0.025	0.05	0.10	0.15	0.25

（6）结果的计算与表示

土壤样品中铅、镉的含量 ω[Pb（Cd），mg/kg] 按式（5-4）计算：

$$\omega = \frac{c \times V}{m(1-f)} \tag{5-4}$$

式中　ω——土壤样品中金属元素的含量，mg/kg；

c——试液的吸光度减去空白试验的吸光度，然后在校准曲线上查得铅、镉的含量，mg/L；

V——试液（有机相）的体积，mL；

m——称取试样的质量，g；

f——土壤试样的水分含量，%。

5.2 土壤中砷和汞总量的分析测定

可参考《土壤和沉积物　汞、砷、硒、铋、锑的测定　微波消解 / 原子荧光法》（HJ 680）和《土壤和沉积物　总汞的测定　催化热解 - 冷原子吸收分光光度法》（HJ 923）测定土壤中汞和砷的总量。

5.2.1　微波消解 – 原子荧光法测定总汞和总砷[7]

（1）分析原理

样品经微波消解后试液进入原子荧光光度计，在硼氢化钾溶液还原作用下，生成砷化氢、铋化氢、锑化氢和硒化氢气体，汞被还原成原子态。在氩氢火焰中形成基态原子，在元素灯（汞、砷、硒、铋、锑）发射光的激发下产生原子荧光，原子荧光强度与试液中元素含量成正比。

（2）试样的制备

称取风干、过筛的样品 0.1 ～ 0.5g（精确至 0.0001g，样品中元素含量低时，可将样品称取量提高至 1.0g）置于溶样杯中，用少量实验用水润湿。在通风橱中，先加入 6mL 盐酸，再慢慢加入 2mL 硝酸，混匀使样品与消解液充分接触。若有剧烈化学反应，待反应结束后再将溶样杯置于消解罐中密封。将消解罐装入消解罐支架后放入微波消解仪的炉腔中，确认主控消解罐上的温度传感器及压力传感器均已与系统连接好。按照表 5-10 推荐的升温程序进行微波消解，程序结束后冷却。待罐内温度降至室温后在通风橱中取出，缓慢泄压放气，打开消解罐盖。把玻璃小漏斗插于 50mL 容量瓶的瓶口，用慢速定量滤纸将消解后溶液过滤、转移入容量瓶中，实验用水洗涤溶样杯及沉淀，将所有洗涤液并入容量瓶中，最后用实验用水定容至标线，混匀。

表5-10　微波消解升温程序

步骤	升温时间 /min	目标温度 /℃	保持时间 /min
1	5	100	2
2	5	150	3
3	5	180	25

（3）试料的制备

分取 10.0mL 消解试液置于 50mL 容量瓶中，按照表 5-11 加入盐酸、硫脲和抗坏血酸混合溶液（称取硫脲、抗坏血酸各10g，用100mL实验用水溶解，混匀，使用当日配制），混匀。室温放置30min，用实验用水定容至标线，混匀。

表5-11　定容50mL时试剂加入量　　单位：mL

名称	汞	砷
盐酸	2.5	5.0
硫脲和抗坏血酸混合溶液	—	10.0

注：室温低于15℃时，置于30℃水浴中保温20min。

（4）原子荧光光度计的调试

原子荧光光度计开机预热，按照仪器使用说明书设定灯电流、负高压、载气流量、屏蔽气流量等工作参数，参考条件见表5-12。

表5-12　原子荧光光度计的工作参数

元素	灯电流/mA	负高压/V	原子化器温度/℃	载气流量/(mL/min)	屏蔽气流量/(mL/min)	灵敏线波长/nm
汞	15～40	230～300	200	400	800～1000	253.7
砷	40～80	230～300	200	300～400	800	193.7

（5）汞校准曲线的绘制

以硼氢化钾溶液（称取0.5g氢氧化钾放入盛有100mL实验用水的烧杯中，玻璃棒搅拌，待完全溶解后再加入称好的1.0g硼氢化钾，搅拌溶解，此溶液当日配制）为还原剂、5+95盐酸溶液（移取25mL盐酸，用实验用水稀释至500mL）为载流，由低浓度到高浓度顺次测定校准系列标准溶液（表5-13）的原子荧光强度。用扣除零浓度空白的校准系列原子荧光强度为纵坐标，溶液中相对应的汞浓度（μg/L）为横坐标，绘制校准曲线。

表5-13　汞和砷校准系列溶液的浓度

元素	标准系列/（μg/L）						
汞	0.00	0.10	0.20	0.40	0.60	0.80	1.00
砷	0.00	1.00	2.00	4.00	6.00	8.00	10.00

（6）砷校准曲线的绘制

以硼氢化钾溶液（称取0.5g氢氧化钾放入盛有100mL实验用水的烧杯中，玻璃棒搅拌，待完全溶解后再加入称好的2.0g硼氢化钾，搅拌溶解，此溶液当日配制）为还原剂、5+95盐酸溶液（移取25mL盐酸，用实验用水稀释至500mL）为载流，由低浓度到高浓度顺次测定校准系列标准溶液（表5-13）的原子荧光强度。用扣除零浓度空白的校准系列原子荧光强度为纵坐标，溶液中相对应的砷浓度（μg/L）为横坐标，绘制校准曲线。

（7）样品的测定

将制备好的试料导入原子荧光光度计中，按照与绘制校准曲线相同的仪器工作条件进行测定。如果被测元素浓度超过校准曲线浓度范围，应稀释后重新进行测定。

（8）空白实验

不加土壤样品，其他步骤同土壤样品的消解和测定。

（9）结果计算

土壤中汞、砷元素的含量 ω_1（mg/kg）按照式（5-5）进行计算：

$$\omega_1=\frac{(\rho-\rho_0)\times V_0\times V_2}{m\times\omega_{dm}\times V_1}\times10^{-3} \tag{5-5}$$

式中 ω_1——土壤中元素的含量，mg/kg；

ρ——由校准曲线查得测定试液中元素的浓度，μg/L；

ρ_0——空白溶液中元素的测定浓度，μg/L；

V_0——微波消解后试液的定容体积，mL；

V_1——分取试液的体积，mL；

V_2——分取后测定试液的定容体积，mL；

m——称取样品的质量，g；

ω_{dm}——土壤样品的干物质含量，%。

（10）注意事项

硝酸和盐酸具有强腐蚀性，样品消解过程应在通风橱内进行，实验人员应注意佩戴防护器具。

实验所用的玻璃器皿均需用（1+1）硝酸溶液浸泡24h后，依次用自来水、实验用水洗净。

消解罐的日常清洗和维护步骤：先进行一次空白消解（加入6mL盐酸，再慢慢加入2mL硝酸，混匀），以去除内衬管和密封盖上的残留；用水和软刷仔细清洗内衬管和压力套管；将内衬管和陶瓷外套管放入烘箱，在200～250℃下加热至少4h，然后在室温下自然冷却。

（11）质量控制

每批样品至少测定2个全程空白，空白样品需使用和样品完全一致的消解程序，测定结果应低于方法测定下限。

根据批量大小，每批样品需测定1～2个含目标元素的标准物质，测定结果必须在可以控制的范围内。

在每批次（＜10个）或每10个样品中，应至少做10%样品的重复消解。若样品消解过程产生压力过大造成泄压而破坏其密闭系统，则此样品数据不应采用。

校准曲线的相关系数应不小于0.999。

5.2.2 催化热解－冷原子吸收分光光度法测定总汞[8]

（1）分析原理

样品导入燃烧催化炉后，经干燥、热分解及催化反应，各形态汞被还原成单质汞，单质汞进入齐化管生成金汞齐，齐化管快速升温将金汞齐中的汞以蒸气形式释放出来，汞蒸气被载气带入冷原子吸收分光光度计，汞蒸气对253.7nm特征谱线产生吸收，在一定浓度范围内吸收强度与汞的浓度成正比。

（2）配制低浓度标准系列溶液

分别移取0、50.0μL、100μL、200μL、300μL、400μL和500μL汞标准使用液（10.0mg/L），用固定液（将0.5g优级纯重铬酸钾溶于950mL蒸馏水中，再加50mL优级纯硝酸，混匀）定容至10mL，配制成当进样量为100μL时汞含量分别为0、5.0ng、10.0ng、20.0ng、30.0ng、40.0ng和50.0ng的标准系列溶液。

（3）配制高浓度标准系列溶液

分别移取0、0.50mL、1.00mL、2.00mL、3.00mL、4.00mL、6.00mL汞标准使用液（10.0mg/L），用固定液定容至10mL，配制成当进样量为100μL时汞含量分别为0、50.0ng、100ng、200ng、300ng、400ng和600ng的标准系列溶液。

（4）标准曲线的建立

分别移取100μL低浓度标准系列溶液或高浓度标准系列溶液置于样品舟中，按照仪器参考条件依次进行标准系列溶液的测定，记录吸光度值。以各标准系列溶液的汞含量为横坐标，以其对应的吸光度值为纵坐标，分别建立低浓度或高浓度标准曲线。根据实际样品浓度可选择建立不同浓度的标准曲线。

（5）试样的测定

称取0.1g（精确到0.0001g）土壤样品于样品舟中，按照与标准曲线建立相同的仪器条件进行样品的测定。取样量可根据样品浓度适当调整，推荐取样量为0.1～0.5g。

（6）空白试验

用石英砂（75～150μm，置于马弗炉850℃灼烧2h，冷却后装入具塞磨口玻璃瓶中密封保存）代替土壤样品，按照与样品测定相同的测定步骤进行空白试验。

（7）结果计算

土壤样品中总汞的含量ω_1（Hg，μg/kg）按式（5-6）进行计算：

$$\omega_1=\frac{m_1}{m\times\omega_{dm}} \tag{5-6}$$

式中 ω_1——样品中总汞的含量，μg/kg；

m_1——由标准曲线所得样品中的总汞含量，ng；

m——称取样品的质量，g；

ω_{dm}——样品干物质含量，%。

（8）注意事项

应避免在汞污染的环境中操作。

分析高浓度样品（≥ 400ng）之后，汞会在系统中产生残留，必须用 5% 硝酸作为样品分析，当其分析结果低于检出限时再进行下一个样品分析。

实验过程中仪器排放的含汞废气可使用碘溶液、硫酸、二氧化锰溶液或 5% 的高锰酸钾溶液吸收，吸收液须及时更换。

（9）质量控制

每次实验前需对所用的全部样品舟进行空白测定，样品舟的空白值应低于方法检出限。否则，将样品舟置于马弗炉中，于 850℃灼烧 2h 后，再次测定空白值，直至样品舟空白低于方法检出限。

每 20 个样品或每批次（＜20 个样品 / 批）必须做一个空白实验，测定结果中总汞的含量不应超过方法检出限。

标准曲线应至少包含 5 个非零浓度点，相关系数 $r \geqslant 0.995$。

每次开机后，按照与标准曲线建立相同的仪器条件，测定标准曲线浓度范围内的 1 个有证标准样品的汞含量，测量值应在证书标准值范围内。否则，应重新建立标准曲线。

每 20 个样品或每批次（＜20 个样品 / 批）应分析一个平行样，平行样品测定结果的相对偏差应≤ 25%。

5.2.3 王水提取－电感耦合等离子体质谱法测定土壤总砷 [4]

土壤中的总砷含量还可以采用王水提取 - 电感耦合等离子体质谱法测定。根据《土壤和沉积物 12 种金属元素的测定 王水提取 - 电感耦合等离子体质谱法》（HJ 803），具体操作步骤同上述土壤中镉、铅等元素的测定。

5.3 土壤有效态重金属的分析测定

土壤中的有效态重金属并非某一特定的形态，它因土壤 pH 值、有机质含量、粒径组成、植物种类、重金属来源等不同而有所差异。因此，准确提取和测定土壤中有效态重金属含量对评价重金属生物有效性具有重要意义。目前，我国土壤有效态重金属测定的标准方法主要有《土壤质量 有效态铅和镉的测定 原子吸收法》（GB/T 23739）、《土壤中有效态锌、锰、铁、铜含量的测定 二乙三胺五乙酸（DTPA）浸提法》（NY/T 890）和《土壤　8 种有效态元素的测定　二乙烯三胺五乙酸浸提 - 电感耦合等离子体发射光谱法》（HJ 804）等。

5.3.1　原子吸收分光光度法[9]

按照《土壤质量　有效态铅和镉的测定　原子吸收法》（GB/T 23739）测定土壤中有效态铅和镉。土壤中的有效态铅适用于火焰原子吸收分光光度法；土壤中的有效态镉含量在 0.5mg/kg 以上适用于火焰原子吸收分光光度法；土壤中的有效态镉含量在 0.5mg/kg 以下适用于石墨炉原子吸收分光光度法。

（1）分析原理

用 DTPA（二乙三胺五乙酸）提取剂浸提出土壤中铅和镉，其含量与作物对铅和镉的吸收有较高的相关性。DTPA 能迅速与铅、镉等离子生成水溶性化合物，在特制的空心阴极灯照射下，气态中基态金属原子吸收特定波长的能量而跃迁到较高能级状态，光路中基态原子的数量越多，对其特征辐射能量的吸收就越大，且与该原子的密度成正比，最后根据标准系列进行定量计算。

（2）试剂的配制

1）镉标准贮备液

称取 1.0000g（精确至 0.0002g）光谱纯金属镉于 50mL 烧杯中，加入 20mL 用密度为 1.42g/mL 硝酸（优级纯）配制的硝酸溶液（1+1），微热溶解，冷却后转移至 1000mL 容量瓶中，用水定容至标线，摇匀，此溶液镉的含量为 1000mg/L（有条件的单位可以到国家认可的部门直接购买标准贮备溶液）。

2）铅标准贮备液

称取 1.0000g（精确至 0.0002g）光谱纯金属铅于 50mL 烧杯中，加入 20mL 用密度为 1.42g/mL 硝酸（优级纯）配制的硝酸溶液（1+1），微热溶解，冷却后转移至 1000mL 容量瓶中，用水定容至标线，摇匀，此溶液铅的含量为 1000mg/L（有条件的单位可以到国家认可的部门直接购买标准贮备溶液）。

3）镉标准工作溶液（火焰法）

吸取 1000mg/L 镉标准贮备液，用密度为 1.42g/mL 硝酸（优级纯）配制的体积分数为 3% 的硝酸溶液，逐级稀释至 10mg/L，此溶液作为镉的标准工作溶液。

4）铅标准工作溶液（火焰法）

吸取 1000mg/L 铅标准贮备液，用密度为 1.42g/mL 硝酸（优级纯）配制的体积分数为 3% 的硝酸溶液，逐级稀释至 50mg/L，此溶液作为铅的标准工作液。

5）镉标准工作溶液（石墨炉法）

吸取 1000mg/L 镉标准贮备液，用密度为 1.42g/mL 硝酸（优级纯）配制的体积分数为 3% 的硝酸溶液，逐级稀释至 0.05mg/L，此溶液作为镉的标准工作溶液，临用前配制。

6）DTPA 提取剂 [0.005mol/L DTPA-0.1mol/L TEA（三乙醇胺）-0.01mol/L $CaCl_2$]

称取 1.967g DTPA 溶于 14.92g（13.3mL）TEA 和少量水中，再将 1.11g 氯化钙（$CaCl_2$）溶于水中，一并转入 1000mL 容量瓶中，加水至约 950mL，用密度为 1.19g/mL 硝酸（优级纯）配制的浓度为 6mol/L 的盐酸溶液，调节 pH 值至 7.30（每升提取剂需加 6mol/L 盐酸溶液约 8.5mL），最后用水定容，贮存于塑料瓶中。

（3）试液制备

称取 5.00g 通过 2mm 孔径筛的风干土壤样品，置于 100mL 具塞锥形瓶中，用移液管加入 25.00mL DTPA 提取剂，在室温（25℃ ± 2℃）下放入水平式往复振荡器上，每分钟往复振荡 180 次，提取 2h。取下，离心或干过滤，最初滤液 6mL 弃去，再滤下的滤液上机测定。

（4）空白试验

采用与（3）相同的试剂和步骤，每批样品至少制备 2 个以上空白溶液。

（5）标准曲线

1）镉的标准曲线（火焰法）

分别吸取 0.00、0.50mL、1.00mL、2.00mL、3.00mL、5.00mL 镉标准工作液于 50mL 容量瓶中，用 DTPA 提取剂稀释至刻度，摇匀。此标准系列，相当于镉的质量浓度分别为 0.00、0.10mg/L、0.20mg/L、0.40mg/L、0.60mg/L、1.00mg/L，适用于一般样品测定。

2）铅的标准曲线（火焰法）

分别吸取 0.00、0.50mL、1.00mL、2.00mL、3.00mL、5.00mL 铅标准工作液于 50mL 容量瓶中，用 DTPA 提取剂稀释至刻度，摇匀。此标准系列，相当于铅的质量浓度分别为 0.00、0.50mg/L、1.00mg/L、2.00mg/L、3.00mg/L、5.00mg/L，适用于一般样品测定。

3）镉的标准曲线（石墨炉法）

分别吸取 0.00、0.50mL、1.00mL、2.00mL、3.00mL、5.00mL 镉标准工作液于 50mL 容量瓶中，用 DTPA 提取剂稀释至刻度，摇匀。此标准系列，相当于镉的质量浓度分别为 0.00、0.50μg/L、1.00μg/L、2.00μg/L、3.00μg/L、5.00μg/L，适用于一般样品测定（带自动进样器的，标准曲线可由仪器自行完成）。

（6）含量测定

将仪器调至最佳工作条件，上机测定，测定顺序为先标准系列各点，然后样品空白、试样。

（7）结果计算

火焰法测定土壤样品中有效态铅、镉含量，以质量分数 ω 计，数值以毫克每千克（mg/kg）表示，按式（5-7）计算：

$$\omega = \frac{(\rho - \rho_0) \times V}{m} \tag{5-7}$$

式中　ρ——从校准曲线上查得有效态铅、镉的质量浓度，mg/L；

ρ_0——试剂空白溶液的质量浓度，mg/L；

V——样品所使用提取液的体积，mL；

m——试样质量，g。

石墨炉法测定土壤样品中有效态镉含量，以质量分数 ω 计，数值以毫克每千克（mg/kg）表示，按式（5-8）计算：

$$\omega = \frac{(\rho - \rho_0) \times V}{m \times 1000} \tag{5-8}$$

式中　ρ——从校准曲线上查得有效态镉的质量浓度，μg/L；

ρ_0——试剂空白溶液的质量浓度，μg/L；

V——样品所使用提取液的体积，mL；

m——试样质量，g；

1000——将 μg 换算为 mg 的系数。

重复试验结果以算术平均值表示，保留 3 位有效数字。

（8）质量控制

测定土壤样品中有效态铅、镉的允许精密度，见表 5-14。

表5-14　土壤中有效态铅、镉测定结果允许精密度

元素	测定值范围 /(mg/kg)	实验室内绝对偏差 /(mg/kg)	实验室内相对标准偏差 /%	实验室间相对标准偏差 /%
Cd	＜0.1	0.03	± 30	± 40
	0.1 ～ 0.4	0.08	± 20	± 30
	＞0.4	0.1	± 10	± 20
Pb	＜20	1	± 20	± 30
	20 ～ 40	1.5	± 10	± 20
	＞40	2	± 5	± 15

5.3.2　二乙烯三胺五乙酸浸提 - 电感耦合等离子体发射光谱法 [10]

根据《土壤　8 种有效态元素的测定　二乙烯三胺五乙酸浸提 - 电感耦合等离子体发射光谱法》（HJ 804）测定土壤中铜、铁、锰、锌、镉、钴、镍、铅 8 种有效态元素。

（1）分析原理

用二乙烯三胺五乙酸 - 氯化钙 - 三乙醇胺（DTPA-$CaCl_2$-TEA）缓冲溶液浸提出土壤中的各有效态元素，用电感耦合等离子体发射光谱仪测定其含量。试样由载气带

入雾化系统进行雾化后，以气溶胶形式进入等离子体，目标元素在等离子体火炬中被气化、电离、激发，并辐射出特征谱线。在一定浓度范围内，其特征谱线强度与元素的浓度成正比。

（2）试剂配制

1）浸提液

在烧杯中依次加入14.92g(精确至0.0001g)三乙醇胺（$C_6H_{15}NO_3$，TEA），1.967g（精确至0.0001g）二乙烯三胺五乙酸（$C_{14}H_{23}N_3O_{10}$，DTPA），1.470g(精确至0.0001g）二水合氯化钙（$CaCl_2 \cdot 2H_2O$），加入水并搅拌使其完全溶解，继续加水稀释至约800mL，用盐酸溶液（1+1）调整pH值为7.3+0.2（用pH计测定），转移至1000mL容量瓶中定容至刻度，摇匀。

2）标准溶液

可按照《土壤　8种有效态元素的测定　二乙烯三胺五乙酸浸提-电感耦合等离子体发射光谱法》配制，亦可购买市售有证标准物质。需要注意的是，所有元素的标准溶液配制后，均应在聚乙烯或聚丙烯瓶中密封保存。

（3）标准曲线

以浸提液为标准系列的最低浓度点，另制备至少5个浓度点的标准系列，标准系列溶液浓度见表5-15。以目标元素的质量浓度为横坐标，其对应的发射强度值为纵坐标，建立标准曲线。标准曲线的浓度范围可根据实际样品中待测元素的浓度情况进行调整。

表5-15　标准系列溶液浓度

元素	c_0/（mg/L）	c_1/（mg/L）	c_2/（mg/L）	c_3/（mg/L）	c_4/（mg/L）	c_5/（mg/L）
铜	0.00	0.25	0.50	1.00	2.00	4.00
铁	0.00	5.00	10.0	20.0	40.0	80.0
锰	0.00	2.00	5.00	10.0	20.0	30.0
锌	0.00	0.20	0.50	1.00	2.00	4.00
镉	0.00	0.01	0.02	0.04	0.08	0.12
钴	0.00	0.10	0.20	0.30	0.40	0.50
镍	0.00	0.05	0.25	0.50	0.75	1.00
铅	0.00	0.50	1.00	1.50	2.00	5.00

（4）含量测定

在20℃±2℃条件下，以160～200r/min的振荡频率振荡2h。将浸提液缓慢倾入50mL离心管中，5000r/min离心10min，上清液经中速定量滤纸重力过滤。在48h内，采用电感耦合等离子体发射光谱法（ICP）或原子吸收光谱法（AAS）测定滤液中重金属镉、铅、铬、锌、铜、镍元素的浓度，采用原子荧光方法（AFS）测定汞和砷的浓度。

（5）结果计算

土壤样品中各有效态元素的含量 ω（mg/kg），按照式（5-9）计算：

$$\omega=\frac{(\rho-\rho_0)\times V\times f}{m\times\omega_{dm}} \tag{5-9}$$

式中 ω——土壤样品中有效态元素的含量，mg/kg；

ρ——由标准曲线查得测定试样中有效态元素的质量浓度，mg/L；

ρ_0——实验室空白试样中有效态元素的质量浓度，mg/L；

V——试样制备时加入浸提液的体积，mL；

f——试样的稀释倍数；

m——称取过筛后样品的质量，g；

ω_{dm}——土壤样品中干物质含量，%。

测定结果小数位数最多保留 3 位有效数字。

（6）质量控制

每批样品至少做 2 个实验室空白试样，其测定结果均应低于测定下限。

每次分析应建立标准曲线，其相关系数应不小于 0.999。每 20 个样品或每批次（＜20 个样品 / 批）样品，应分析一个标准曲线中间浓度点，其测定结果与实际浓度值相对偏差应不大于 10%，否则应查找原因或重新建立标准曲线。

每批样品至少按 10% 的比例进行平行双样测定，样品数量少于 10 个时，应至少测定一个平行双样，平行双样测定结果的相对偏差应不大于 20%。

每批样品至少分析 1 个有证土壤有效态标准物质，测定结果应在其给出的不确定度范围内。

5.3.3　氯化钙法 [11]

根据《全国土壤污染状况详查土壤样品分析测试方法技术规定》中的氯化钙法测定土壤有效态元素。

（1）分析原理

在（20±2）℃温度下，将粒径＜2mm 的土壤样品用浓度为 0.01mol/L 氯化钙溶液，以土液比为 1∶10（1g/10mL）的比例混合并振荡提取 120min。振荡悬浮液经离心后用微孔滤膜过滤。取适量的滤液用合适的分析方法进行元素的测定。滤液中的痕量元素可以通过电感耦合等离子体质谱法、原子荧光光谱法或其他分析方法测定。

（2）试剂配制

1）氯化钙溶液（0.01mol/L）

称取 1.11g 氯化钙放于 250mL 烧杯中，用少量水溶解后转入 1000mL 容量瓶中，用水定容至刻度，摇匀。

2）稀硝酸（5%）

量取 50mL 硝酸（优级纯）加入 1000mL 容量瓶中，用水定容至刻度，摇匀。

（3）含量测定

称取 10.0g（精确至 0.01g）土壤试样（通过孔径为 2mm 的尼龙筛），置于 100 ～ 250mL 具塞离心管中，准确加入 100mL 氯化钙溶液（0.01mol/L）至离心管中，拧紧管塞，放置于振荡器中，在（20 ± 2）℃恒温室中以 25r/min 翻转振荡或 180 次 / min 水平振荡提取 120min。在 1000*g* 或更高离心力下离心 10min。上清液经中速定量滤纸重力过滤。在 48h 内，采用电感耦合等离子体质谱法（ICP-MS）或原子吸收光谱法（AAS）测定滤液中重金属镉、铅、铬、锌、铜、镍元素的浓度，采用原子荧光方法（AFS）测定汞和砷的浓度。

（4）结果计算

土壤样品中各有效态元素的含量 ω（mg/kg），按照式（5-10）计算：

$$\omega = \frac{(c - c_0) \times V}{(1 - f) \times m} \tag{5-10}$$

式中 ω——有效态元素的质量分数，mg/kg；

c——提取液中元素测定浓度，mg/L；

c_0——空白样品的浓度，mg/L；

V——提取时所使用氯化钙提取剂的体积，mL；

m——提取时所使用土壤样品的质量，g；

f——土壤中水分含量，%。

测定结果小数位数与方法检出限保持一致，最多保留 3 位有效数字。

（5）质量控制

测定方法允许偏差见表 5-16。

表5-16　土壤中有效态元素测定结果允许偏差

测定值 /（mg/kg）	绝对偏差 /（mg/kg）
300 ～ 100	15 ～ 5
100 ～ 10	5 ～ 0.5
10 ～ 1	0.5 ～ 0.05
1 ～ 0.2	0.05 ～ 0.02
0.2 ～ 0.1	0.02 ～ 0.01
＜0.1	＜0.01

注：绝对偏差 = 测定值 − 平均值。

5.4 土壤 pH 值的分析测定 [12]

按照《土壤 pH 值的测定 电位法》(HJ 962)测定土壤 pH 值。

(1)分析原理

以水为浸提剂，水土比为 2.5 : 1，将指示电极和参比电极(或 pH 复合电极)浸入土壤悬浊液时，构成一原电池，在一定的温度下其电动势与悬浊液的 pH 值有关，通过测定原电池的电动势即可得到土壤的 pH 值。

(2)试剂的配制

1)去除 CO_2 的蒸馏水或去离子水

将水注入烧瓶中，注意水量不超过烧瓶体积的 2/3，煮沸 10min，放置冷却，用装有碱石灰干燥管的橡皮塞塞紧。如制备 10 ~ 20L 较大体积的不含二氧化碳的水，可插入一玻璃管到容器底部，通氮气到水中 1 ~ 2h，以除去被水吸收的二氧化碳。

2)pH 4.01(25℃)标准缓冲溶液

称取 10.21g 于 110 ~ 120℃干燥 2 ~ 3h 的邻苯二甲酸氢钾($C_8H_5KO_4$)，溶于水中，转移至 1L 容量瓶中，用水稀释至刻度，混匀，贮于塑料瓶中。

3)pH 6.86(25℃)标准缓冲溶液

称取 3.387g 于 110 ~ 120℃烘干 2 ~ 3h 的磷酸二氢钾(KH_2PO_4)和 3.533g 无水磷酸氢二钠(Na_2HPO_4)溶于水中，转移到 1L 容量瓶中，用水稀释至刻度，混匀，贮于塑料瓶中。

4)pH 9.18(25℃)标准缓冲溶液

将四硼酸钠($Na_2B_4O_7 \cdot 10H_2O$)与氯化钠加蔗糖溶液共同放置在干燥器内平衡 48h，称取 3.80g 四硼酸钠溶于无 CO_2 水中，转移到 1L 容量瓶中，用水稀释至刻度，混匀，贮于塑料瓶中。

测定时，也可以直接使用市售的符合国家标准的 pH 标准缓冲溶液。

(3)仪器校准

至少使用两种 pH 标准缓冲溶液对 pH 计进行校准。先用 pH 6.86(25℃)标准缓冲溶液，再用 pH 4.01(25℃)标准缓冲溶液或 pH 9.18(25℃)标准缓冲溶液校准。具体步骤如下:

① 将盛有标准缓冲溶液并内置搅拌子的烧杯置于磁力搅拌器上，开启磁力搅拌器。

② 控制标准缓冲溶液的温度稳定在（25 ± 1）℃，用温度计测量标准缓冲溶液的温度，并将 pH 计的温度补偿旋钮调节到该温度上。有自动温度补偿的仪器，可以省略这一步。

③ 将电极插入标准缓冲溶液中，待读数稳定后，调节仪器示值与标准缓冲溶液的 pH 值一致。重复步骤①和②，用另一种标准缓冲溶液校准 pH 计，仪器示值与该标准缓冲溶液的 pH 值之差应≤ 0.02 个 pH 单位。否则应重新校准。

注意：用于校准 pH 值的两种标准缓冲溶液，其中一种标准缓冲溶液的 pH 值应与土壤 pH 值相差不超过 2 个 pH 单位。若超出范围，可选择其他 pH 标准缓冲溶液。

（4）试样的制备

称取 10.0g 通过 2mm 孔径筛的风干土壤样品于 50mL 的高型烧杯或其他适宜的容器中，加 25mL 去除 CO_2 的蒸馏水（土液比为 1：2.5），将容器用封口膜或保鲜膜密封后，用磁力搅拌器剧烈搅拌 2min 或用水平振荡器剧烈振荡 2min，使土粒充分分散，静置 30min，在 1h 内完成测定。

（5）pH 值的测定

将电极插入试样悬浊液中，电极探头浸入液面下悬浊液垂直深度的 1/3 ～ 2/3 处，轻轻转动烧杯以除去电极的水膜，促使快速平衡。静置片刻，待读数稳定后，记录 pH 值。每个试样测完后，取出电极，立刻用水洗净电极，用滤纸条吸干水分后，即可进行第二个样品的测定。每测 5 ～ 6 个样品后需用标准缓冲溶液检查定位。

测定结果保留至小数点后 2 位。当读数小于 2.00 或大于 12.00 时，结果分别表示为 pH＜2.00 或 pH＞12.00。

（6）质量控制

每批样品应至少测定 10% 的平行双样，每批少于 10 个样品时，应至少测定 1 组平行双样。两次平行测定结果的允许差值为 0.3 个 pH 单位。

5.5 土壤阳离子交换量的分析测定 [13]

按照《土壤　阳离子交换量的测定　三氯化六氨合钴浸提 - 分光光度法》（HJ 889）测定土壤阳离子交换量。

（1）分析原理

在（20 ± 2）℃条件下，用三氯化六氨合钴 $[Co(NH_3)_6Cl_3]$ 溶液作为浸提液浸提土壤，土壤中的阳离子被三氯化六氨合钴交换下来进入溶液。三氯化六氨合钴在 475nm 处有特征吸收，吸光度与浓度成正比，根据浸提前后浸提液吸光度差值，计算土壤阳离子交换量。

（2）试样制备

称取 3.5g 通过 1.5mm 孔径筛的风干土壤样品于 100mL 离心管中，加 50mL 三氯化六氨合钴溶液（1.66cmol/L），旋紧离心管密封盖，置于水平振荡器上，在（20 ± 2）℃条件下振荡（60 ± 5）min。以 4000r/min 离心 10min，收集上清液于比色管中，在 24h 内完成分析。

（3）空白试样制备

同时用实验用水代替土壤，按照与土壤样品制备相同的步骤进行实验室空白试样的制备。

（4）标准曲线的建立

分别量取 0.00mL、1.00mL、3.00mL、5.00mL、7.00mL、9.00mL 三氯化六氨合钴溶液（1.66cmol/L）于 6 个 10mL 比色管中，分别用水稀释至刻度，三氯化六氨合钴溶液的浓度分别为 0.000cmolL、0.166cmol/L、0.498cmol/L、0.830cmol/L、1.16cmol/L、1.49cmol/L。以水为参比，用 10mm 比色皿在波长 475nm 处分别测定吸光度。以标准系列溶液中三氯化六氨合钴溶液的浓度为横坐标，以其对应吸光度为纵坐标，建立标准曲线。

（5）试样和空白的测定

按照与标准曲线建立的相同步骤测定试样和空白试样的吸光度。

（6）结果计算

土壤的阳离子交换量（CEC），按照式（5-11）计算：

$$\mathrm{CEC}=\frac{(A_0-A)\times V\times 3}{b\times m\times \omega_{\mathrm{dm}}} \tag{5-11}$$

式中 CEC——土壤样品阳离子交换量，$\mathrm{cmol^+/kg}$；

A_0——空白试样吸光度；

A——试样吸光度或校正吸光度；

V——浸提液体积，mL；

3——$[\mathrm{Co(NH_3)_6}]^{3+}$ 的电荷数；

b——标准曲线的斜率；

m——称取的土壤质量，g；

ω_{dm}——土壤样品干物质含量，%。

当测定结果＜ $10\mathrm{cmol^+/kg}$ 时，保留小数点后 1 位；当测定结果≥ $10\mathrm{cmol^+/kg}$ 时，保留 3 位有效数字。

（7）质量控制

每批样品应做标准曲线，标准曲线的相关系数不应小于 0.999。

每批样品应至少做 10% 的平行样，当样品数量少于 10 个时，平行样不少于 1 个。

5.6
多环芳烃类的分析测定

目前，我国关于土壤中有害多环芳烃检测的标准主要有《土壤和沉积物　多环芳烃的测定　气相色谱 - 质谱法》(HJ 805)、《土壤和沉积物　多环芳烃的测定　高效液相色谱法》(HJ 784) 等。

5.6.1　气相色谱 – 质谱法 [14]

根据《土壤和沉积物　多环芳烃的测定　气相色谱 - 质谱法》(HJ 805) 测定土壤和沉积物中的 16 种多环芳烃。

5.6.1.1　方法原理

土壤或沉积物中的多环芳烃 (PAHs) 采用适合的萃取方法 (索氏提取、加压流体萃取等) 提取，提取液经硅胶层析柱或 GPC (凝胶渗透色谱) 等方法净化，浓缩定容后进气相色谱 - 质谱 (GC-MS) 定性、定量分析。根据色谱峰保留时间和目标物的特征离子定性，内标法定量。

5.6.1.2　适用范围

本方法适用于土壤和沉积物中 16 种多环芳烃的测定，目标物包括萘、苊烯、苊、芴、菲、蒽、荧蒽、芘、苯并 [*a*] 蒽、䓛、苯并 [*b*] 荧蒽、苯并 [*k*] 荧蒽、苯并 [*a*] 芘、二苯并 [*a*,*h*] 蒽、苯并 [*g*,*h*,*i*] 苝、茚并 [1,2,3-*c*,*d*] 芘。

当试样量为 20.0g、浓缩后定容体积为 1.0mL 时，用全扫描方式测定，目标物的方法检出限为 0.08 ～ 0. 17mg/kg，测定下限为 0.32 ～ 0. 68mg/kg，详见表 5-17。

表5-17　16种多环芳烃出峰顺序、检出限和测定下限

序号	化合物	全扫描检测方法	
		检出限 / (mg/kg)	测定下限 / (mg/kg)
1	萘	0.09	0.36
2	苊烯	0.09	0.36
3	苊	0.12	0.48
4	芴	0.08	0.32
5	菲	0.10	0.40

续表

序号	化合物	全扫描检测方法	
		检出限 /（mg/kg）	测定下限 /（mg/kg）
6	蒽	0.12	0.48
7	荧蒽	0.14	0.56
8	芘	0.13	0.52
9	苯并 [*a*] 蒽	0.12	0.48
10	䓛	0.14	0.56
11	苯并 [*b*] 荧蒽	0.17	0.68
12	苯并 [*k*] 荧蒽	0.11	0.44
13	苯并 [*a*] 芘	0.17	0.68
14	茚并 [1,2,3-*c*,*d*] 芘	0.13	0.52
15	二苯并 [*a*,*h*] 蒽	0.13	0.52
16	苯并 [*g*,*h*,*i*] 苝	0.12	0.48

5.6.1.3 试剂和材料

除非另有说明，分析时均使用符合国家标准的分析纯试剂，实验用水为新制备的去离子水或蒸馏水。

① 有机溶剂：丙酮、正己烷、二氯甲烷、乙酸乙酯、环己烷或其他等效有机溶剂均为农残级，在使用前应先进行排气。

② 多环芳烃标准贮备液：ρ=1 ～ 5mg/mL，以丙酮为溶剂，使用纯品配制，或直接购买市售有证标准溶液。

③ 多环芳烃标准中间液：ρ=200 ～ 500mg/L，以丙酮 - 正己烷混合溶剂（1+1）稀释多环芳烃标准贮备液。

④ 内标贮备液：ρ=5mg/mL，选取氘代标记多环芳烃为内标，氘代萘、氘代苊、氘代䓛、氘代菲和氘代荧蒽，以丙酮为溶剂，使用纯品配制或直接购买市售有证标准溶液。亦可选用其他性质相近的半挥发性有机物作为内标。

⑤ 内标中间液：ρ=500μg/mL，量取 1.0mL 内标贮备液于 10mL 容量瓶中，以丙酮 - 正己烷（1+1）为溶剂稀释定容，混匀。

⑥ 替代物贮备液：ρ=2 ～ 4mg/mL，2- 氟联苯和对三联苯 -d_{14} 或十氟联苯等，以丙酮为溶剂，使用纯品配制或直接购买市售有证标准溶液；亦可选用氘代多环芳烃做替代物。

⑦ 替代物中间液：ρ=200 ～ 400μg/mL，量取 1.0mL 替代物贮备液于 10mL 容量瓶中，以丙酮 - 正己烷（1+1）为溶剂稀释定容，混匀。在提取前加入所有样品中，包括空白和质控样品，加入量应不低于校准曲线的中间点浓度。

⑧ 十氟三苯基膦（DFTPP）：ρ=50mg/L，可直接购买有证标准溶液，也可用标准物质制备，用二氯甲烷稀释成上述浓度。

⑨ GPC 校准溶液：适当浓度，保证在紫外检测器中有明显完整峰形。含有玉米油、邻苯二甲酸二（2- 二乙基己基）酯、甲氧滴滴涕、芘和硫，亦可或直接购买市售有证标准溶液。

注意：②～⑨的所有标准溶液均应置于 −10℃下避光保存或参照制造商的产品说明保存方法保存，存放期间定期检查溶液的降解和蒸发情况，特别是使用前应检查其变化情况，一旦蒸发或降解，应重新配制，使用前应恢复至室温、混匀。

⑩ 干燥剂：优级纯无水硫酸钠（Na_2SO_4）或粒状硅藻土。400℃下焙烧 4h，然后将温度降至 100℃，关闭电源转入干燥器中，冷却后装入试剂瓶中，于干燥器中密封保存。临用前干燥。

⑪ 铜粉：用（1+1）硝酸溶液浸泡去除表面氧化物，然后用实验用水清洗干净，再用丙酮清洗，氮气吹干待用。每次临用前处理，保持铜粉表面光亮。

⑫ 硅胶吸附剂：100 ～ 200 目，临用前将纯化的硅胶放在一玻璃器皿中，用铝箔轻覆，防止异物沾污，然后放入温度为 130℃的烘箱中活化过夜（至少 16h）。活化之后放入干燥器冷却 30min，装入试剂瓶中密封，保存在干燥器中备用。

⑬ 玻璃层析柱：内径 20mm 左右，长 10 ～ 20cm，具聚四氟乙烯阀门，下端具筛板。

⑭ 硅胶层析柱：先将用有机溶剂浸提干净的玻璃棉填入玻璃层析柱底部，然后在层析柱上放一磨口小分液漏斗，加入 5 ～ 10g 硅胶吸附剂，轻敲层析柱壁，使硅胶吸附剂填实。在上部装入 1cm 厚无水 Na_2SO_4，用 30 ～ 60mL 二氯甲烷淋洗，轻敲层析柱壁，避免填料中存在明显的空气。当溶剂通过柱子开始流出后关闭阀门，浸泡填料至少 10min，然后打开柱阀继续加入正己烷 30 ～ 60mL，至全部流出，剩余溶剂刚好淹没硫酸钠层，关闭阀门待用。临用时装填。如果填料干枯，需要重新处理。

注意：根据样品含有机质的程度可分为装填 5g 或 10g 硅胶吸附剂的玻璃层析柱，本方法推荐一般表层土壤或沉积物用 5g 硅胶吸附剂，底泥等用 10g 硅胶吸附剂。

⑮ 商品固相萃取柱：1g 硅酸镁净化固相萃取柱。

⑯ 河砂或石英砂：20 ～ 100 目，使用前用有机溶剂将其提取干净或直接购买商品石英砂。

⑰ 玻璃棉或玻璃纤维滤膜：400℃下加热 1h，冷却后，贮于磨口玻璃瓶中密封保存。

⑱ 载气：高纯氦气，纯度为 99.999% 以上。

5.6.1.4 含量测定

（1）仪器条件

1）气相色谱参考条件

① 进样口温度：280℃，不分流，或分流进样（样品浓度较高或仪器灵敏度足够时）。

② 进样量：1μL。

柱流量：1.0mL/min（恒流）。

③ 柱温：80℃保持 2min；以 20℃ /min 速率升至 180℃，保持 5min；再以 10℃ /min 速率升至 290℃，保持 5min。

④ 色谱柱：长 30m，内径 0.25mm，膜厚 0.25μm，固定相为 5%- 苯基 - 甲基聚硅氧烷。

2）质谱参考条件

扫描模式：全扫描 Scan 或选择离子监测（SIM）模式。

质量扫描范围：45 ～ 450amu。

离子化能量：70eV。

四极杆温度：150℃。

离子源温度：230℃。

接口温度：280℃。

溶剂延迟时间：5min。

调谐方式：DFTPP。

（2）校准

1）质谱检查

直接量取 1μL 十氟三苯基膦（DFTPP）进入色谱，得到的质谱图应全部符合表 5-18 中的标准。

表5-18　十氟三苯基膦（DFTPP）离子丰度规范要求

质荷比（*m/z*）	相对丰度规范	质荷比（*m/z*）	相对丰度规范
51	198 峰（基峰）的 30% ～ 60%	199	198 峰的 5% ～ 9%
68	小于 69 峰的 2%	275	基峰的 10% ～ 30%
70	小于 69 峰的 2%	365	大于基峰的 1%
127	基峰的 40% ～ 60%	441	存在且小于 443 峰
197	小于 198 峰的 1%	442	基峰或大于 198 峰的 40%
198	基峰，丰度 100%	443	442 峰的 17% ～ 23%

2）绘制校准曲线

配制至少 5 个不同浓度的标准系列，其中一点浓度应相当于或低于样品浓度，其余点应参考实际样品的浓度范围，应不超过气相色谱 - 质谱的定量范围。

分别移取适量的多环芳烃标准中间液和替代物中间液至 5mL 容量瓶中，以丙酮 - 正己烷混合溶剂（1+1）定容，配制 6 个不同浓度的标准系列，例如：0.5μg/mL、1.0μg/mL、5.0μg/mL、10.0μg/mL、20.0μg/mL、40.0μg/mL。同时，向每个点中加入 200μL 内标中间液使内标浓度为 20μg/mL。也可配制成其他浓度水平的标准系列。

（3）测定

1）定性分析

试样中目标物的定性可通过全扫描 Scan 模式进行标准谱库谱图检索，必要时可借助软件扣除干扰的功能发现化合物主离子和特征离子，并和标准谱图进行比对，难于分辨的同分异构体可通过标准物质的保留时间辅助谱库检索来定性。也可通过提取离子分析主离子碎片、特征碎片的丰度比与标准物谱图匹配来定性。

2）定量分析

本方法规定在能够保证准确定性检出目标化合物时，用质谱图中主离子作为定量离子的峰面积或峰高定量，内标法定量。定量离子见表 5-19。当样品中目标物的主离子有干扰时，可以使用特征离子定量。

表5-19　16种多环芳烃的定量离子和辅助离子

编号	名称	CAS	定量离子（*m*/*z*）	辅助离子（*m*/*z*）
1	萘	91-20-3	128	127、129
2	苊烯	208-96-8	152	151、153
3	苊	83-32-9	154	153、152
4	芴	86-73-7	166	165、167
5	菲	85-01-8	178	179、176
6	蒽	120-12-7	178	179、176
7	荧蒽	206-44-0	202	200、203、101、100
8	芘	129-00-0	202	200、203、101、100
9	苯并 [*a*] 蒽	56-55-3	228	226、229、114、113
10	䓛	218-01-9	228	226、229、114、113
11	苯并 [*b*] 荧蒽	205-99-2	252	253、250、251
12	苯并 [*k*] 荧蒽	207-08-9	252	253、250、251
13	苯并 [*a*] 芘	50-32-8	252	253、250、251
14	茚并 [1,2,3-*c*,*d*] 芘	193-39-5	276	277、275、274
15	二苯并 [*a*,*h*] 蒽	53-70-3	278	276、279、138
16	苯并 [*g*,*h*,*i*] 苝	191-24-2	276	275、274、138

3）空白试验

使用 20g 河砂或石英砂替代试样，按照与试样的预处理、测定完全相同的步骤进行测定。

5.6.1.5　结果计算

样品中的目标化合物含量 ω（μg/kg），按照式（5-12）进行计算：

$$\omega = \frac{A_x \times \rho_{\mathrm{IS}} \times V_x}{A_{\mathrm{IS}} \times \overline{\mathrm{RRF}} \times m \times (1-w)} \times 10^{-3} \qquad (5\text{-}12)$$

式中　ω——样品中的目标物含量，μg/kg；

A_x——测试液中目标化合物特征离子的峰面积；

A_{IS}——测试液中内标化合物特征离子的峰面积；

ρ_{IS}——测试液中内标的浓度，μg/mL；

$\overline{\mathrm{RRF}}$——校准曲线的平均相对响应因子；

V_x——浓缩定容体积，mL；

m——样品量，g；

w——样品含水率，%。

测定结果保留 3 位有效数字。

5.6.1.6　精密度和准确度

方法的精密度和准确度数据详见表 5-20 和表 5-21。

表5-20　方法的精密度

化合物名称	加标水平 /（mg/kg）	实验室内相对标准偏差 /%	实验室间相对标准偏差 /%	重复性限 *r* /（mg/kg）	再现性限 *R* /（mg/kg）
萘	0.25	6.0 ～ 13	14	0.04	0.06
	0.50	12 ～ 29	12	0.19	0.21
	1.00	14 ～ 22	17	0.31	0.39
2- 氟联苯（替代物）	0.25	9.0 ～ 19	38	0.10	0.26
	0.50	7.0 ～ 29	25	0.22	0.39
	1.00	5.0 ～ 21	15	0.28	0.46
苊	0.25	6.0 ～ 19	22	0.04	0.09
	0.50	6.0 ～ 16	20	0.12	0.20
	1.00	11 ～ 21	18	0.30	0.40
二氢苊	0.25	6.0 ～ 15	15	0.05	0.07
	0.50	10 ～ 32	12	0.17	0.19
	1.00	7.0 ～ 10	16	0.25	0.40

续表

化合物名称	加标水平 /（mg/kg）	实验室内相对标准偏差 /%	实验室间相对标准偏差 /%	重复性限 *r* /（mg/kg）	再现性限 *R* /（mg/kg）
芴	0.25	6.0 ～ 15	38	0.04	0.18
	0.50	8.0 ～ 25	15	0.14	0.21
	1.00	7.0 ～ 12	17	0.20	0.43
菲	0.25	7.0 ～ 16	37	0.07	0.23
	0.50	11 ～ 25	23	0.23	0.35
	1.00	7.0 ～ 12	19	0.22	0.45
蒽	0.25	7.0 ～ 17	30	0.06	0.20
	0.50	10 ～ 28	23	0.23	0.34
	1.00	8.0 ～ 16	22	0.27	0.54
荧蒽	0.25	5.0 ～ 18	34	0.07	0.23
	0.50	9.0 ～ 27	18	0.23	0.28
	1.00	8.0 ～ 15	9	0.30	0.33
芘	0.25	4.0 ～ 17	29	0.06	0.20
	0.50	9.0 ～ 28	11	0.16	0.20
	1.00	7.0 ～ 19	12	0.29	0.38
4,4′- 三联苯 -d_{14}（替代物）	0.25	9.0 ～ 19	36	0.10	0.26
	0.50	7.0 ～ 20	20	0.22	0.39
	1.00	5.0 ～ 14	16	0.28	0.46
苯并 [*a*] 蒽	0.25	6.0 ～ 18	20	0.08	0.23
	0.50	8.0 ～ 18	9	0.16	0.18
	1.00	9.0 ～ 14	15	0.32	0.52
䓛	0.25	10 ～ 17	25	0.09	0.21
	0.50	8.0 ～ 15	25	0.14	0.23
	1.00	5.0 ～ 12	15	0.23	0.45
苯并 [*b*] 荧蒽	0.25	6.0 ～ 16	15	0.07	0.10
	0.50	8.0 ～ 15	11	0.15	0.19
	1.00	14 ～ 18	14	0.38	0.45

续表

化合物名称	加标水平/（mg/kg）	实验室内相对标准偏差/%	实验室间相对标准偏差/%	重复性限 r/（mg/kg）	再现性限 R/（mg/kg）
苯并[*k*]荧蒽	0.25	9.0～23	35	0.08	0.22
	0.50	8.0～12	13	0.16	0.22
	1.00	8.0～10	32	0.25	0.76
苯并[*a*]芘	0.25	9.0～20	11	0.08	0.10
	0.50	13～19	27	0.13	0.24
	1.00	8.0～17	17	0.27	0.37
茚并[1,2,3-*c*,*d*]芘	0.25	6.0～23	31	0.06	0.15
	0.50	7.0～15	21	0.15	0.33
	1.00	4.0～13	18	0.34	0.51
二苯并[*a*,*h*]蒽	0.25	5.0～17	35	0.08	0.18
	0.50	5.0～13	15	0.14	0.26
	1.00	7.0～12	14	0.28	0.46
苯并[*g*,*h*,*i*]苝	0.25	6.0～19	23	0.07	0.11
	0.50	5.0～13	20	0.14	0.25
	1.00	7.0～12	18	0.26	0.45

注：上述数据为20g空白样品，经加压流体萃取，氮吹浓缩，凝胶渗透色谱净化，旋转蒸发和氮吹浓缩前处理步骤后，气相色谱-质谱分析获得。

表5-21　方法的准确度汇总

化合物名称	样品类型	加标浓度/（mg/kg）	回收率平均值范围/%	回收率均值/%	$S_{\bar{P}}$/%	$(\bar{\bar{P}} \pm 2S_{\bar{P}})$/%
萘	砂质土	1.00	44～78	62	13	62±26
	耕作土	1.00	44～77	60	13	60±26
	沉积物	1.00	53～81	63	11	63±22
2-氟联苯（替代物）	砂质土	1.00	63～85	72	9	72±18
	耕作土	1.00	72～114	93	20	93±40
	沉积物	1.00	68～91	79	20	79±20
苊	砂质土	1.00	53～81	64	13	64±26
	耕作土	1.00	44～78	72	11	72±22
	沉积物	1.00	48～87	65	15	65±30

续表

化合物名称	样品类型	加标浓度/(mg/kg)	回收率平均值范围/%	回收率均值/%	$S_{\bar{P}}$/%	$(\bar{\bar{p}} \pm 2S_{\bar{P}})$/%
二氢苊	砂质土	1.00	48～80	65	14	65±28
	耕作土	1.00	60～85	72	12	72±24
	沉积物	1.00	53～86	70	9	70±18
芴	砂质土	1.00	48～80	79	21	79±42
	耕作土	1.00	66～92	79	15	79±30
	沉积物	1.00	74～87	79	8	79±16
菲	砂质土	1.00	55～124	91	24	91±48
	耕作土	1.00	62～96	100	14	100±28
	沉积物	1.00	84～122	85	13	85±26
蒽	砂质土	1.00	67～107	81	15	81±30
	耕作土	1.00	88～96	91	4	91±8
	沉积物	1.00	71～100	86	10	86±20
荧蒽	砂质土	1.00	73～101	89	24	89±48
	耕作土	1.00	76～96	102	14	102±28
	沉积物	1.00	58～121	84	11	84±22
芘	砂质土	1.00	56～117	88	22	88±44
	耕作土	1.00	75～111	102	14	102±28
	沉积物	1.00	73～101	82	12	82±24
4,4′-三联苯-d_{14}（替代物）	砂质土	1.00	77～93	85	8	85±16
	耕作土	1.00	67～85	76	7	76±14
	沉积物	1.00	65～120	107	10	107±20
苯并[*a*]蒽	砂质土	1.00	59～125	92	22	92±44
	耕作土	1.00	76～116	103	15	103±30
	沉积物	1.00	78～105	85	10	85±20
䓛	砂质土	1.00	57～118	88	24	88±48
	耕作土	1.00	75～111	101	13	101±26
	沉积物	1.00	79～113	80	15	80±30

续表

化合物名称	样品类型	加标浓度 /（mg/kg）	回收率平均值范围 /%	回收率均值 /%	$S_{\bar{p}}$/%	$(\bar{\bar{p}} \pm 2S_{\bar{p}})$ /%
苯并 [*b*] 荧蒽	砂质土	1.00	59 ～ 125	85	25	85 ± 50
	耕作土	1.00	76 ～ 116	104	22	104 ± 44
	沉积物	1.00	78 ～ 105	86	14	86 ± 28
苯并 [*k*] 荧蒽	砂质土	1.00	72 ～ 105	92	26	92 ± 52
	耕作土	1.00	71 ～ 109	97	15	97 ± 30
	沉积物	1.00	55 ～ 123	87	12	87 ± 24
苯并 [*a*] 芘	砂质土	1.00	42 ～ 81	61	13	61 ± 26
	耕作土	1.00	56 ～ 99	80	15	80 ± 30
	沉积物	1.00	60 ～ 97	74	15	74 ± 30
茚并 [1,2,3-*c*,*d*] 芘	砂质土	1.00	52 ～ 143	93	33	93 ± 66
	耕作土	1.00	69 ～ 132	98	21	98 ± 42
	沉积物	1.00	68 ～ 102	77	18	77 ± 36
二苯并 [*a*,*h*] 蒽	砂质土	1.00	51 ～ 122	94	27	94 ± 54
	耕作土	1.00	67 ～ 128	97	21	97 ± 42
	沉积物	1.00	70 ～ 125	87	15	87 ± 30
苯并 [*g*,*h*,*i*] 苝	砂质土	1.00	49 ～ 133	93	33	93 ± 66
	耕作土	1.00	64 ～ 118	93	19	93 ± 38
	沉积物	1.00	67 ～ 117	85	14	85 ± 28

注：上述数据为 20g 实际样品，经加压流体萃取，氮吹浓缩，凝胶渗透色谱净化，旋转蒸发和氮吹浓缩前处理步骤后，气相色谱 - 质谱分析获得。

5.6.1.7 质量保证和质量控制

（1）试剂空白

所使用的有机试剂均应浓缩后（浓缩倍数视分析过程中最大浓缩倍数而定）进行空白检查，试剂空白测试结果中目标物浓度应低于方法检出限。

（2）全程序空白

每批样品（不超过 20 个样品）应做一个空白试验，前处理条件或试剂变化时均要重新做全程序空白，全程序空白测定结果中目标物浓度不应超过方法检出限。

（3）基体加标

每批样品（不超过 20 个样品）应分析 1 对基体加标样品，加标浓度为原样品浓度的 1 ～ 5 倍或曲线中间浓度点，加标样品回收率控制范围为 40% ～ 150%。

（4）仪器性能检查

① 用 2mL 试剂瓶装入未经浓缩的二氯甲烷，按照样品分析的仪器条件做一个空白，TIC（总离子流）谱图中应没有干扰物。干扰较多或样品浓度较高的，进针后也应做一个这样的空白检查，如果出现较多的干扰峰或高温区出现干扰峰或流失过多，应检查污染来源，必要时采取更换衬管、清洗离子源或保养、更换色谱柱等措施。

② 仪器真空度检查：应保证质谱系统保持 10^{-6} ～ 10^{-5}Torr（1Torr=133Pa）的真空，水和空气的质量碎片峰低于 69 质量碎片的 20%。

③ 质谱检查：通过气相色谱进样口直接注入 1μL 浓度为 50mg/L 的十氟三苯基膦（DFTPP），得到的质谱图应全部符合表 5-17 中的标准。

（5）校准曲线检查

计算每种目标化合物的平均相对响应因子，如果校准化合物的相对标准偏差超过 20%，说明系统活跃而不能分析，应进行必要的维护。

每 24h 重新检查校准曲线，如果校准化合物的响应因子相对偏差大于 20%，则需要重新校准。

样品中内标的保留时间应与最近校准中内标的保留时间偏差在 30s 以内，否则需要检查色谱系统或重新校准，最近两次内标的响应值偏差大于 50% 要进行仪器系统检查，维护仪器后，期间分析的样品需重新分析。

5.6.1.8 注意事项

所有有机试剂均有一定毒性，应在通风罩或通风橱内操作，并做好个人防护。

所用到的标准物质中含有剧毒物质和致癌物，操作时应按规定要求佩戴防护器具，避免皮肤和衣服接触；配制应在通风柜内进行操作；检测后的残液应做妥善的安全处理，不可随意丢弃。

不同产地、公司甚至不同批号的产品在性能上都有可能存在一定的差异。因此，净化样品前，需用标准样品对同一批固相萃取柱条件进行校正。

彻底清洗所用的任何玻璃器皿，以消除干扰物质。先用热水加清洁剂清洗，再用自来水和不含有机物的试剂水淋洗，在 130℃下烘 2 ～ 3h，或用甲醇淋洗后晾干。干燥的玻璃器皿应在干净的环境中保存。

5.6.2 高效液相色谱法 [15]

根据《土壤和沉积物　多环芳烃的测定　高效液相色谱法》（HJ 784）测定土壤和沉积物中 16 种多环芳烃。

5.6.2.1 分析原理

土壤和沉积物样品中的多环芳烃用合适的萃取方法（索氏提取、加压流体萃取等）提取，根据样品基体干扰情况采取合适的净化方法（硅胶层析柱、硅胶或硅酸镁固相萃取柱等）对萃取液进行净化、浓缩、定容，用配备紫外 / 荧光检测器的高效液相色谱仪分离检测，以保留时间定性，外标法定量。

5.6.2.2 试验方法

（1）提取

取土壤样品 10g（精确到 0.01g），加入适量无水硫酸钠（Na_2SO_4），研磨均化成流沙状。将制备好的试样放入玻璃套管或纸质套管内，加入 50.0μL 十氟联苯使用液，将套管放入索氏提取器中。加入 100mL 丙酮 - 正己烷混合溶液，以每小时不少于 4 次的回流速度提取 16 ～ 18h。

（2）过滤和脱水

在玻璃漏斗上垫一层玻璃棉或玻璃纤维滤膜，加入约 5g 无水硫酸钠，将提取液过滤到浓缩器皿中。用适量丙酮 - 正己烷混合溶液洗涤提取容器 3 次，再用适量丙酮 - 正己烷混合溶液冲洗漏斗，洗液并入浓缩器皿。

（3）浓缩

开启氮气至溶剂表面有气流波动（避免形成气涡），用正己烷多次洗涤氮吹过程中已经露出的浓缩器壁，将过滤和脱水后的提取液浓缩至约 1mL。如不需净化，加入约 3mL 乙腈，再浓缩至约 1mL，将溶剂完全转化为乙腈。如需净化，加入约 5mL 正己烷并浓缩至约 1mL，重复此浓缩过程 3 次，将溶剂完全转化为正己烷，再浓缩至约 1mL，待净化。也可采用旋转蒸发浓缩或其他浓缩方式。

（4）净化

1）硅胶层析柱净化

① 硅胶柱制备：在玻璃层析柱的底部加入玻璃棉，加入 10mm 厚的无水硫酸钠，用少量二氯甲烷进行冲洗。玻璃层析柱上置一玻璃漏斗，加入二氯甲烷直至充满层析柱，漏斗内存留部分二氯甲烷，称取约 10g 硅胶经漏斗加入层析柱，以玻璃棒轻敲层析柱，除去气泡，使硅胶填实。放出二氯甲烷，在层析柱上部加入 10mm 厚的无水硫酸钠。

② 净化：用 40mL 正己烷预淋洗层析柱，淋洗速度控制在 2mL/min，在顶端无水硫酸钠暴露于空气之前，关闭层析柱底端聚四氟乙烯活塞，弃去流出液。将浓缩后的约 1mL 提取液移入层析柱，用 2mL 正己烷分 3 次洗涤浓缩器皿，洗液全部移入层析柱，在顶端无水硫酸钠暴露于空气之前，加入 25mL 正己烷继续淋洗，弃去流出液。用 25mL 二氯甲烷 - 正己烷混合溶液洗脱，洗脱液收集于浓缩器皿中，用氮吹浓缩法（或其他浓缩方式）将洗脱液浓缩至约 1mL，加入约 3mL 乙腈，再浓缩至 1mL 以下，将溶剂完全转换为乙腈，并准确定容至 1.0mL 待测。净化后的待测试样如不能及时分析，应于 4℃下冷藏、避光、密封保存，30d 内完成分析。

2）固相萃取柱净化

用固相萃取柱（填料为硅胶或硅酸镁）作为净化柱，将其固定在固相萃取装置上。用 4mL 二氯甲烷冲洗净化柱，再用 10mL 正己烷平衡净化柱，待柱充满后关闭流速控制阀，浸润 5min，打开控制阀，弃去流出液。在溶剂流干之前，将浓缩后的约 1mL 提取液移入柱内，用 3mL 正己烷分 3 次洗涤浓缩器皿，洗液全部移入柱内，用 10mL 二氯甲烷 - 正己烷混合溶液进行洗脱，待洗脱液浸满净化柱后关闭流速控制阀，浸润 5min，再打开控制阀，接收洗脱液至完全流出。用氮吹浓缩法（或其他浓缩方式）将洗脱液浓缩至约 1mL，加入约 3mL 乙腈，再浓缩至 1mL 以下，将溶剂完全转换为乙腈，并准确定容至 1.0mL 待测。净化后的待测试样如不能及时分析，应于 4℃下冷藏、避光、密封保存，30d 内完成分析。

（5）空白试样制备

用石英砂代替实际样品，按照与试样的制备相同步骤制备空白试样。

（6）校准曲线的绘制

分别量取适量的多环芳烃标准使用液，用乙腈稀释，制备至少 5 个质量浓度点的标准系列，多环芳烃的质量浓度分别为 0.04μg/mL、0.10μg/mL、0.50μg/mL、1.00μg/mL 和 5.00μg/mL（此为参考质量浓度），同时取 50.0μL 十氟联苯使用液，加入标准系列中任一质量浓度点，十氟联苯的质量浓度为 2.00μg/mL，贮存于棕色进样瓶中，待测。

由低质量浓度到高质量浓度依次对标准系列溶液进样，以标准系列溶液中目标组分质量浓度为横坐标，以其对应的峰面积（峰高）为纵坐标，建立校准曲线。校准曲线的相关系数≥ 0.995，否则重新绘制校准曲线。

（7）试样测定

按照与绘制校准曲线相同的仪器分析条件进行试样的测定。空白试样测定与试样测定相同。

5.6.2.3 计算方法

土壤样品中多环芳烃的含量（μg/kg），按照式（5-13）进行计算：

$$\omega_i = \frac{\rho_i \times V}{m \times \omega_{\mathrm{dm}}} \tag{5-13}$$

式中 ω_i——样品中组分i的含量，μg/kg；

ρ_i——由标准曲线计算所得组分 i 的质量浓度，μg/mL；

V——定容体积，mL；

m——样品量（湿重），kg；

ω_{dm}——土壤样品干物质含量，%。

当测定结果≥ 10μg/kg 时，保留 3 位有效数字；当测定结果＜10μg/kg 时，保留至小数点后 1 位。苊烯保留整数位，最多保留 3 位有效数字。

5.6.2.4 精密度和准确度

方法的精密度和准确度见表 5-22 和表 5-23。

表5-22 方法的精密度汇总表

化合物名称	质量浓度 /（μg/kg）	实验室内相对标准偏差 /%	实验室间相对标准偏差 /%	重复性限 /（μg/kg）	再现性限 /（μg/kg）
萘	10.0	7.4 ～ 13	15	3.4	5.5
	50.0	4.1 ～ 14	9.2	14	19
	100	5.4 ～ 9.0	5.2	22	25
苊烯	20.0	4.8 ～ 13	9.7	5.6	8.0
	100	5.4 ～ 11	7.7	28	34
	200	5.5 ～ 12	6.6	45	56
苊	1.00	4.3 ～ 12	11	2.7	4.0
	5.00	6.7 ～ 12	6.8	14	16
	10.0	5.4 ～ 9.4	6.2	23	28
芴	2.00	6.9 ～ 13	20	0.6	1.3
	10.0	4.5 ～ 9.1	7.4	2.2	3.0
	20.0	6.2 ～ 9.5	4.2	4.2	4.5
菲	1.00	6.9 ～ 14	123	0.3	0.5
	5.00	8.2 ～ 13	7.2	1.5	1.8
	10.0	5.5 ～ 11	7.6	2.6	3.3
蒽	1.00	4.8 ～ 15	12	0.3	0.5
	5.00	5.7 ～ 11	6.5	1.3	1.6
	10.0	4.4 ～ 11	7.9	2.4	3.3
荧蒽	2.00	8.5 ～ 12	21	0.6	1.4
	10.0	8.6 ～ 12	7.1	2.9	3.3
	20.0	5.4 ～ 13	4.9	4.8	5.2
芘	1.00	7.6 ～ 13	20	0.3	0.7
	5.00	4.4 ～ 9.9	11	1.2	1.9
	10.0	5.5 ～ 12	13	2.7	4.4
苯并 [*a*] 蒽	1.00	8.6 ～ 14	12	0.3	0.5
	5.00	7.6 ～ 11	8.3	1.3	1.7
	10.0	7.6 ～ 9.8	9.9	2.5	3.8

续表

化合物名称	质量浓度 /（μg/kg）	实验室内相对标准偏差 /%	实验室间相对标准偏差 /%	重复性限 /（μg/kg）	再现性限 /（μg/kg）
䓛	1.00	7.4 ～ 12	22	0.3	0.8
	5.00	6.1 ～ 12	7.3	1.3	1.6
	10.0	4.8 ～ 12	11.6	2.7	4.4
苯并 [*b*] 荧蒽	2.00	6.7 ～ 13	15	0.6	1.0
	10.0	7.0 ～ 11	9.1	2.5	3.5
	20.0	4.1 ～ 11	4.4	4.5	4.8
苯并 [*k*] 荧蒽	1.00	6.4 ～ 13	20	0.3	0.7
	5.00	6.8 ～ 12	6.2	1.2	1.5
	10.0	5.8 ～ 12	6.2	2.8	3.1
苯并 [*a*] 芘	1.00	8.2 ～ 14	15	0.3	0.5
	5.00	5.4 ～ 12	11	1.4	2.1
	10.0	5.1 ～ 11	5.5	2.4	2.8
二苯并 [*a*，*h*] 蒽	2.00	8.0 ～ 13	12	0.6	0.8
	10.0	4.8 ～ 12	7.0	2.6	3.2
	20.0	7.2 ～ 9.1	6.9	4.7	5.9
苯并 [*g*，*h*，*i*] 苝	2.00	7.2 ～ 12	20	0.6	1.3
	10.0	6.5 ～ 11	12	2.5	4.0
	20.0	2.6 ～ 12	6.0	4.5	5.4
茚并 [1,2,3-*c*,*d*] 芘	1.00	7.6 ～ 11	17	0.3	0.6
	5.00	6.5 ～ 12	11	1.3	1.9
	10.0	7.0 ～ 10	13	2.5	4.3

表5-23　方法的准确度汇总表

化合物名称	样品类型	加标水平 /（μg/kg）	加标回收率范围 /%	$S_{\bar{P}}$	加标回收率最终值 $(\bar{P}\pm 2S_{\bar{P}})$ /%
萘	土壤	100	59.3 ～ 78.1	6.53	69.5 ± 13.1
	沉积物	100	57.4 ～ 89.2	11.5	74.0 ± 23.0

续表

化合物名称	样品类型	加标水平 /（μg/kg）	加标回收率范围 /%	$S_{\bar{P}}$	加标回收率最终值 ($\bar{P}\pm 2S_{\bar{P}}$) /%
苊烯	土壤	200	59.7 ～ 87.3	11.1	70.7 ± 22.2
	沉积物	200	61.8 ～ 81.9	8.70	70.3 ± 17.4
苊	土壤	100	68.5 ～ 91.1	6.84	80.2 ± 13.7
	沉积物	100	67.1 ～ 89.9	8.37	75.8 ± 16.7
芴	土壤	20	80.4 ～ 95.9	6.72	86.5 ± 13.4
	沉积物	20	80.2 ～ 95.0	5.71	88.7 ± 11.4
菲	土壤	10	71.2 ～ 91.7	7.60	84.5 ± 15.2
	沉积物	10	71.6 ～ 88.4	5.75	81.0 ± 11.5
蒽	土壤	10	81.6 ～ 98.7	5.64	85.5 ± 11.3
	沉积物	10	78.3 ～ 95.1	6.19	86.6 ± 12.4
荧蒽	土壤	20	76.7 ～ 94.8	6.22	86.0 ± 11.5
	沉积物	20	71.8 ～ 89.0	5.73	82.0 ± 11.5
芘	土壤	10	76.7 ～ 94.4	6.51	86.1 ± 13.0
	沉积物	10	73.8 ～ 87.1	4.76	79.9 ± 9.5
苯并 [*a*] 蒽	土壤	10	77.7 ～ 96.1	6.59	86.4 ± 13.2
	沉积物	10	73.2 ～ 86.8	4.93	77.6 ± 9.9
䓛	土壤	10	73.6 ～ 95.2	8.09	84.1 ± 16.2
	沉积物	10	82.6 ～ 97.5	5.44	90.3 ± 10.9
苯并 [*b*] 荧蒽	土壤	20	73.5 ～ 96.9	8.36	91.5 ± 16.7
	沉积物	20	73.3 ～ 91.8	9.09	82.2 ± 18.2
苯并 [*k*] 荧蒽	土壤	10	73.1 ～ 90.9	5.31	84.1 ± 10.6
	沉积物	10	72.0 ～ 93.3	9.14	80.7 ± 18.3
苯并 [*a*] 芘	土壤	10	72.6 ～ 95.5	7.51	86.3 ± 15.0
	沉积物	10	70.7 ～ 87.5	7.09	79.7 ± 14.2
二苯并 [*a,h*] 蒽	土壤	20	77.7 ～ 99.0	7.43	92.5 ± 14.9
	沉积物	20	81.0 ～ 94.9	5.70	88.6 ± 11.4

续表

化合物名称	样品类型	加标水平 /（μg/kg）	加标回收率范围 /%	$S_{\bar{P}}$	加标回收率最终值 $(\bar{P}\pm 2S_{\bar{P}})$ /%
苯并 [*g,h,j*] 苝	土壤	20	72.7 ～ 96.1	8.74	87.9 ± 17.5
	沉积物	20	72.2 ～ 96.4	9.03	80.9 ± 18.1
茚并 [1,2,3-*c,d*] 芘	土壤	10	77.6 ～ 97.6	6.71	89.5 ± 13.4
	沉积物	10	88.0 ～ 94.6	2.13	90.9 ± 4.3
十氟联苯	土壤	200	71.0 ～ 99.5	10.3	83.1 ± 20.1
	沉积物	200	68.5 ～ 94.5	8.99	78.5 ± 18.0

5.6.2.5 质量控制

（1）空白分析

每次分析至少做 1 个实验室空白实验和 1 个全程序空白，以检查可能存在的干扰，其目标化合物的测定值不得高于方法的检出限。

（2）平行样测定

每 20 个样品或每批次（＜20 个样品 / 批）必须分析 1 个平行样。平行双样测定结果的相对偏差应不大于 30%。

（3）基体加标

每 20 个样品或每批次（＜20 个样品 / 批）必须做 1 个基体加标样，各组分的回收率为 50% ～ 120%，十氟联苯回收率为 60% ～ 120%。

（4）校准

1）初始校准

初次使用仪器，或在仪器维修、更换色谱柱或连续校准不合格时，须重新绘制校准曲线，进行初始校准。

2）连续校准

每 20 个样品或每批次（＜20 个样品 / 批）须用校准曲线的中间质量浓度点进行 1 次连续校准。连续校准的相对误差应不大于 20%，否则应查找原因，或重新绘制校准曲线。按照式（5-14）计算 C_c 与校准点 C_i 的相对误差（D）。

$$D=\frac{C_c-C_i}{C_i}\times 100\% \tag{5-14}$$

式中 D——C_c与校准点C_i的相对误差，%；

C_c——校准点的质量浓度；

C_i——测定该校准点的质量浓度。

5.7 有机氯农药的分析测定[16]

目前，我国土壤中有机氯农药的测定标准方法主要有《土壤和沉积物　有机氯农药的测定　气相色谱法》(HJ 921)和《土壤和沉积物　有机氯农药的测定　气相色谱-质谱法》(HJ 835)等。本书以《土壤和沉积物　有机氯农药的测定　气相色谱-质谱法》(HJ 835)所提供的方法对土壤和沉积物中有机氯农药的测定进行简要介绍。

(1)分析原理

土壤或沉积物中的有机氯农药采用适合的萃取方法(索氏提取、加压流体萃取等)提取，根据样品基体干扰情况选择合适的净化方法(铜粉脱硫、硅酸镁柱或凝胶渗透色谱)，对提取液净化，再浓缩、定容，经气相色谱分离、质谱检测。根据保留时间、碎片离子质荷比及其丰度和标准物质质谱图相比较进行定性，内标法定量。

(2)适用范围

本方法适用于土壤和沉积物中六六六、艾氏剂、七氯、环氧化七氯、α-硫丹、β-硫丹、狄氏剂、异狄氏剂、硫丹硫酸酯、异狄氏剂醛、*p,p′*-DDE、*p,p′*-DDD、*o,p′*-DDT、*p,p′*-DDT、甲氧滴滴涕、六氯苯、灭蚁灵等有机氯农药测定。其他有机氯农药通过验证也可适用本标准。

当取样量为20.0g，浓缩后定容体积为1.0mL时，采用全扫描方式测定，目标物的方法检出限为0.02～0.09mg/kg，测定下限为0.08～0.36mg/kg，详见表5-24。

表5-24　23种有机氯农药的出峰顺序、方法检出限和测定下限　　单位：mg/kg

序号	化合物	全扫描	
		检出限	测定下限
1	α-六六六	0.07	0.28
2	六氯苯	0.03	0.12
3	β-六六六	0.06	0.24
4	γ-六六六	0.06	0.24
5	δ-六六六	0.10	0.40
6	七氯	0.04	0.16
7	艾氏剂	0.04	0.16
8	环氧化七氯	0.09	0.36
9	α-氯丹	0.02	0.08

续表

序号	化合物	全扫描	
		检出限	测定下限
10	α- 硫丹	0.06	0.24
11	γ- 氯丹	0.02	0.08
12	狄氏剂	0.02	0.08
13	*p,p′*-DDE	0.04	0.16
14	异狄氏剂	0.06	0.24
15	β- 硫丹	0.09	0.36
16	*p,p′*-DDD	0.08	0.32
17	硫丹硫酸酯	0.07	0.28
18	异狄氏剂醛	0.08	0.32
19	*o,p′*-DDT	0.08	0.32
20	异狄氏剂酮	0.05	0.20
21	*p,p′*-DDT	0.09	0.36
22	甲氧滴滴涕	0.08	0.32
23	灭蚁灵	0.06	0.24

注：试验采用 20g 空白样品，加压流体萃取、旋转蒸发、氮吹浓缩、凝胶渗透色谱等前处理方法。

（3）试样的制备

1）样品准备

将所采土壤或沉积物样品置于搪瓷盘或不锈钢盘上，除去枝棒、叶片、石子等异物，充分混匀。称取 10 ～ 20g（精确到 0.01g）新鲜样品进行脱水，加入适量无水硫酸钠，和样品掺拌均匀，研磨成细粒状。如果使用加压流体萃取，则用粒状硅藻土代替无水硫酸钠掺拌脱水、研磨成散装细颗粒。也可采用冷冻干燥的方式对样品进行脱水，将冷冻后的样品进行充分研磨、均化成 1mm 左右的细小颗粒。

2）提取

提取方法可选择索氏提取、加压流体萃取（HJ 783）及其他等效萃取方法。

索氏提取：在制备好的土壤或沉积物样品中加入 80.0μL 替代物中间液，所有样品小心转入纸质套筒中，小心置于索氏提取器回流管中，在圆底溶剂瓶中加入 100mL 正己烷 - 丙酮混合溶剂（1+1），提取 16 ～ 18h，回流速度控制在 4 ～ 6 次 /h。收集提取液。

3）过滤和脱水

如果提取液存在明显水分，需要进一步过滤和脱水。在玻璃漏斗上垫一层玻璃棉或玻璃纤维滤膜，加入约 5g 无水硫酸钠，将提取液过滤到浓缩器皿中。再用少量正

己烷 - 丙酮混合溶剂（1+1）洗涤提取容器 3 次，再将洗涤液倒入漏斗中过滤，最后再用少许混合溶剂冲洗漏斗，全部收集至浓缩器皿中，待浓缩。

4）浓缩

浓缩方法推荐使用以下两种方式，也可采用其他浓缩方法。

① 氮吹浓缩：提取液转入浓缩管或其他玻璃容器中，开启氮气至溶剂表面有气流波动但不形成气涡为宜。氮吹过程中应将已经露出的浓缩器管壁用正己烷 - 丙酮混合溶剂（1+1）反复洗涤多次。

② 旋转蒸发浓缩：将提取液转入合适体积的圆底烧瓶，根据仪器说明书或提取液沸点设定温度条件 [例如二氯甲烷 - 丙酮 (1+1) 可设定 50℃左右，正己烷 - 丙酮 (1+1) 可设定 60℃左右]，浓缩至 2mL，转出的提取液需要再用小流量氮气浓缩至 1mL。

如果净化选用凝胶渗透色谱（GPC），则需在浓缩前加入 2mL 左右 GPC 流动相替换原萃取溶剂。

5）脱硫

一般沉积物或被污染的土壤样品提取液需要脱硫，脱硫方法有以下两种。

将上述提取液转移至 5mL 离心管，加入 2g 铜粉，混合振荡至少 5min。用一次性移液管将提取液吸出，待下一步净化。

在制备好的硅胶层析柱或活化后的固相萃取柱上端加入 2g 左右铜粉，加入全部提取液停留 5min，然后进入淋洗程序。

如果使用 GPC 净化提取液，可省略脱硫步骤。

6）净化

净化推荐使用以下方式，其他方法经验证效果优于或等效时也可使用。

① 硅酸镁层析柱净化法。

硅酸镁层析柱制备：在玻璃层析柱底部填入玻璃棉，依次加入约 1.5cm 厚的无水硫酸钠和 20g 硅酸镁吸附剂，轻敲层析柱壁，使硅酸镁吸附剂填充均匀。再添加约 1.5cm 厚的无水硫酸钠。加入 60mL 正己烷淋洗，同时轻敲层析柱壁，赶出气泡，使硅酸镁吸附剂填实，保持填料充满正己烷，关闭活塞，浸泡填料至少 10min，此时在层析柱上端加入约 2g 铜粉用于脱除提取液中的硫。打开活塞的同时，继续加入正己烷 60mL 淋洗，当上端无水硫酸钠层恰好暴露于空气之前，关闭活塞待用。如果填料干枯，需要重新处理。

净化：将浓缩后的提取液转至硅酸镁层析柱内，并用 2mL 正己烷分两次清洗浓缩管，全部移入层析柱，应将此溶液浸没在铜粉中约 5min。不需要分离样品中多氯联苯和有机氯农药时，可直接使用 200mL 正己烷 - 二氯甲烷混合溶剂Ⅰ淋洗层析柱，收集全部洗脱液。待再次浓缩后测定。需要分离样品中多氯联苯和有机氯农药时，于硅酸镁层析柱下置一圆底烧瓶，打开活塞使浓缩液至液面刚没过硫酸钠层，关闭活塞。用 200mL 正己烷 - 乙醚混合溶剂Ⅰ淋洗层析柱，洗脱液速度保持在 5mL/min，收集全部淋洗液。此洗脱液包含多氯联苯及六六六、氯丹等大部分有机氯农药（表 5-25）。然后用 200mL 正己烷 - 乙醚混合溶剂Ⅱ再次淋洗层析柱，此洗脱液包含β- 硫丹、硫丹硫酸酯、异狄氏剂醛和异狄氏剂酮等有机氯农药。再用 200mL 正己烷 -

乙醚混合溶剂Ⅲ再次淋洗层析柱，此洗脱液将剩余β-硫丹、硫丹硫酸酯、异狄氏剂醛和异狄氏剂酮等有机氯农药淋洗完全，不需要独立测试多氯联苯时合并全部淋洗液，需要独立测试多氯联苯时，不要将第一部分淋洗合并在一起。待再次浓缩后测定。其他淋洗体系在被验证对目标物有较好的净化效果时也可采用。

表5-25　硅酸镁层析柱不同阶段洗脱组分

序号	化合物名称	洗脱液 1	洗脱液 2	洗脱液 3
1	α- 六六六	95.2%		
2	六氯苯	107.3%		
3	β- 六六六	111.3%		
4	γ- 六六六	105.5%		
5	δ- 六六六	122.6%		
6	七氯	107.9%		
7	艾氏剂	109.5%		
8	环氧化七氯	105.6%		
9	α- 氯丹	113.8%		
10	α- 硫丹	114.5%		
11	γ- 氯丹	108.4%		
12	狄氏剂	118.3%		
13	*p,p'*-DDE	104.4%		
14	异狄氏剂	123.8%		
15	β- 硫丹	7.4%	60.9%	7.2%
16	*p,p'*-DDD	120.5%		
17	硫丹硫酸酯	5.8%	33.6%	40.0%
18	异狄氏剂醛	2.0%	31.2%	78.4%
19	*o,p'*-DDT	111.8%		
20	异狄氏剂酮	11.0%	79.1%	7.1%
21	*p,p'*-DDT	117.4%		
22	甲氧滴滴涕	121.8%		
23	灭蚁灵	99.8%		

注：洗脱液组分如下。

洗脱液 1：200mL 乙醚 - 正己烷混合液（体积比 6∶94）。

洗脱液 2：200mL 乙醚 - 正己烷混合液（体积比 15∶85）。

洗脱液 3：200mL 乙醚 - 正己烷混合液（体积比 1∶1）。

② 硅酸镁净化小柱。

浓缩后的提取液颜色较浅时，可采用硅酸镁净化小柱净化。操作步骤如下：将硅酸镁净化小柱固定在固相萃取装置上，用 4mL 正己烷淋洗净化小柱，再加入 5mL 正己烷，待柱充满后关闭流速控制阀浸润 5min，缓慢打开控制阀，此时在层析柱上端加入约 2g 铜粉用于脱除提取液中的硫。继续加入 5mL 正己烷，在铜粉暴露于空气之前，关闭控制阀，弃去流出液。将浓缩液转移至小柱中，用 2mL 正己烷分次洗涤浓缩器皿，洗液全部转入小柱中（若需脱硫，应将此溶液浸没在铜粉中约 5min）。缓慢打开控制阀，在铜粉暴露于空气之前关闭控制阀。

不需要分离样品中多氯联苯和有机氯农药时，打开控制阀，用 9mL 正己烷 - 丙酮混合溶剂Ⅱ洗脱，缓慢打开控制阀，使洗脱液浸没填料层，关闭控制阀约 1min，再打开收集全部洗脱液，待再次浓缩加入内标后测定。

③ 凝胶色谱净化。

Ⅰ. 凝胶渗透色谱柱的校准：按照仪器说明书对凝胶渗透色谱柱进行校准。凝胶渗透色谱校准溶液得到的色谱峰应满足以下条件：a. 所有峰形均匀对称；b. 玉米油和邻苯二甲酸二（2- 二乙基己基）酯的色谱峰之间分辨率＞85%；c. 邻苯二甲酸二（2- 二乙基己基）酯和甲氧滴滴涕的色谱峰之间分辨率＞85%；d. 甲氧滴滴涕和苝的色谱峰之间分辨率大于 85%；e. 苝和硫的色谱峰不能重叠，基线分离大于 90%。

Ⅱ. 确定收集时间：有机氯农药的初步收集时间限定在玉米油出峰后至硫出峰前，苝洗脱出以后立即停止收集。然后用有机氯农药标准中间液进样形成标准物谱图，根据标准物质谱图确定起始和停止收集时间，并测定其回收率，当目标物回收率均大于 90% 时，即可按此收集时间和仪器条件净化样品，否则需继续调整收集时间和其他条件。

Ⅲ. 提取液净化：用凝胶渗透色谱流动相将浓缩液定容至凝胶渗透色谱仪定量环需要的体积，按照确定后的收集时间自动净化、收集流出液，再次浓缩。

7）浓缩和加内标

净化后的试液再次按照氮吹浓缩或旋转蒸发浓缩的步骤进行浓缩、加入适量内标中间液，并定容至 1.0mL，混匀后转移至 2mL 样品瓶中，待测。

（4）空白试样的制备

用石英砂代替实际样品，按照与试样的制备相同步骤制备空白试样。

（5）校准曲线的绘制

取 5 个 5mL 容量瓶，预先加入 2mL 正己烷 - 丙酮混合溶剂Ⅰ，分别量取适量的有机氯农药标准中间液、替代物中间液和内标中间液，用正己烷 - 丙酮混合溶剂Ⅰ定容后混匀，配制成至少 5 个质量浓度点的标准系列，有机氯农药和替代物的质量浓度均分别为 1.00μg/mL、5.00μg/mL、10.0μg/mL、20.0μg/mL、50.0μg/mL，添加的内标质量浓度均为 40.0μg/mL。也可根据仪器灵敏度或样品中目标物浓度配制成其他气相色谱 - 质谱仪适合浓度水平的标准系列。从低浓度到高浓度依次进样分析。以目标化合物质量浓度为横坐标；以目标化合物与内标化合物定量离子响应值的比值和内标化合物质量浓度的乘积为纵坐标，绘制校准曲线。

（6）试样的测定

按照与校准曲线绘制相同的仪器分析条件测定待测的试样。

（7）空白试验

按照与试样测定相同的仪器分析条件测定空白试样。

（8）结果计算

样品中的目标化合物含量 ω（μg/kg），按照式（5-15）进行计算：

$$\omega = \frac{A_x \times \rho_{\mathrm{IS}} \times V_x}{A_{\mathrm{IS}} \times \overline{\mathrm{RRF}} \times m \times \omega_{\mathrm{dm}}} \tag{5-15}$$

式中 ω——样品中的目标物含量，mg/kg；

A_x——试样中目标化合物质量离子的峰面积；

A_{IS}——试样中内标化合物质量离子的峰面积；

ρ_{IS}——试样中内标的质量浓度，μg/mL；

$\overline{\mathrm{RRF}}$——校准曲线系列中目标化合物的平均相对响应因子；

V_x——试样的定容体积，mL；

m——样品的称取量，g；

ω_{dm}——样品干物质含量，%。

测定结果保留 3 位有效数字。

（9）精密度和准确度

检测方法的精密度和准确度分别见表 5-26 和表 5-27。

表5-26　方法的精密度

组分名称	加标水平 /（mg/kg）	实验室内相对标准偏差 /%	实验室间相对标准偏差 /%	重复性限 *r* /（mg/kg）	再现性限 *R* /（mg/kg）
α- 六六六	0.20	5.0 ～ 13	10	0.05	0.07
	0.50	8.0 ～ 14	9	0.13	0.17
	1.00	9.0 ～ 26	6	0.2	0.21
六氯苯	0.20	6.0 ～ 12	6	0.05	0.05
	0.50	5.0 ～ 12	9	0.11	0.16
	1.00	8.0 ～ 23	9	0.26	0.28
β- 六六六	0.20	5.0 ～ 16	10	0.06	0.07
	0.50	6.0 ～ 14	7	0.12	0.15
	1.00	8.0 ～ 21	8	0.3	0.31

续表

组分名称	加标水平 /（mg/kg）	实验室内相对标准偏差 /%	实验室间相对标准偏差 /%	重复性限 *r* /（mg/kg）	再现性限 *R* /（mg/kg）
γ- 六六六	0.20	6.0 ～ 25	16	0.09	0.11
	0.50	7.0 ～ 23	31	0.16	0.25
	1.00	11 ～ 24	10	0.33	0.35
δ- 六六六	0.20	10 ～ 18	12	0.07	0.08
	0.50	7.0 ～ 16	11	0.16	0.20
	1.00	9.0 ～ 18	9	0.29	0.31
七氯	0.20	14 ～ 20	8	0.1	0.13
	0.50	5.0 ～ 14	11	0.12	0.19
	1.00	17 ～ 25	20	0.39	0.48
艾氏剂	0.20	5.0 ～ 18	12	0.07	0.10
	0.50	8 ～ 15	7	0.15	0.16
	1.00	18 ～ 29	14	0.34	0.41
环氧化七氯	0.20	6.0 ～ 12	11	0.09	0.10
	0.50	8.0 ～ 13	4	0.14	0.14
	1.00	12 ～ 22	12	0.33	0.37
α- 氯丹	0.20	5.0 ～ 6	6	0.03	0.05
	0.50	8.0 ～ 13	4	0.13	0.13
	1.00	10 ～ 18	12	0.29	0.36
α- 硫丹	0.20	5 ～ 13	30	0.04	0.14
	0.50	8 ～ 24	6	0.19	0.19
	1.00	10 ～ 18	11	0.31	0.35
γ- 氯丹	0.20	5.0 ～ 6	6	0.03	0.04
	0.50	8.0 ～ 13	4	0.13	0.14
	1.00	10 ～ 17	12	0.29	0.35
狄氏剂	0.20	5.0 ～ 11	10	0.04	0.05
	0.50	8.0 ～ 13	4	0.13	0.14
	1.00	16 ～ 24	14	0.32	0.39
p,p'-DDE	0.20	5.0 ～ 10	11	0.04	0.06
	0.50	6.0 ～ 13	6	0.13	0.13
	1.00	15 ～ 17	12	0.30	0.35

续表

组分名称	加标水平 /（mg/kg）	实验室内相对标准偏差 /%	实验室间相对标准偏差 /%	重复性限 *r* /（mg/kg）	再现性限 *R* /（mg/kg）
异狄氏剂	0.20	8.0 ～ 15	10	0.07	0.09
	0.50	6.0 ～ 18	17	0.23	0.3
	1.00	9.0 ～ 14	14	0.32	0.39
β- 硫丹	0.20	5.0 ～ 17	15	0.10	0.22
	0.50	6.0 ～ 22	8	0.18	0.2
	1.00	9.0 ～ 21	9	0.29	0.32
p, *p*′-DDD	0.20	10 ～ 14	15	0.07	0.11
	0.50	7.0 ～ 16	6	0.13	0.14
	1.00	13 ～ 18	16	0.29	0.40
o, *p*′-DDT	0.20	9.0 ～ 13	20	0.06	0.13
	0.50	6.0 ～ 13	16	0.13	0.29
	1.00	11 ～ 21	18	0.35	0.47
异狄氏剂醛	0.20	7.0 ～ 16	23	0.08	0.17
	0.50	5.0 ～ 16	17	0.16	0.23
	1.00	10 ～ 20	14	0.23	0.28
硫丹硫酸酯	0.20	9.0 ～ 18	10	0.07	0.25
	0.50	12 ～ 30	10	0.24	0.26
	1.00	10 ～ 18	14	0.30	0.39
p, *p*′-DDT	0.20	9.0 ～ 15	5	0.11	0.21
	0.50	5.0 ～ 17	19	0.13	0.34
	1.00	15 ～ 28	28	0.44	0.66
异狄氏剂酮	0.20	5.0 ～ 15	10	0.06	0.10
	0.50	8.0 ～ 18	6	0.16	0.16
	1.00	11 ～ 27	15	0.31	0.39
甲氧滴滴涕	0.20	12 ～ 19	6	0.08	0.09
	0.50	5.0 ～ 17	20	0.17	0.37
	1.00	18 ～ 25	26	0.53	0.76
灭蚁灵	0.20	3.0 ～ 8	6	0.04	0.05
	0.50	6.0 ～ 14	4	0.12	0.13
	1.00	13 ～ 16	13	0.38	0.44

续表

组分名称	加标水平 /（mg/kg）	实验室内相对标准偏差 /%	实验室间相对标准偏差 /%	重复性限 r /（mg/kg）	再现性限 R /（mg/kg）
四氯间二甲苯（替代物）	0.20	5.0 ～ 12	12	0.04	0.06
	0.50	5.0 ～ 24	9	0.15	0.18
	1.00	11 ～ 21	6	0.24	0.31
氯茵酸二丁酯（替代物）	0.20	3.0 ～ 16	28	0.07	0.18
	0.50	9.0 ～ 14	8	0.15	0.17
	1.00	5.0 ～ 15	15	0.28	0.4

表5-27 方法的准确度

组分名称	样品类型	加标浓度 /（mg/kg）	回收率平均值范围 /%	回收率均值 /%	$S_{\bar{p}}$ / %	$(\bar{\bar{p}} \pm 2S_{\bar{p}})$ / %
α- 六六六	土壤	0.5	60 ～ 98	84	14	84 ± 28
	沉积物	0.5	60 ～ 80	75	8	75 ± 16
六氯苯	土壤	0.5	66 ～ 94	86	11	86 ± 22
	沉积物	0.5	52 ～ 70	65	7	65 ± 14
β- 六六六	土壤	0.5	72 ～ 124	95	17	95 ± 34
	沉积物	0.5	66 ～ 82	77	7	77 ± 14
γ- 六六六	土壤	0.5	68 ～ 114	91	15	91 ± 30
	沉积物	0.5	60 ～ 118	81	20	81 ± 40
δ- 六六六	土壤	0.5	84 ～ 119	99	11	99 ± 22
	沉积物	0.5	78 ～ 102	86	8	86 ± 16
七氯	土壤	0.5	84 ～ 128	99	16	99 ± 32
	沉积物	0.5	62 ～ 102	80	17	80 ± 34
艾氏剂	土壤	0.5	76 ～ 118	89	16	89 ± 32
	沉积物	0.5	56 ～ 92	76	12	76 ± 24
环氧化七氯	土壤	0.5	88 ～ 122	97	13	97 ± 26
	沉积物	0.5	70 ～ 104	81	13	81 ± 26
α- 氯丹	土壤	0.5	88 ～ 116	97	10	97 ± 20
	沉积物	0.5	78 ～ 100	82	9	82 ± 18

续表

组分名称	样品类型	加标浓度 /（mg/kg）	回收率平均值范围 /%	回收率均值 /%	$S_{\bar{p}}$ / %	$(\bar{\bar{p}} \pm 2S_{\bar{p}})$ / %
α- 硫丹	土壤	0.5	90 ～ 112	97	8	97 ± 16
	沉积物	0.5	64 ～ 84	79	8	79 ± 16
γ- 氯丹	土壤	0.5	86 ～ 116	96	11	96 ± 22
	沉积物	0.5	78 ～ 96	81	7	81 ± 14
狄氏剂	土壤	0.5	94 ～ 120	99	11	99 ± 22
	沉积物	0.5	80 ～ 102	84	9	84 ± 18
p, *p*′-DDE	土壤	0.5	94 ～ 116	100	9	100 ± 18
	沉积物	0.5	80 ～ 96	84	6	84 ± 12
异狄氏剂	土壤	0.5	104 ～ 148	138	33	138 ± 66
	沉积物	0.5	102 ～ 162	121	23	121 ± 46
β- 硫丹	土壤	0.5	84 ～ 104	93	8	93 ± 16
	沉积物	0.5	72 ～ 94	86	9	86 ± 18
p, *p*′-DDD	土壤	0.5	92 ～ 122	102	12	102 ± 24
	沉积物	0.5	70 ～ 104	84	12	84 ± 24
o,*p*′-DDT	土壤	0.5	92 ～ 124	101	12	101 ± 24
	沉积物	0.5	52 ～ 94	71	17	71 ± 34
异狄氏剂醛	土壤	0.5	70 ～ 86	79	7	79 ± 14
	沉积物	0.5	60 ～ 78	66	7	66 ± 14
硫丹硫酸酯	土壤	0.5	88 ～ 124	104	17	104 ± 34
	沉积物	0.5	76 ～ 106	86	11	86 ± 22
p, *p*′-DDT	土壤	0.5	82 ～ 136	100	22	100 ± 44
	沉积物	0.5	62 ～ 116	87	20	87 ± 40
异狄氏剂酮	土壤	0.5	86 ～ 116	97	12	97 ± 24
	沉积物	0.5	60 ～ 106	77	18	77 ± 36
甲氧滴滴涕	土壤	0.5	92 ～ 160	124	34	124 ± 68
	沉积物	0.5	60 ～ 116	80	27	80 ± 54
灭蚁灵	土壤	0.5	88 ～ 108	95	7	95 ± 14
	沉积物	0.5	66 ～ 88	74	8	74 ± 16

（10）质量控制

1）空白实验

每批样品（≤ 20 个样品）须做一个空白试验，测定结果中目标物浓度不应超过方法检出限。否则，应检查试剂空白、仪器系统以及前处理过程。

2）校准曲线

校准曲线中目标化合物相对响应因子的相对标准偏差应≤ 20%。否则，说明进样口或色谱柱存在干扰，应进行必要的维护。

连续分析时，每 24h 分析一次校准曲线中间浓度点，其测定结果与实际浓度值相对标准偏差应小于或等于 20%。否则，须重新绘制校准曲线。

3）平行样品

每批样品（最多 20 个样品）应分析平行样，平行样测定结果相对偏差应小于 35%。

4）基体加标

每批样品（最多 20 个样品）应分析基体加标平行样品。土壤和沉积物加标样品回收率控制范围为 40% ～ 150%。

5）替代物的回收率

实验室应建立替代物加标回收控制图，按同一批样品（20 ～ 30 个样品）进行统计，剔除离群值，计算替代物的平均回收率 p 及相对标准偏差 S，应控制在 $p \pm 3S$ 内。

6）仪器性能检查

① 用 2mL 试剂瓶装入未经浓缩的二氯甲烷，按照样品分析的仪器条件做一个空白，TIC 谱图中应没有干扰物。干扰较多或浓度较高的样品分析后也应做一个这样的空白检查，如果出现较多的干扰峰或高温区出现干扰峰或流失过多，应检查污染来源，必要时采取更换衬管、清洗离子源或保养、更换色谱柱等措施。

② 进样口惰性检查，DDT 到 DDE 和 DDD 的降解率应不超过 15%。如果 DDT 衰减过多或出现较差的色谱峰，则需要清洗或更换进样口，同时还要截取毛细管前端的 5cm，重新校准。

DDT 和异狄氏剂降解率的计算公式如式（5-16）和式（5-17）所示：

$$\text{DDT的降解率}(\%)=\frac{\text{（DDE+DDD）的检出量（ng）}}{\text{DDT的进样量（ng）}}\times 100 \tag{5-16}$$

$$\text{异狄氏剂的降解率}(\%)=\frac{\text{（异狄氏醛+异狄氏酮）的检出量（ng）}}{\text{异狄氏剂的进样量（ng）}}\times 100 \tag{5-17}$$

参考文献

[1] GB 15618—2018. 土壤环境质量　农用地土壤污染风险管控标准（试行）[S].

[2] HJ 491—2019. 土壤和沉积物　铜、锌、铅、镍、铬的测定　火焰原子吸收分光光度法 [S].

[3] HJ 832—2017. 土壤和沉积物　金属元素总量的消解　微波消解法 [S].

[4] HJ 803—2016. 土壤和沉积物　12种金属元素的测定　王水提取-电感耦合等离子体质谱法 [S].

[5] GB/T 17141—1997. 土壤质量　铅、镉的测定　石墨炉原子吸收分光光度法 [S].

[6] GB/T 17140—1997. 土壤质量　铅、镉的测定　KI-MIBK 萃取火焰原子吸收分光光度法 [S].

[7] HJ 680—2013. 土壤和沉积物　汞、砷、硒、铋、锑的测定　微波消解 / 原子荧光法 [S].

[8] HJ 923—2017. 土壤和沉积物　总汞的测定　催化热解 - 冷原子吸收分光光度法 [S].

[9] GB/T 23739—2009. 土壤质量　有效态铅和镉的测定　原子吸收法 [S].

[10] HJ 804—2016. 土壤　8 种有效态元素的测定　二乙烯三胺五乙酸浸提 - 电感耦合等离子体发射光谱法 [S].

[11] 环境保护部办公厅，国土资源部办公厅，农业部办公厅 . 关于印发全国土壤污染状况详查样品分析测试方法系列技术规定的通知 [EB/OL].（2017-10-23）[2023-06-25].https://www.mee.gov.cn/gkml/hbb/bgth/201711/t20171106_425226.htm.

[12] HJ 962—2018. 土壤　pH 值的测定　电位法 [S].

[13] HJ 889—2017. 土壤　阳离子交换量的测定　三氯化六氨合钴浸提 - 分光光度法 [S].

[14] HJ 805—2016. 土壤和沉积物　多环芳烃的测定　气相色谱 - 质谱法 [S].

[15] HJ 784—2016. 土壤和沉积物　多环芳烃的测定　高效液相色谱法 [S].

[16] HJ 835—2017. 土壤和沉积物　有机氯农药的测定　气相色谱 - 质谱法 [S].

第6章

灌溉水样品检测与质量控制方法

- pH 值的分析测定
- 悬浮物的分析测定
- 五日生化需氧量的分析测定
- 化学需氧量的分析测定
- 氯化物的分析测定
- 硫化物的分析测定
- 总镉的分析测定
- 总铅的分析测定
- 铬（六价）的分析测定
- 总汞的分析测定
- 总砷的分析测定
- 粪大肠菌群数的分析测定
- 蛔虫卵数的分析测定
- 全盐量的分析测定
- 其他污染物的分析测定

农产品产地灌溉用水应符合《农田灌溉水质标准》（GB 5084）要求，主要分为基本控制项目和选择控制项目。其中，基本控制项目为必测项目，包括 pH 值、水温、悬浮物、五日生化需氧量、化学需氧量、阴离子表面活性剂、氯化物、硫化物、全盐量、总铅、总镉、铬（六价）、总汞、总砷、粪大肠菌群数、蛔虫卵数 16 项。选择控制项目可根据农田灌溉用水类型和作物种类要求选择监测，包括氰化物、氟化物、石油类、挥发酚、总铜、总锌、总镍、硒、硼、苯、甲苯、二甲苯、异丙苯、苯胺、三氯乙醛、丙烯醛、氯苯、1,2- 二氯苯、1,4- 二氯苯、硝基苯 20 种[1]。上述标准中未要求控制的污染物，可根据农产品产地环境污染状况（如农区大气、农灌水等），确认在水体中积累较多，对农业生产危害较大，影响范围广、毒性较强的污染物，具体可根据需要自行确定。

6.1 pH 值的分析测定[2]

目前，我国水源中 pH 值测定的标准方法主要有《水质　pH 值的测定　电极法》（HJ 1147）和《水质　pH 值的测定　玻璃电极法》（GB 6920）等，但《水质　pH 值的测定　玻璃电极法》（GB 6920）中部分内容已废止。本书以《水质　pH 值的测定　电极法》（HJ 1147）中所提供的方法，对水源中 pH 值测定进行简要介绍。

（1）分析原理

pH 值由测量电池的电动势而得。该电池通常由参比电极和氢离子指示电极组成。溶液每变化 1 个 pH 单位，在同一温度下电位差的改变是常数，据此在仪器上直接以 pH 的读数表示。

（2）标准缓冲溶液

① 标准缓冲溶液Ⅰ　c（$C_8H_5KO_4$）=0.05mol/L，pH=4.00（25℃）。称取 10.12g 邻苯二甲酸氢钾，溶于水中，转移至 1L 容量瓶中并定容至标线。也可购买市售合格标准缓冲溶液，按照说明书使用。

② 标准缓冲溶液Ⅱ　c（Na_2HPO_4）=0.025mol/L，c（KH_2PO_4）=0.025mol/L，pH=6.86（25℃）。分别称取 3.53g 无水磷酸氢二钠和 3.39g 磷酸二氢钾，溶于水中，转移至 1L 容量瓶中并定容至标线。也可购买市售合格标准缓冲溶液，按照说明书使用。

③ 标准缓冲溶液Ⅲ　c（$Na_2B_4O_7$）=0.01mol/L，pH=9.18（25℃）。称取 3.80g 四硼酸钠，溶于水中，转移至 1L 容量瓶中并定容至标线，在聚乙烯瓶中密封保存。也可购买市售合格标准缓冲溶液，按照说明书使用。

上述 pH 标准缓冲溶液于 4℃以下冷藏可保存 2 ～ 3 个月。发现有混浊、发霉或沉淀等现象时，不能继续使用。当被测样品 pH 值过高或过低时，可选用与其 pH 值相近的其他标准缓冲溶液，具体参见《水质　pH 值的测定　电极法》（HJ 1147）中的附录 A。

（3）样品测定

用蒸馏水冲洗电极并用滤纸边缘吸去电极表面水分，现场测定时根据使用的仪器取适量样品或直接测定；实验室测定时将样品沿杯壁倒入烧杯中，立即将电极浸入样品中，缓慢水平搅拌，避免产生气泡。待读数稳定后记下 pH 值。具有自动读数功能的仪器可直接读取数据。每个样品测定后用蒸馏水冲洗电极。

（4）结果表示

测定结果保留小数点后 1 位，并注明样品测定时的温度。当测量结果超出测量范围（0 ～ 14）时，以"强酸，超出测量范围"或"强碱，超出测量范围"报出。

（5）精密度和准确度

① 精密度　6 家实验室对 pH 值分别为 8.2、7.5、8.3、8.6、2.1 和 10.2 的饮用水源水、景观地表水、地下水、生活污水和两种工业废水的统一样品进行 6 次重复测定，实验室内极差均为 0.1，实验室间极差范围为 0.1 ～ 0.2。

② 准确度　6 家实验室对 pH 值分别为 4.13 ± 0.04、7.33 ± 0.06 和 9.09 ± 0.07 的 3 种统一有证标准样品进行了 6 次重复测定，误差范围分别为 −0.04 ～ 0.02、−0.05 ～ 0.04 和 −0.05 ～ 0，误差最终值分别为 −0.02 ± 0.06、−0.03 ± 0.08 和 −0.04 ± 0.04。

（6）质量保证和质量控制

每批样品测定前应对仪器进行校准，当样品 pH 值变化较大或监测场地变化时均应重新校准。

每连续测定 20 个样品或每批次（≤ 20 个样品 / 批）应分析 1 个有证标准样品或标准物质，测定结果应在保证值范围内，否则应重新校准，重新测定该批次样品。

每 20 个样品或每批次（≤ 20 个样品 / 批）应分析 1 个平行样。当 pH 值在 6 ～ 9 之间时，允许差为 ± 0.1 个 pH 单位；当 pH 值≤ 6 或 pH 值≥ 9 时，允许差为 ± 0.2 个 pH 单位。测定结果取第一次测定值。

6.2 悬浮物的分析测定 [3]

目前，《水质　悬浮物的测定　重量法》（GB 11901）是我国水样品中悬浮物分析测定的主要标准方法，具体步骤如下。

（1）滤膜准备

用扁咀无齿镊子夹取微孔滤膜放于事先恒重的称量瓶里，移入烘箱中于 103 ～

105℃烘干 0.5h 后取出置于干燥器内冷却至室温，称其重量。反复烘干、冷却、称量，直至两次称量的重量差≤ 0.2mg。将恒重的微孔滤膜正确地放在滤膜过滤器的滤膜托盘上，加盖配套的漏斗，并用夹子固定好。以蒸馏水湿润滤膜，并不断吸滤。

（2）样品测定

量取充分混合均匀的试样 100mL 抽吸过滤。使水分全部通过滤膜。再以每次 10mL 蒸馏水连续洗涤 3 次，继续吸滤以除去痕量水分。停止吸滤后，仔细取出载有悬浮物的滤膜放在原恒重的称量瓶里，移入烘箱中于 103 ～ 105℃下烘干一小时后移入干燥器中，使冷却到室温，称其重量。反复烘干、冷却、称量，直至 2 次称量的重量差≤ 0.4mg 为止。

（3）结果计算

悬浮物含量 C（mg/L）按式（6-1）计算。

$$C=\frac{(A-B)\times 10^{-6}}{V} \tag{6-1}$$

式中 C——水中悬浮物浓度，mg/L；

A——悬浮物 + 滤膜 + 称量瓶质量，g；

B——滤膜 + 称量瓶质量，g；

V——试样体积，mL。

（4）质量控制

滤膜上截留过多的悬浮物可能夹带过多的水分，除延长干燥时间外，还可能造成过滤困难，遇此情况可酌情少取试样。滤膜上悬浮物过少，则会增大称量误差，影响测定精度，必要时可增大试样体积。一般以 5 ～ 100mg 悬浮物量作为量取试样体积的实用范围。

6.3 五日生化需氧量的分析测定 [4]

根据《水质　五日生化需氧量（BOD_5）的测定　稀释与接种法》（HJ 505）测定水中五日生化需氧量（BOD_5）。

6.3.1　方法原理

生化需氧量是指在规定的条件下，微生物分解水中的某些可氧化的物质，特别是分解有机物的生物化学过程消耗的溶解氧。通常情况下是指水样充满完全密闭的溶解氧瓶中，在（20±1）℃的暗处培养5d±4h或（2+5）d±4h[先在0～4℃的暗处培养2d，接着在（20±1）℃的暗处培养5d，即培养（2+5）d]，分别测定培养前后水样中溶解氧的质量浓度，由培养前后溶解氧的质量浓度之差，计算每升样品消耗的溶解氧量，以BOD_5形式表示。

若样品中的有机物含量较多，BOD_5的质量浓度＞6mg/L，样品需适当稀释后测定；对不含或含微生物少的工业废水，如酸性废水、碱性废水、高温废水、冷冻保存的废水或经过氯化处理等的废水，在测定BOD_5时应进行接种，以引进能分解废水中有机物的微生物。当废水中存在难以被一般生活污水中的微生物以正常的速度降解的有机物或含有剧毒物质时，应将驯化后的微生物引入水样中进行接种。

6.3.2　样品测定

（1）非稀释法

非稀释法分为非稀释法和非稀释接种法两种。如样品中的有机物含量较少，BOD_5的质量浓度≤6mg/L，且样品中有足够的微生物，用非稀释法测定。若样品中的有机物含量较少，BOD_5的质量浓度≤6mg/L，但样品中无足够的微生物，如酸性废水、碱性废水、高温废水、冷冻保存的废水或经过氯化处理等的废水，采用非稀释接种法测定。

1）试样的准备

① 待测试样。测定前待测试样的温度达到（20±2）℃，若样品中溶解氧浓度低，需要用曝气装置曝气15min，充分振摇赶走样品中残留的空气泡；若样品中氧过饱和，将容器2/3体积充满样品，用力振荡赶出过饱和氧，然后根据试样中微生物含量情况确定测定方法。非稀释法可直接取样测定；非稀释接种法，每升试样中加入适量的接种液，待测定。若试样中含有硝化细菌，有可能发生硝化反应，需在每升试样中加入2mL丙烯基硫脲硝化抑制剂。

② 空白试样。非稀释接种法，每升稀释水中加入与试样中相同量的接种液作为空白试样，需要时每升试样中加入2mL丙烯基硫脲硝化抑制剂。

2）试样的测定

① 碘量法测定试样中的溶解氧：将试样充满两个溶解氧瓶中，使试样少量溢出，防止试样中的溶解氧质量浓度改变，使瓶中存在的气泡靠瓶壁排出。将一瓶盖上瓶盖，加上水封，在瓶盖外罩上一个密封罩，防止培养期间水封水蒸发干，在恒温培养箱中培养5d±4h或（2+5）d±4h后测定试样中溶解氧的质量浓度。另一瓶15min后测定试样在培养前溶解氧的质量浓度。溶解氧的测定按GB/T 7489进行操作。

② 电化学探头法测定试样中的溶解氧：将试样充满一个溶解氧瓶中，使试样少量溢出，防止试样中的溶解氧质量浓度改变，使瓶中存在的气泡靠瓶壁排出。测定培

养前试样中的溶解氧的质量浓度。盖上瓶盖，防止样品中残留气泡，加上水封，在瓶盖外罩上一个密封罩，防止培养期间水封水蒸发干。将试样瓶放入恒温培养箱中培养 5d ± 4h 或（2+5）d ± 4h。测定培养后试样中溶解氧的质量浓度。溶解氧的测定按 GB/T 11913 进行操作。

空白试样的测定方法同上。

（2）稀释与接种法

稀释与接种法分为稀释法和稀释接种法两种。若试样中的有机物含量较多，BOD_5 的质量浓度大于 6mg/L，且样品中有足够的微生物，采用稀释法测定；若试样中的有机物含量较多，BOD_5 的质量浓度＞6mg/L，但试样中无足够的微生物，采用稀释接种法测定。

1）试样的准备

① 待测试样。待测试样的温度达到（20 ± 2）℃，若试样中溶解氧浓度低，需要用曝气装置曝气 15min，充分振摇赶走样品中残留的气泡；若样品中氧过饱和，将容器的 2/3 体积充满样品，用力振荡赶出过饱和氧，然后根据试样中微生物含量情况确定测定方法。稀释法测定，稀释倍数按表 6-1 和表 6-2 方法确定，然后用稀释水稀释。稀释接种法测定，用接种稀释水稀释样品。若样品中含有硝化细菌，有可能发生硝化反应，需在每升试样培养液中加入 2mL 丙烯基硫脲硝化抑制剂。

稀释倍数的确定：样品稀释的程度应使消耗的溶解氧质量浓度不小于 2mg/L，培养后样品中剩余溶解氧质量浓度不小于 2mg/L，且试样中剩余的溶解氧的质量浓度为开始浓度的 1/3 ～ 2/3 为最佳。稀释倍数可根据样品的总有机碳（TOC）、高锰酸盐指数（I_{Mn}）或化学需氧量（COD_{Cr}）的测定值，按照表 6-1 列出的 BOD_5 与总有机碳（TOC）、高锰酸盐指数（I_{Mn}）或化学需氧量（COD_{Cr}）的比值 R 估计 BOD_5 的期望值（R 与样品的类型有关），再根据表 6-2 确定稀释因子。当不能准确地选择稀释倍数时，一个样品做 2 ～ 3 个不同的稀释倍数。

表6-1　典型的比值R

水样的类型	总有机碳 R（BOD_5/TOC）	高锰酸盐指数 R（BOD_5/I_{Mn}）	化学需氧量 R（BOD_5/COD_{Cr}）
未处理的废水	1.2 ～ 2.8	1.2 ～ 1.5	0.35 ～ 0.65
生化处理的废水	0.3 ～ 1.0	0.5 ～ 1.2	0.20 ～ 0.35

由表 6-1 中选择适当的 R 值，按式（6-2）计算 BOD_5 的期望值。

$$\rho=RY \tag{6-2}$$

式中　ρ——五日生化需氧量浓度的期望值，mg/L；

Y——总有机碳（TOC）、高锰酸盐指数（I_{Mn}）或化学需氧量（COD_{Cr}）的值，mg/L。

由估算出的 BOD_5 的期望值，按表 6-2 确定样品的稀释倍数。

表6-2　BOD_5测定的稀释倍数

BOD_5 的期望值 /(mg/L)	稀释倍数	水样类型
6 ～ 12	2	河水，生物净化的城市污水
10 ～ 30	5	河水，生物净化的城市污水
20 ～ 60	10	生物净化的城市污水
40 ～ 120	20	澄清的城市污水或轻度污染的工业废水
100 ～ 300	50	轻度污染的工业废水或原城市污水
200 ～ 600	100	轻度污染的工业废水或原城市污水
400 ～ 1200	200	重度污染的工业废水或原城市污水
1000 ～ 3000	500	重度污染的工业废水
2000 ～ 6000	1000	重度污染的工业废水

按照确定的稀释倍数，将一定体积的试样或处理后的试样用虹吸管加入已加部分稀释水或接种稀释水的稀释容器中，加稀释水或接种稀释水至刻度，轻轻混合避免残留气泡，待测定。若稀释倍数超过 100 倍，可进行两步或多步稀释。

若试样中有微生物毒性物质，应配制几个不同稀释倍数的试样，选择与稀释倍数无关的结果，并取其平均值。试样测定结果与稀释倍数的关系确定如下：

当分析结果精度要求较高或存在微生物毒性物质时，一个试样要做 2 个以上不同的稀释倍数，每个试样每个稀释倍数做平行双样同时进行培养。测定培养过程中每瓶试样氧的消耗量，并画出氧消耗量对每一稀释倍数试样中原样品的体积曲线。

若此曲线呈线性，则此试样中不含有任何抑制微生物的物质，即样品的测定结果与稀释倍数无关；若曲线仅在低浓度范围内呈线性，取线性范围内稀释比的试样测定结果计算平均 BOD_5 值。

② 空白试样。稀释法测定，空白试样为稀释水，需要时每升稀释水中加入 2mL 丙烯基硫脲硝化抑制剂。

稀释接种法测定，空白试样为接种稀释水，必要时每升接种稀释水中加入 2mL 丙烯基硫脲硝化抑制剂。

2）试样的测定

试样和空白试样的测定方法同非稀释法中碘量法测定试样中的溶解氧和电化学探头法测定试样中的溶解氧的方法。

6.3.3　结果计算

（1）非稀释法

非稀释法样品 BOD_5 的测定结果，按式（6-3）计算：

$$\rho=\rho_1-\rho_2 \tag{6-3}$$

式中 ρ——五日生化需氧量质量浓度，mg/L；

ρ_1——水样在培养前的溶解氧质量浓度，mg/L；

ρ_2——水样在培养后的溶解氧质量浓度，mg/L。

（2）非稀释接种法

非稀释接种法样品 BOD_5 的测定结果，按式（6-4）计算：

$$\rho=(\rho_1-\rho_2)-(\rho_3-\rho_4) \tag{6-4}$$

式中 ρ——五日生化需氧量质量浓度，mg/L；

ρ_1——接种水样在培养前的溶解氧质量浓度，mg/L；

ρ_2——接种水样在培养后的溶解氧质量浓度，mg/L；

ρ_3——空白样在培养前的溶解氧质量浓度，mg/L；

ρ_4——空白样在培养后的溶解氧质量浓度，mg/L。

（3）稀释与接种法

稀释法与稀释接种法样品 BOD_5 的测定结果，按式（6-5）计算：

$$\rho=\frac{(\rho_1-\rho_2)-(\rho_3-\rho_4)\times f_1}{f_2} \tag{6-5}$$

式中 ρ——五日生化需氧量质量浓度，mg/L；

ρ_1——接种稀释水样在培养前的溶解氧质量浓度，mg/L；

ρ_2——接种稀释水样在培养后的溶解氧质量浓度，mg/L；

ρ_3——空白样在培养前的溶解氧质量浓度，mg/L；

ρ_4——空白样在培养后的溶解氧质量浓度，mg/L；

f_1——接种稀释水或稀释水在培养液中所占的比例；

f_2——原样品在培养液中所占的比例。

BOD_5 的测定结果以氧的质量浓度（mg/L）报出。对稀释与接种法，如果有几个稀释倍数的结果满足要求，结果取这些稀释倍数结果的平均值。结果＜100mg/L，保留 1 位小数；结果为 100 ～ 1000mg/L，取整数位；结果＞1000mg/L，以科学计数法报出。结果报告中应注明：样品是否经过过滤、冷冻或均质化处理。

6.3.4 质量保证和质量控制

（1）空白试样

每批样品做 2 个分析空白试样，稀释法空白试样的测定结果不能超过 0.5mg/L，非稀释接种法和稀释接种法空白试样的测定结果不能超过 1.5mg/L，否则应检查可能的污染来源。

（2）接种液、稀释水质量的检查

每批样品要求做 1 个标准样品，样品的配制方法如下：取 20mL 葡萄糖 - 谷氨酸标准溶液于稀释容器中，用接种稀释水稀释至1000mL，测定BOD_5，结果应在180～230mg/L范围内，否则应检查接种液、稀释水的质量。

（3）平行样品

每1批样品至少做1组平行样，计算相对百分偏差*RP*。当BOD_5＜3mg/L时，*RP*值应≤±15%；当BOD_5为3～100mg/L时，*RP*值应≤±20%；当BOD_5＞100mg/L时，*RP*值应≤±25%。相对百分偏差*RP*按式（6-6）计算。

$$RP=\frac{(\rho_1-\rho_2)}{\rho_1+\rho_2}\times 100\% \tag{6-6}$$

式中　*RP*——相对百分偏差，%；

ρ_1——第一个样品BOD_5的质量浓度，mg/L；

ρ_2——第二个样品BOD_5的质量浓度，mg/L。

6.4 化学需氧量的分析测定

6.4.1 重铬酸盐法[5]

根据《水质　化学需氧量的测定　重铬酸盐法》（HJ 828）测定水中化学需氧量。

6.4.1.1 方法原理

在水样中加入已知量的重铬酸钾溶液，并在强酸介质下以银盐作催化剂，经沸腾回流后，以试亚铁灵为指示剂，用硫酸亚铁铵滴定水样中未被还原的重铬酸钾，由消耗的重铬酸钾的量计算出消耗氧的质量浓度。在酸性重铬酸钾条件下，芳烃和吡啶难以被氧化，其氧化率较低。在硫酸银催化作用下，直链脂肪族化合物可有效地被氧化。无机还原性物质如亚硝酸盐、硫化物和二价铁盐等将使测定结果增大，其需氧量也是COD_{Cr}的一部分。

6.4.1.2 标准溶液配制

（1）硫酸亚铁铵标准溶液（0.05mol/L）

$c[(NH_4)_2Fe(SO_4)_2\cdot 6H_2O]\approx 0.05mol/L$。

称取19.5g硫酸亚铁铵溶解于水中，加入10mL硫酸，待溶液冷却后稀释至

1000mL。每日临用前，必须用重铬酸钾标准溶液准确标定硫酸亚铁铵溶液的浓度；标定时应做平行双样。

取 5.00mL 重铬酸钾标准溶液置于锥形瓶中，用水稀释至约 50mL，缓慢加入 15mL 硫酸，混匀，冷却后加入 3 滴（约 0.15mL）试亚铁灵指示剂，用硫酸亚铁铵溶液滴定，溶液的颜色由黄色经蓝绿色变为红褐色即为终点，记录硫酸亚铁铵溶液的消耗量 V（mL）。硫酸亚铁铵标准溶液浓度按式（6-7）计算。

$$c=\frac{5.00\times 0.250}{V} \tag{6-7}$$

式中　c——硫酸亚铁铵标准溶液浓度，mol/L；

V——滴定时消耗硫酸亚铁铵溶液的体积，mL。

（2）硫酸亚铁铵标准溶液（0.005mol/L）

$c[(NH_4)_2Fe(SO_4)_2\cdot 6H_2O]\approx 0.005$mol/L。

将（1）中硫酸亚铁铵标准溶液稀释 10 倍，用重铬酸钾标准溶液标定，其滴定步骤及浓度计算与（1）类同。每日临用前标定。

（3）邻苯二甲酸氢钾标准溶液

$c(KHC_8H_4O_4)$=2.0824mmol/L。

称取 105℃干燥 2h 的邻苯二甲酸氢钾 0.4251g 溶于水，并稀释至 1000mL，混匀。以重铬酸钾为氧化剂，将邻苯二甲酸氢钾完全氧化的 COD_{Cr} 值为 1.176g/g（即 1g 邻苯二甲酸氢钾耗氧 1.176g），故该标准溶液的理论 COD_{Cr} 值为 500mg/L。

6.4.1.3　样品测定

（1）COD_{Cr} 浓度≤ 50mg/L 的样品

取 10.0mL 水样于锥形瓶中，依次加入硫酸汞溶液、重铬酸钾标准溶液 5.00mL 和几颗防爆沸玻璃珠，摇匀。硫酸汞溶液按质量比 $m[HgSO_4]:m[Cl^-]\geqslant 20:1$ 的比例加入，最大加入量为 2mL。将锥形瓶连接到回流装置冷凝管下端，从冷凝管上端缓慢加入 15mL 硫酸银 - 硫酸溶液，以防止低沸点有机物的逸出，不断旋动锥形瓶使之混合均匀。自溶液开始沸腾起保持微沸回流 2h。若为水冷装置，应在加入硫酸银 - 硫酸溶液之前通入冷凝水。回流并冷却后，自冷凝管上端加入 45mL 水冲洗冷凝管，取下锥形瓶。溶液冷却至室温后，加入 3 滴试亚铁灵指示剂溶液，用硫酸亚铁铵标准溶液滴定，溶液的颜色由黄色经蓝绿色变为红褐色即为终点。记录硫酸亚铁铵标准溶液的消耗体积 V_1。样品浓度低时，取样体积可适当增加，同时其他试剂量也应按比例增加。

按相同的步骤以 10.0mL 实验用水代替水样进行空白试验，记录空白滴定时消耗硫酸亚铁铵标准溶液的体积 V_0。空白试验中硫酸银 - 硫酸溶液和硫酸汞溶液的用量应与样品中的用量保持一致。

（2）COD_{Cr} 浓度 > 50mg/L 的样品

取 10.0mL 水样于锥形瓶中，依次加入硫酸汞溶液、重铬酸钾标准溶液 5.00mL 和几颗防爆沸玻璃珠，摇匀。其他操作与（1）相同。待溶液冷却至室温后，加入 3 滴试亚铁灵指示剂溶液，用硫酸亚铁铵标准溶液滴定，溶液的颜色由黄色经蓝绿色变为红褐色即为终点。记录硫酸亚铁铵标准溶液的消耗体积 V_1。对于污染严重的水样，可选取所需体积 1/10 的水样放入硬质玻璃管中，加入 1/10 的试剂，摇匀后加热至沸腾数分钟，观察溶液是否变成蓝绿色。如呈蓝绿色，应再适当少取水样，直至溶液不变蓝绿色为止，从而可以确定待测水样的稀释倍数。

按相同步骤以 10.0mL 实验用水代替水样进行空白试验，记录空白滴定时消耗硫酸亚铁铵标准溶液的体积 V_0。

6.4.1.4　结果计算与表示

样品中化学需氧量的质量浓度 ρ（mg/L）按式（6-8）计算。

$$\rho=\frac{C\times(V_0-V_1)\times 8000}{V_2}\times f \tag{6-8}$$

式中　C——硫酸亚铁铵标准溶液的浓度，mol/L；

V_0——空白试验所消耗的硫酸亚铁铵标准溶液的体积，mL；

V_1——水样测定所消耗的硫酸亚铁铵标准溶液的体积，mL；

V_2——加热回流时所取水样的体积，mL；

f——样品稀释倍数；

8000——$\frac{1}{4}O_2$ 的摩尔质量以 mg/L 为单位的换算值。

当 COD_{Cr} 测定结果小于 100mg/L 时保留至整数位；当测定结果大于或等于 100mg/L 时，保留三位有效数字。

6.4.1.5　精密度和准确度

（1）精密度

7 家实验室分别对化学需氧量浓度为（28.9 ± 2）mg/L、（74.2 ± 4.9）mg/L 和（208 ± 10）mg/L 有证标准样品和 600mg/L 标准溶液进行测定，实验室内相对标准偏差分别为 1.2% ～ 4.0%、1.3% ～ 6.1%、0.6% ～ 2.7% 和 0.1% ～ 2.3%；实验室间相对标准偏差分别为 1.6%、1.9%、1.5% 和 2.6%；重复性限 r 分别为 6mg/L、7mg/L、9mg/L 和 19mg/L；再现性限 R 分别为 6mg/L、8mg/L、13mg/L 和 47mg/L。

7 家实验室对多种不同行业、化学需氧量浓度为 16 ～ 3.65×10^4mg/L 的实际水样进行测定，包括地表水、生活污水、污水处理厂废水、制药废水、纺织废水、印染废水、造纸废水、农药废水和冶炼废水等。所得结果：化学需氧量质量浓度为 16 ～ 95mg/L 的样品相对标准偏差为 1.3% ～ 11%；化学需氧量质量浓度为 108 ～ 250mg/L 的样品相对标准偏差为 0.4% ～ 6.2%；化学需氧量质量浓度为 340 ～ 3.65×10^4mg/L 的样品相对标准偏差为 0.3% ～ 5.1%。

（2）准确度

7 家实验室分别对化学需氧量质量浓度为（28.9 ± 2）mg/L、（74.2 ± 4.9）mg/L 和（208 ± 10）mg/L 有证标准样品进行测定，相对误差分别为 −2.8% ～ 1.6%、−5.8% ～ 3.5% 和 −0.9% ～ 2.4%。相对误差最终值分别为 0.43% ± 4.2%、0.14% ± 5.8% 和 1.2% ± 2.2%。

6.4.1.6 质量保证和质量控制

1）空白试验

每批样品应至少做 2 个空白试验。

2）精密度控制

每批样品应做 10% 的平行样。若样品数少于 10 个，应至少做 1 个平行样。平行样的相对偏差不超过 ± 10%。

3）准确度控制

每批样品测定时，应分析 1 个有证标准样品或质控样品，其测定值应在保证值范围内或达到规定的质量控制要求，确保样品测定结果的准确性。

6.4.2 快速消解分光光度法 [6]

根据《水质　化学需氧量的测定　快速消解分光光度法》（HJ/T 399）测定水中化学需氧量。

（1）分析原理

试样中加入已知量的重铬酸钾溶液，在强硫酸介质中，以硫酸银作为催化剂，经高温消解后，用分光光度法测定 COD 值。当试样中 COD 值为 100 ～ 1000mg/L，在（600 ± 20）nm 波长处测定重铬酸钾被还原产生的三价铬（Cr^{3+}）的吸光度，试样中 COD 值与三价铬（Cr^{3+}）的吸光度的增加值成正比例关系，将三价铬（Cr^{3+}）的吸光度换算成试样的 COD 值。当试样中 COD 值为 15 ～ 250mg/L，在（440 ± 20）nm 波长处测定重铬酸钾未被还原的六价铬（Cr^{6+}）和被还原产生的三价铬（Cr^{3+}）的两种铬离子的总吸光度；试样中 COD 值与六价铬（Cr^{6+}）的吸光度减少值成正比例，与三价铬（Cr^{3+}）的吸光度增加值成正比例，与总吸光度减少值成正比例，将总吸光度值换算成试样的 COD 值。

（2）样品测定

按照《水质　化学需氧量的测定　快速消解分光光度法》（HJ/T 399）中表 1 和表 2 的方法的要求选定对应的预装混合试剂，将已稀释好的试样在搅拌均匀时，取相应体积的试样。打开加热器，预热到设定的（165±2）℃。选定预装混合试剂，摇匀试剂后再拧开消解管管盖。量取相应体积的COD标准系列溶液（试样）沿消解管内壁慢慢加入管中。拧紧消解管管盖，手执管盖颠倒摇匀消解管中溶液，用无毛纸擦净管外壁。将消解管放入（165±2）℃的加热器的加热孔中，加热器温度略有降低，待温度升到设定的（165±2）℃时，计时加热15min。从加热器中取出消解管，待消解管冷却至60℃左右时，手执管盖颠倒摇动消解管几次，使管内溶液均匀，用无毛纸擦净管外壁，静置，冷却至室温。高量程方法在（600±20）nm波长处，以水为参比液，用光度计测定吸光度值。低量程方法在（440±20）nm波长处，以水为参比液，用光度计测定吸光度值。高量程COD标准系列使用溶液COD值对应其测定的吸光度值减去空白试验测定的吸光度值的差值，绘制校准曲线。低量程COD标准系列使用溶液COD值对应空白试验测定的吸光度值减去其测定的吸光度值的差值，绘制校准曲线。

若试样中含有氯离子，选用含汞预装混合试剂进行氯离子的掩蔽。在加热消解前，应颠倒摇动消解管，使氯离子同Ag_2SO_4易形成AgCl白色乳状块消失。若消解液混浊或有沉淀，影响比色测定时，应用离心机离心变清后，再用光度计测定。若消解液颜色异常或离心后不能变澄清的样品不适用本测定方法。若消解管底部有沉淀影响比色测定时，应小心将消解管中上清液转入比色池（皿）中测定。测定的COD值由相应的校准曲线查得，或由光度计自动计算得出。

（3）结果计算

在（600±20）nm波长处测定时，水样COD按式（6-9）计算：

$$\rho(\mathrm{COD})=n[k(A_s-A_b)+a] \tag{6-9}$$

在（440±20）nm波长处测定时，水样COD按式（6-10）计算：

$$\rho(\mathrm{COD})=n[k(A_b-A_s)+a] \tag{6-10}$$

式中　$\rho(\mathrm{COD})$——水样COD值，mg/L；

n——水样稀释倍数；

k——校准曲线灵敏度，（mg/L）/1；

A_s——试样测定的吸光度值，1；

A_b——空白试验测定的吸光度值，1；

a——校准曲线截距，mg/L。

COD测定值一般保留3位有效数字。

（4）准确度和精密度

1）高量程方法测定的准确度和精密度

同一实验室平行6次测定132mg/L COD标准溶液相对误差为−2.3%，511mg/L COD标准溶液相对误差0.8%；

6个实验室分别测定COD值为100mg/L的标准溶液实验室内相对标准偏差为4.7%，实验室间相对标准偏差为5.4%；

6 个实验室分别测定 COD 值为 400mg/L 的标准溶液实验室内相对标准偏差为 1.5%，实验室间相对标准偏差为 1.8%；

6 个实验室分别测定 COD 值为 1000mg/L 的标准溶液实验室内相对标准偏差为 0.9%，实验室间相对标准偏差为 0.9%。

2）低量程方法精密度和准确度

同一实验室平行 6 次测定 51.9mg/L COD 标准溶液相对误差为 2.9%；204mg/L COD 标准溶液相对误差 1.0%；

6 个实验室分别测定 COD 值为 25.0mg/L 的标准溶液实验室内相对标准偏差为 7.4%，实验室间相对标准偏差为 8.8%；

6 个实验室分别测定 COD 值为 100mg/L 的标准溶液实验室内相对标准偏差为 3.1%，实验室间相对标准偏差为 3.2%；

6 个实验室分别测定 COD 值为 250mg/L 的标准溶液实验室内相对标准偏差为 1.7%，实验室间相对标准偏差为 1.7%。

6.5 氯化物的分析测定[7]

目前，我国水中氯化物测定的标准有《水质　无机阴离子（F^-、Cl^-、NO_2^-、Br^-、NO_3^-、PO_4^{3-}、SO_3^{2-}、SO_4^{2-}）的测定　离子色谱法》（HJ 84—2016）和《水质　氯化物的测定　硝酸银滴定法》（GB/T 11896）等。本书以《水质　无机阴离子（F^-、Cl^-、NO_2^-、Br^-、NO_3^-、PO_4^{3-}、SO_3^{2-}、SO_4^{2-}）的测定　离子色谱法》（HJ 84—2016）所提供的方法对水中氯化物含量的测定进行简要介绍。

（1）分析原理

水质样品中的阴离子，经阴离子色谱柱交换分离，抑制型电导检测器检测，根据保留时间定性，峰高或峰面积定量。

（2）离子色谱分析参考条件

根据仪器使用说明书优化测量条件或参数，可按照实际样品的基体及组成优化淋洗液浓度。以下给出的离子色谱分析条件供参考。

1）参考条件 1

阴离子分离柱。碳酸盐淋洗液Ⅰ，流速为 1.0mL/min，抑制型电导检测器，连续自循环再生抑制器；或者碳酸盐淋洗液Ⅱ，流速为 0.7mL/min，抑制型电导检测器，连续自循环再生抑制器，CO_2 抑制器。进样量为 25μL。此参考条件下的阴离子标准溶液色谱图见《水质　无机阴离子（F^-、Cl^-、NO_2^-、Br^-、NO_3^-、PO_4^{3-}、SO_3^{2-}、SO_4^{2-}）的测定　离子色谱法》（HJ 84—2016）中附录 B 中的图 B.1 和图 B.2。

2）参考条件 2

阴离子分离柱。氢氧根淋洗液，流速为 1.2mL/min，梯度淋洗条件见表 6-3，抑制型电导检测器，连续自循环再生抑制器。进样量为 25μL。此参考条件下的阴离子标准溶液色谱图见《水质　无机阴离子（F^-、Cl^-、NO_2^-、Br^-、NO_3^-、PO_4^{3-}、SO_3^{2-}、SO_4^{2-}）的测定　离子色谱法》（HJ 84—2016）中附录 B 中的图 B.3。

表6-3　氢氧根淋洗液梯度程序分析条件

时间 /min	A（H_2O）	B（100mmol/L NaOH）
0	90%	10%
25	40%	60%
25.1	90%	10%
30	90%	10%

（3）标准曲线的绘制

分别准确移取 0.00mL、1.00mL、2.00mL、5.00mL、10.0mL、20.0mL 混合标准使用液置于一组 100mL 容量瓶中，用水稀释定容至标线，混匀。配制成 6 个不同浓度的混合标准系列，标准系列质量浓度见表 6-4。可根据被测样品的浓度确定合适的标准系列浓度范围。按其浓度由低到高的顺序依次注入离子色谱仪，记录峰面积（或峰高）。以各离子的质量浓度为横坐标，峰面积（或峰高）为纵坐标，绘制标准曲线。

表6-4　阴离子标准系列质量浓度

离子名称	标准系列质量浓度 /（mg/L）					
F^-	0.00	0.10	0.20	0.50	1.00	2.00
Cl^-	0.00	2.00	4.00	10.0	20.0	40.0
NO_2^-	0.00	0.10	0.20	0.50	1.00	2.00
Br^-	0.00	0.10	0.20	0.50	1.00	2.00
NO_3^-	0.00	1.00	2.00	5.00	10.0	20.0
PO_4^{3-}	0.00	0.50	1.00	2.50	5.00	10.0
SO_3^{2-}	0.00	0.50	1.00	2.50	5.00	10.0
SO_4^{2-}	0.00	2.00	4.00	10.0	20.0	40.0

（4）试样的测定

按照与绘制标准曲线相同的色谱条件和步骤，将试样注入离子色谱仪测定阴离子浓度，以保留时间定性，仪器响应值定量。若测定结果超出标准曲线范围，应将样品用实验用水稀释处理后重新测定；可预先稀释 50 ～ 100 倍后试进样，再根据所得结果选择适当的稀释倍数重新进样分析，同时记录样品稀释倍数（f）。

（5）空白试验

按照与试样的测定相同的色谱条件和步骤，将空白试样注入离子色谱仪测定阴离子浓度，以保留时间定性，仪器响应值定量。

（6）结果计算与表示

样品中无机阴离子（F^-、Cl^-、NO_2^-、Br^-、NO_3^-、PO_4^{3-}、SO_3^{2-}、SO_4^{2-}）的质量浓度（ρ），按照式（6-11）计算：

$$\rho = \frac{(h - h_0 - a)}{b} \times f \tag{6-11}$$

式中 ρ——样品中阴离子的质量浓度，mg/L；

h——试样中阴离子的峰面积（或峰高）；

h_0——实验室空白试样中阴离子的峰面积（或峰高）；

a——回归方程的截距；

b——回归方程的斜率；

f——样品的稀释倍数。

当样品含量＜1mg/L 时，结果保留至小数点后三位；当样品含量≥ 1mg/L 时，结果保留三位有效数字。

（7）精密度和准确度

1）精密度

7 家实验室对含 F^-、Cl^-、NO_2^-、Br^-、NO_3^-、PO_4^{3-}、SO_3^{2-}、SO_4^{2-} 不同浓度水平的统一样品进行了测试，实验室内相对标准偏差范围在 0.1% ～ 5.7% 之间；实验室间相对标准偏差范围在1.4%～5.8%之间。方法精密度测试结果见《水质　无机阴离子（F^-、Cl^-、NO_2^-、Br^-、NO_3^-、PO_4^{3-}、SO_3^{2-}、SO_4^{2-}）的测定　离子色谱法》（HJ 84—2016）附录 A 中的表 A.1。

2）准确度

7 家实验室对不同类型的水样统一基质加标样品进行了测定，加标回收率范围在 81.7% ～ 118.3% 之间。方法准确度测试结果见《水质　无机阴离子（F^-、Cl^-、NO_2^-、Br^-、NO_3^-、PO_4^{3-}、SO_3^{2-}、SO_4^{2-}）的测定　离子色谱法》（HJ 84—2016）附录 A 中的表 A.2。

（8）质量保证和质量控制

1）空白试验

每批次（≤ 20 个）样品应至少做 2 个实验室空白试验，空白试验结果应低于方法检出限。否则应查明原因，重新分析直至合格之后才能测定样品。

2）相关性检验

标准曲线的相关系数应≥ 0.995，否则应重新绘制标准曲线。

3）连续校准

每批次（≤ 20 个）样品，应分析一个标准曲线中间点浓度的标准溶液，其测定结果与标准曲线该点浓度之间的相对误差应≤ 10%。否则，应重新绘制标准曲线。

4）精密度控制

每批次（≤ 20 个）样品，应至少测定 10% 的平行双样，样品数量少于 10 个时，应至少测定一个平行双样。平行双样测定结果的相对偏差应≤ 10%。

5）准确度控制

每批次（≤ 20 个）样品，应至少做 1 个加标回收率测定，实际样品的加标回收率应控制在 80% ～ 120% 之间。

6.6 硫化物的分析测定

目前，我国水体中硫化物测定的标准方法主要有《水质　硫化物的测定　气相分子吸收光谱法》（HJ 200）、《水质　硫化物的测定　亚甲基蓝分光光度法》（GB/T 16489）、《水质　硫化物的测定　流动注射 - 亚甲基蓝分光光度法》（HJ 824）和《水质　硫化物的测定　碘量法》（HJ/T 60）等。

6.6.1　气相分子吸收光谱法 [8]

根据《水质　硫化物的测定　气相分子吸收光谱法》（HJ 200）测定水中 硫化物含量。

（1）分析原理

样品中的硫化物与乙酸锌溶液反应生成硫化锌沉淀，加入盐酸后生成硫化氢，用载气将产生的硫化氢载入气相分子吸收光谱仪的吸光管中，在特征吸收波长处测得的吸光度与硫化物的浓度之间的关系符合朗伯 - 比尔定律。

（2）标准溶液配制

① 重铬酸钾标准溶液：$c(K_2Cr_2O_7)$=16.67mmol/L。准确称取 4.9032g 已置于 105℃烘箱中干燥 2h 并冷却的重铬酸钾溶解于 100mL 水中，移入 1000mL 容量瓶，用水定容至标线。

② 硫代硫酸钠标准溶液：$c(Na_2S_2O_3)$≈0.10mol/L。称取 24.8g 硫代硫酸钠（$Na_2S_2O_3 \cdot 5H_2O$）溶解于水中，加入 1g 无水碳酸钠（Na_2CO_3），移入 1000mL 棕色容量瓶中，用水定容至标线。放置 7d 后标定其准确浓度。溶液如出现浑浊应过滤。也可购买市

售有证标准物质。

标定方法：于 250mL 碘量瓶中，加入 1g 碘化钾（KI）及 50mL 水，加入 15.00mL 重铬酸钾标准溶液 [$c(K_2Cr_2O_7)$=16.67mmol/L] 及 5mL 硫酸溶液 [$c(H_2SO_4)\approx$3mol/L]，密塞混匀，置于暗处 5min，用待标定的硫代硫酸钠标准溶液滴定至溶液呈淡黄色，加入 1mL 淀粉溶液（ρ=10g/L），继续滴定至蓝色刚好消失，记录硫代硫酸钠标准溶液的用量；同时以 15.00mL 水代替重铬酸钾标准溶液作为空白样品滴定。

硫代硫酸钠标准溶液的物质的量浓度按式（6-12）计算：

$$c(Na_2S_2O_3)=\frac{c(K_2Cr_2O_7)\times V_0\times 6}{(V_1-V_2)\times 1000} \tag{6-12}$$

式中 $c(Na_2S_2O_3)$——硫代硫酸钠标准溶液的物质的量浓度，mol/L；

$c(K_2Cr_2O_7)$——重铬酸钾标准溶液的物质的量浓度，mmol/L；

V_0——加入的重铬酸钾标准溶液体积，mL；

6——标定过程的化学反应计量方程式中，硫代硫酸钠和重铬酸钾的摩尔比；

V_1——滴定重铬酸钾标准溶液消耗硫代硫酸钠标准溶液的体积，mL；

V_2——滴定空白溶液消耗硫代硫酸钠标准溶液的体积，mL；

1000——mmol/L 转换为 mol/L 的单位换算系数。

③ 硫代硫酸钠标准滴定溶液：$c(Na_2S_2O_3)\approx$0.01mol/L。准确移取 10.00mL 硫代硫酸钠标准溶液 [$c(Na_2S_2O_3)\approx$0.10mol/L] 于 100mL 棕色容量瓶中，用水定容至标线。临用现配。

④ 碘标准溶液：$c(I_2)$=5.00mmol/L。准确称取 1.27g 碘（I_2）于烧杯中，加入 10.0g 碘化钾（KI），用少量水溶解后，移入 1000mL 棕色容量瓶中，定容至标线。临用现配。

⑤ 硫化物标准溶液：$\rho(S^{2-})\approx$100mg/L。可购买市售有证标准溶液，也可自行配制。配制方法如下：取 1 ～ 2g 硫化钠（$Na_2S\cdot 9H_2O$），置于布氏漏斗小烧杯中，用水淋洗除去表面杂质，用干滤纸吸去水分后，称取约 0.75g 溶于 100mL 水中，用中速定量滤纸过滤至 1000mL 棕色容量瓶，用水定容至标线。4℃以下避光冷藏保存。每次配制硫化物标准使用液之前，均应摇匀后标定硫化物标准溶液的浓度。

标定方法：在 250mL 碘量瓶中，加入 10mL 氢氧化钠溶液 [ρ(NaOH)=10g/L]、10.00mL 待标定的硫化物标准溶液及 20.00mL 碘标准溶液 [$c(I_2)$=5.00mmol/L]。用水稀释至约 60mL，加 5mL 硫酸溶液 [$c(H_2SO_4)\approx$3mol/L]，立即密塞摇匀。于暗处放置 5min 后，用硫代硫酸钠标准滴定溶液 [$c(Na_2S_2O_3)\approx$0.01mol/L] 滴定至溶液呈淡黄色，加 1mL 淀粉溶液（ρ=10g/L），继续滴定至蓝色刚好消失，记录硫代硫酸钠标准滴定溶液的用量；同时以 10.00mL 水代替硫化物标准溶液作为空白样品滴定。

硫化物标准溶液的质量浓度按式（6-13）计算：

$$\rho(S^{2-})=\frac{c(Na_2S_2O_3)\times(V_3-V_4)\times 32.07\times 1000}{2\times V_5} \tag{6-13}$$

式中 $\rho(S^{2-})$——硫化物标准溶液的浓度，mg/L；
$c(Na_2S_2O_3)$——硫代硫酸钠标准滴定溶液的物质的量浓度，mol/L；
V_3——滴定空白样品消耗硫代硫酸钠标准滴定溶液的体积，mL；
V_4——滴定硫化物标准溶液消耗硫代硫酸钠标准滴定溶液的体积，mL；
32.07——硫化物（S^{2-}）的摩尔质量，g/mol；
1000——g 转换为 mg 的单位换算系数；
2——标定过程的化学反应计量方程式中，硫代硫酸钠和硫化物的摩尔比；
V_5——待标定的硫化物标准溶液体积，mL。

（3）标准曲线的建立

取 7 支 100mL 磨口具塞玻璃材质的比色管，各加入 20mL 氢氧化钠溶液［$\rho(NaOH)$=10g/L］，分别移取 0、0.20mL、0.50mL、1.00mL、5.00mL、10.00mL、20.00mL 硫化物标准使用液Ⅰ[$\rho(S^{2-})$=10.00mg/L] 于比色管中，用水定容至标线。此标准曲线系列质量浓度分别为：0、0.020mg/L、0.050mg/L、0.100mg/L、0.500mg/L、1.00mg/L、2.00mg/L，可根据样品的实际情况在仪器允许的线性范围内适当调整标准曲线系列质量浓度点。如所用仪器具有自动稀释功能，可将硫化物标准使用液Ⅱ [$\rho(S^{2-})$=2.00mg/L] 放置于自动进样器进样盘上。按照仪器参考条件（表 6-5），关闭均质吹扫功能，从低浓度到高浓度依次测量吸光度。以标准曲线系列的质量浓度为横坐标，以其对应的扣除空白后的吸光度为纵坐标，建立标准曲线。

表6-5　仪器参考条件

项目	技术指标
光源	氘灯 / 锌（Zn）空心阴极灯
载气	空气 / 氮气
载气流量	0.1 ～ 0.2L/min
气源输出压力	0.3 ～ 0.4MPa
测量方式	峰高 / 峰面积
工作波长	202.6nm

（4）试样的测定

① 样品的采集和保存。按照 GB 17378.3、HJ 91.1、HJ 91.2、HJ 164 和 HJ 442.3 的相关规定采集样品。采样时，向 250mL 棕色具塞磨口玻璃采样瓶中加 0.5mL 乙酸锌溶液 {$c[Zn(CH_3COO)_2]$=1mol/L} 后加样品近满瓶，用氢氧化钠溶液 [$\rho(NaOH)$=10g/L] 调节样品 pH 值至 10 ～ 12 之间，最后加 0.5mL 抗氧化剂溶液，迅速加盖，不留液上空间。硫化物含量较高时应酌情增加乙酸锌溶液 {$c[Zn(CH_3COO)_2]$=1mol/L} 直至沉淀完全。避光保存，于 4d 内测定。抗氧化剂溶液的配制方法为：称取 4.0g 抗坏血酸（$C_6H_8O_6$）、0.2g 乙二胺四乙酸二钠（$C_{10}H_{14}N_2O_8Na_2 \cdot 2H_2O$）、0.6g 氢氧化钠

（NaOH）溶于100mL水中，转入棕色试剂瓶中。抗氧化剂溶液需临用现配。

② 试样的制备。将采集好的样品摇匀，使沉淀均匀分布，移取适量至气相分子吸收光谱仪的样品管，待测。超过标准曲线最高点浓度的样品可适当稀释后待测。气相分子吸收光谱仪需配备氘灯或锌（Zn）空心阴极灯，具均质吹扫功能，内置气-液分离装置等。

③ 实验室空白试样的制备。用实验用水代替样品，按照与试样的制备相同的步骤制备实验室空白试样。

④ 试样的测定。按照与标准曲线的建立相同的仪器条件测定试样。

⑤ 实验室空白试验。按照与试样的测定相同的步骤测定实验室空白试样。

（5）结果的计算

样品中硫化物（以S^{2-}计）的质量浓度，按照式（6-14）计算：

$$\rho = \frac{A - A_0 - a}{b} \times D \tag{6-14}$$

式中 ρ——样品中硫化物（以S^{2-}计）的质量浓度，mg/L；

A——试样的吸光度；

A_0——实验室空白试样的吸光度；

a——标准曲线的截距；

b——标准曲线的斜率，L/mg；

D——试样的稀释倍数。

当测定结果＜1.00mg/L时，小数位数的保留与方法检出限一致；当测定结果≥1.00mg/L时，保留3位有效数字。

（6）精密度和正确度

方法精密度见表6-6，方法正确度见表6-7和表6-8。

表6-6 方法精密度

样品类型	样品浓度/（mg/L）	加标浓度/（mg/L）	测定结果平均值/（mg/L）	实验室内相对标准偏差/%	实验室间相对标准偏差/%	重复性限/（mg/L）	再现性限/（mg/L）
标准样品	1.53±0.12	—	1.52	0.35～7.8	2.4	0.15	0.17
空白加标样1	—	0.020	0.021	3.3～10	7.2	0.003	0.005
空白加标样2	—	0.500	0.500	0.77～2.5	3.1	0.025	0.049
空白加标样3	—	1.80	1.82	0.32～2.5	4.4	0.071	0.24
地表水	ND～0.015	0.050	0.049	1.6～7.3	12	0.008	0.017
		0.500	0.481	0.63～3.3	11	0.029	0.15
		1.00	0.976	0.73～3.4	8.8	0.063	0.25

续表

样品类型	样品浓度/(mg/L)	加标浓度/(mg/L)	测定结果平均值/(mg/L)	实验室内相对标准偏差/%	实验室间相对标准偏差/%	重复性限/(mg/L)	再现性限/(mg/L)
地下水	0.188	—	0.188	0.82～17	11	0.035	0.066
		0.150	0.332	0.86～5.8	6.6	0.028	0.067
		0.300	0.478	0.77～9.3	3.5	0.052	0.067
生活污水	ND	0.500	0.476	1.1～3.6	6.4	0.031	0.090
		1.00	0.977	0.78～5.3	3.4	0.085	0.12
		2.00	1.99	1.4～6.8	5.5	0.21	0.36
工业废水	1.16	—	1.16	0.33～4.0	7.9	0.070	0.26
		0.600	1.77	0.61～4.6	5.0	0.13	0.27
		2.00	3.14	0.60～5.4	5.9	0.25	0.57
海水	ND	0.020	0.019	4.8～15	5.0	0.005	0.005
		0.100	0.100	0.84～7.1	11	0.013	0.033
		0.250	0.250	0.30～3.4	2.5	0.015	0.022
当地典型废水	ND～1.34	0.040～2.00	—	1.4～6.9	—	—	—

注：ND为浓度低于检出限。

表6-7　方法正确度（标准样品）

样品类型	样品浓度/(mg/L)	相对误差/%	相对误差最终值/%
标准样品	1.53±0.12	−3.9～2.3	−0.40±4.8
空白加标样1	0.020	−5.0～15	5.0±17
空白加标样2	0.500	−2.9～5.4	0.062±6.2
空白加标样3	1.80	−4.4～8.8	1.5±8.6

表6-8　方法正确度（实际样品）

样品类型	样品浓度/(mg/L)	加标浓度/(mg/L)	加标回收率/%	加标回收率最终值/%
地表水	ND～0.015	0.050	88.6～96.7	92.5±7.2
		0.500	81.6～113	95.6±20
		1.00	87.8～112	97.3±17

续表

样品类型	样品浓度/（mg/L）	加标浓度/（mg/L）	加标回收率/%	加标回收率最终值/%
地下水	0.188	0.150	91.1～101	95.5±7.4
		0.300	89.9～101	96.6±7.4
生活污水	ND	0.500	83.6～102	95.3±12
		1.00	91.4～100	97.7±6.6
		2.00	92.6～108	99.6±11
工业废水	1.16	0.600	90.8～112	100±16
		2.00	91.4～108	98.6±12
海水	ND	0.020	85.4～100	95.0±10
		0.100	81.9～111	99.6±22
		0.250	96.2～103	99.9±4.8
当地典型废水	ND～1.34	0.040～2.00	77.9～105	—

注：ND为浓度低于检出限。

6.6.2 亚甲基蓝分光光度法和流动注射－亚甲基蓝分光光度法[9-10]

（1）亚甲基蓝分光光度法

样品经酸化，硫化物转化成硫化氢，用氮气将硫化氢吹出，转移到盛乙酸锌-乙酸钠溶液的吸收显色管中，与*N*,*N*-二甲基对苯二胺和硫酸铁铵反应生成蓝色的络合物亚甲基蓝，在665nm波长测定。

（2）流动注射-亚甲基蓝分光光度法

当检测光程为10mm时，本标准的方法检出限为0.004mg/L（以S^{2-}计），测定范围为0.016～2.00mg/L（以S^{2-}计）。

测定的主要流程为：在酸性介质下，样品通过（65±2）℃在线加热释放的硫化氢气体被氢氧化钠溶液吸收，吸收液中硫离子与对氨基二甲基苯胺和三氯化铁反应生成亚甲基蓝，于660nm波长处测量吸光度。

具体测定方法可参见《水质　硫化物的测定　亚甲基蓝分光光度法》（GB/T 16489）、《水质　硫化物的测定　流动注射-亚甲基蓝分光光度法》（HJ 824）。

6.6.3 碘量法[11]

在酸性条件下，硫化物与过量的碘作用，剩余的碘用硫代硫酸钠滴定。由硫代硫酸钠溶液所消耗的量，间接求出硫化物的含量。适用于含硫化物在 0.40mg/L 以上的水和废水测定。

具体测定方法可参见《水质　硫化物的测定　碘量法》(HJ/T 60)。

6.7 总镉的分析测定

目前，我国水体总镉含量测定的标准方法主要有《水质　65 种元素的测定　电感耦合等离子体质谱法》(HJ 700)、《水质　32 种元素的测定　电感耦合等离子体发射光谱法》(HJ 776)、《水质　镉的测定　双硫腙分光光度法》(GB 7471) 等。

6.7.1 电感耦合等离子体质谱法 [12]

根据《水质　65 种元素的测定　电感耦合等离子体质谱法》(HJ 700) 测定水样中总镉的含量。

（1）分析原理

水样经预处理后，采用电感耦合等离子体质谱仪进行检测，根据元素的质谱图或特征离子进行定性，内标法定量。样品由载气带入雾化系统进行雾化后，以气溶胶形式进入等离子体的轴向通道，在高温和惰性气体中被充分蒸发、解离、原子化和电离，转化成的带电荷的正离子经离子采集系统进入质谱仪，质谱仪根据离子的质荷比即元素的质量数进行分离并定性、定量分析。在一定浓度范围内，元素质量数处所对应的信号响应值与其浓度成正比。

（2）溶液配制

① 单元素标准储备溶液：ρ=1.00mg/mL。可用光谱纯金属（纯度＞99.99%）或其他标准物质配制成浓度为 1.00mg/mL 的标准储备溶液，根据各元素的性质选用合适的介质（表 6-9）。也可购买有证标准溶液。

② 混合标准储备溶液：可购买有证混合标准溶液，也可根据元素间相互干扰的情况、标准溶液的性质以及待测元素的含量，将元素分组配制成混合标准储备溶液（表 6-9）。所有元素的标准储备溶液配制后均应在密封的聚乙烯或聚丙烯瓶中保存；包含元素 Ag 的溶液需要避光保存。

③ 混合标准使用溶液：可购买有证混合标准溶液，也可根据元素间相互干扰的情况、标准溶液的性质以及待测元素的含量，用硝酸溶液稀释元素标准储备溶液，将元素分组配制成混合标准使用溶液，钾、钠、钙、镁储备溶液即为其使用溶液，浓度

为 100mg/L；其余元素混合使用溶液浓度为 1mg/L。

④ 内标标准储备溶液：ρ=100μg/L。宜选用 ^{6}Li、^{45}Sc、^{74}Ge、^{89}Y、^{103}Rh、^{115}In、^{185}Re、^{209}Bi 为内标元素，内标元素的选取可参考《水质　65 种元素的测定　电感耦合等离子体质谱法》（HJ 700）中附录 B 的表 B.4。可直接购买有证标准溶液，用硝酸溶液稀释至 100μg/L。

⑤ 内标标准使用溶液：用硝酸溶液稀释内标储备液，配制内标标准使用溶液。由于不同仪器采用不同内径蠕动泵管在线加入内标，致使内标进入样品中的浓度不同，故配制内标标准使用溶液时应考虑使内标元素在样液中的浓度为 5 ～ 50μg/L。

⑥ 质谱仪调谐溶液：ρ=10μg/L。宜选用含有 Li、Y、Be、Mg、Co、In、Tl、Pb 和 Bi 元素为质谱仪的调谐溶液。可直接购买有证标准溶液，用硝酸溶液稀释至 10μg/L。

表6-9　推荐的混合标准储备溶液分组及保存介质

元素	介质
Ce、Dy、Er、Eu、Gd、Ho、La、Lu、Nd、Pr、Sm、Sc、Tb、Th、Tm、Yb、Y	5% 硝酸
Al、As、Ba、Be、Bi、Cd、Cs、Cr、Co、Cu、Ga、In、Fe、Pb、Li、Mn、Ni、Rb、Se、Ag、Sr、Tl、U、V、Zn	5% 硝酸
Sb、Au、Hf、Ir、Pd、Pt、Rh、Ru、Te、Sn	10% 盐酸及 1% 硝酸
B、Ge、Mo、Nb、P、Re、Ti、W、Zr	水及痕量硝酸、痕量氢氟酸
Ca、K、Mg、Na	2% 硝酸

（3）消解方法

1）电热板消解法

准确量取（100.0 ± 1.0）mL 摇匀后的样品于 250mL 聚四氟乙烯烧杯中（视水样实际情况，取样量可适当减少，但需注意稀释倍数的计算），加入 2mL 硝酸溶液和 1.0mL 盐酸溶液于上述烧杯中，置于电热板上加热消解，加热温度不得高于 85℃。消解时，烧杯应盖上表面皿或采取其他措施，保证样品不受通风柜周边的环境污染。持续加热，保持溶液不沸腾，直至样品蒸发至 20mL 左右。在烧杯口盖上表面皿以减少过多的蒸发，并保持轻微持续回流 30min。待样品冷却后，用去离子水冲洗烧杯至少 3 次，并将冲洗液倒入容量瓶中，确保消解液转移至 50mL 容量瓶中，用去离子水定容，加盖，摇匀保存。若消解液中存在一些不溶物可静置过夜或离心以获得澄清液（若离心或静置过夜后仍有悬浮物，则可过滤去除，但应避免过滤过程中可能的污染）。

2）微波消解法

准确量取 45.0mL 摇匀后的样品于消解罐中，加入 4.0mL 浓硝酸和 1.0mL 浓盐酸（可根据微波消解罐的体积等比例减少取样量和加入的酸量），在 170℃温度下微波消解 10min。消解完毕，冷却至室温后，将消解液移至 100mL 容量瓶中，用去离子水定容至刻度，摇匀，待测。也可适度浓缩样品，定容至 50mL 容量瓶中。

（4）校准曲线绘制

依次配制一系列待测元素标准溶液，可根据测量需要调整校准曲线的浓度范围。在容量瓶中取一定体积的标准使用溶液，使用硝酸溶液配制系列校准曲线，建议浓度如下：铝、硼、钡、钴、铜、铁、锰、钛、锌浓度为0、10.0μg/L、50.0μg/L、100μg/L、200μg/L、300μg/L、400μg/L、500μg/L；银、砷、金、铍、铋、镉、铈、铬、铯、镝、铒、铕、镓、钆、锗、铪、钬、铟、铱、镧、镥、钼、铌、钕、镍、磷、铅、钯、镨、铂、铷、铼、铑、钌、锑、钪、硒、钐、锡、铽、碲、钍、铊、铥、铀、钒、钨、钇、镱、锆浓度为0、0.5μg/L、1.0μg/L、5.0μg/L、10.0μg/L、20.0μg/L、40.0μg/L、50.0μg/L；钾、钠、钙、镁浓度为0、5.0mg/L、10.0mg/L、20.0mg/L、40.0mg/L、60.0mg/L、80.0mg/L、100mg/L；锂、锶质量浓度为0、0.1mg/L、0.5mg/L、1.0mg/L、2.0mg/L、3.0mg/L、4.0mg/L、5.0mg/L的标准系列。内标元素标准使用溶液可直接加入工作溶液中，也可在样品雾化之前通过蠕动泵自动加入。内标的浓度应远高于样品自身所含内标元素的浓度。

用电感耦合等离子体质谱仪测定标准溶液，以标准溶液浓度为横坐标，以样品信号与内标信号的比值为纵坐标建立校准曲线。用线性回归分析方法求得其斜率用于样品含量计算。

（5）试样测定

每个试样测定前，先用硝酸溶液冲洗系统直到信号降至最低，待分析信号稳定后才可开始测定。试样测定时应加入与绘制校准曲线时相同量的内标元素标准使用溶液。若样品中待测元素浓度超出校准曲线范围，需用硝酸溶液稀释后重新测定，稀释倍数为f。试样溶液基体复杂，多原子离子干扰严重时，可通过《水质　65种元素的测定　电感耦合等离子体质谱法》（HJ 700）附录B中的表B.2所列的校正方程进行校正，也可根据各仪器厂家推荐的条件，通过碰撞/反应池模式技术进行校正。按照与试样相同的测定条件测定实验室空白试样。

（6）结果计算与表示

样品中元素含量按照式（6-15）进行计算。

$$\rho=(\rho_1-\rho_2)\times f \tag{6-15}$$

式中　ρ——样品中元素的浓度，μg/L或mg/L；

ρ_1——稀释后样品中元素的质量浓度，μg/L或mg/L；

ρ_2——稀释后实验室空白样品中元素的质量浓度，μg/L或mg/L；

f——稀释倍数。

测定结果小数位数与方法检出限保持一致，最多保留3位有效数字。

（7）精密度和准确度

1）精密度

6家实验室对钾、钠、钙、镁浓度为5.0mg/L、25.0mg/L和50.0mg/L的标准溶液进行了测定：实验室内相对标准偏差分别为 2.90% ～ 12.8%、1.27% ～ 7.93%、1.46% ～ 6.85%；实验室间相对标准偏差分别为 2.83% ～ 7.71%、3.99% ～ 5.70%、1.41% ～ 3.53%；重复性限范围为 0.99 ～ 1.26mg/L、1.78 ～ 3.42mg/L、3.56 ～ 5.67mg/L；再现性限范围为 1.01 ～ 1.53mg/L、3.06 ～ 4.60mg/L、4.85 ～ 7.58mg/L。

6 家实验室对其余 61 种元素浓度为 0.10 ～ 20.0μg/L、20.0 ～ 50.0μg/L 和 50.0 ～ 100μg/L 的标准溶液进行了直接测定：实验室内相对标准偏差分别为 2.01% ～ 14.1%、1.27% ～ 10.1%、1.15% ～ 7.84%；实验室间相对标准偏差分别为 0.86% ～ 10.4%、1.00% ～ 9.81%、0.85% ～ 4.80%；重复性限范围为 0.02 ～ 3.31μg/L、0.08 ～ 7.38μg/L、3.47 ～ 11.9μg/L；再现性限范围为 0.02 ～ 4.37μg/L、0.08 ～ 8.24μg/L、3.82 ～ 16.9μg/L。

2）准确度

6 家实验室对地表水样品进行可溶性元素的加标回收实验，地表水可溶性元素的加标回收率范围为 86.8% ～ 102%，加标回收率最终值为（86.8 ± 8.6）% ～（102 ± 7.7）%。

6 家实验室对废水样品进行可溶性元素的加标回收实验，废水可溶性元素加标回收率范围为 85.7% ～ 109%，加标回收率最终值为（85.7 ± 7.6）% ～（109 ± 9.9）%。

6 家实验室对地表水样品进行元素总量的加标回收实验，地表水元素总量的加标回收率范围为 91.3% ～ 110%，加标回收率最终值为（91.3 ± 14.4）% ～（110 ± 13.2）%。

6 家实验室对废水样品进行元素总量的加标回收实验，废水元素总量的加标回收率范围为 92.1% ～ 108%，加标回收率最终值为（92.0 ± 11.4）% ～（108 ± 3.6）%。

精密度和准确度结果统计见《水质　65 种元素的测定　电感耦合等离子体质谱法》（HJ 700）中附录 C。

（8）质量保证和质量控制

① 校准曲线：每次分析样品均应绘制校准曲线。通常情况下，校准曲线的相关系数应达到 0.999 以上。

② 内标：在每次分析中必须监测内标的强度，试样中内标的响应值应介于校准曲线响应值的 70% ～ 130%，否则说明仪器发生漂移或有干扰产生，应查找原因后重新分析。如果发现基体干扰，需要进行稀释后测定；如果发现样品中含有内标元素，需要更换内标或提高内标元素浓度。

③ 空白：每批样品应至少做一个全程序空白及实验室空白。空白值应符合下列的情况之一才能被认为是可接受的：a. 空白值应低于方法检出限；b. 空白值低于标准限值的 10%；c. 空白值低于每一批样品最低测定值的 10%。否则须查找原因，重新分析直至合格之后才能分析样品。

④ 实验室控制样品：在每批样品中，应在试剂空白中加入每种分析物质，其加标回收率应在 80% ～ 120% 之间；也可以使用有证标准样品代替加标，其测定值应在标准要求的范围内。

⑤ 基体加标和基体重复加标：每批样品应至少测定一个基体加标和一个基体重复加标，测定的加标回收率应在 70% ～ 130% 之间；两个基体重复加标样品测定值

的偏差应在 20% 以内。若不在范围内，应考虑存在基体干扰，可采用稀释样品或增大内标浓度的方法消除干扰。

⑥ 平行样：每批样品应至少测定 10% 的平行双样，样品数量少于 10 个时，应测定 1 个平行双样；做平行样时，2 个平行样品测定结果的相对偏差应≤ 20%。

⑦ 连续校准：每分析 10 个样品，应分析一次校准曲线中间浓度点，其测定结果与实际浓度值相对偏差应≤ 10%，否则应查找原因或重新建立校准曲线。每批样品分析完毕后，应进行一次曲线最低点的分析，其测定结果与实际浓度值相对偏差应≤ 30%。

6.7.2　电感耦合等离子体发射光谱法 [13]

根据《水质　32 种元素的测定　电感耦合等离子体发射光谱法》（HJ 776）测定水样中总镉的含量。

（1）分析原理

经过滤或消解的水样注入电感耦合等离子体发射光谱仪后，目标元素在等离子体火炬中被气化、电离、激发并辐射出特征谱线，在一定浓度范围内，其特征谱线的强度与元素的浓度成正比。

（2）溶液配制

1）单元素标准使用液

分别移取单元素标准贮备液（浓度为 1000mg/L 或 100mg/L，自配或购买市售有证标准溶液）稀释配制。稀释时补加一定量的硝酸（1+1），使标准使用液的硝酸含量达到 1%。

2）多元素混合标准溶液

根据元素间相互干扰的情况和标准溶液的性质分组制备，浓度应根据分析样品及待测元素而定，标液溶液的酸度尽量保持与待测试样的酸度一致，均为 1% 的硝酸。多元素混合标准溶液分组情况见表 6-10。

表6-10　多元素混合标准溶液分组情况表

分组	元素
1	Mo、Ag
2	P
3	V、Ti
4	Al、B、Ba、Be、Ca、Cd、Co、Cr、Cu、Fe、Li、K、Mg、Mn、Na、Ni、Pb、Sr、Zn、Zr
5	As、Bi、Sb、Se、Sn
6	S
7	Si

(3)校准曲线的绘制

取一定量的单元素标准使用液制备校准曲线，根据地表水及废水等浓度范围分组配制，在各自浓度范围内，至少配制 5 个浓度点。地表水、地下水测定的校准曲线参考浓度范围见表 6-11，废水测定的校准曲线参考浓度范围见表 6-12。由低浓度到高浓度依次进样，按照仪器参考测试条件测量发射强度。以发射强度值为纵坐标，目标元素系列质量浓度为横坐标，建立目标元素的校准曲线。

表6-11　地表水、地下水标准溶液浓度范围

元素	浓度范围 /(mg/L)
Al、Sr、P	0.00 ～ 5.00
Ba、Fe	0.00 ～ 2.00
Be、Cd、Mo、Ag	0.00 ～ 0.50
B、Co、Cr、Cu、Li、Mn、Ni、Pb、Zn	0.00 ～ 1.00
V、Ti	0.00 ～ 1.00
Ca、Si	0.00 ～ 50.00
Mg、Na、K	0.00 ～ 10.00

表6-12　废水标准溶液浓度范围

元素	浓度范围 /(mg/L)
Ag、B、Be、Bi、Cd、Co、Cr、Cu、Mg、Mn、Ni、Pb、S、Sr、Zn、Zr	0.00 ～ 500.00
Al、Ba、Ca、Fe、K、Li、Na	0.00 ～ 250.00
P	0.00 ～ 500.00
As、Se、Sn V	0.00 ～ 500.00
Mo、Sb Ti	0.00 ～ 500.00 0.00 ～ 250.00
Si	0.00 ～ 250.00

注：元素分组可根据所使用仪器也可根据有证标准物质分组情况而定，元素质量浓度范围根据所使用仪器适当调整。

(4)试样制备

1)测定可溶性元素

若测定可溶性元素，样品采集后立即通过水系微孔滤膜过滤，弃去初始的 50 ～ 100mL 滤液，收集所需体积的滤液，加入适量硝酸，使硝酸含量达到 1%。

2）测定元素总量

若测定元素总量，样品采集后立即加入适量硝酸，使硝酸含量达到 1%。按比例在一定体积的均匀样品中加入硝酸溶液，通常 100mL 样品加入 5.0mL 硝酸。置于电热板上加热消解，在不沸腾的情况下，缓慢加热至近干。取下冷却，反复进行这一过程，直至试样溶液颜色变浅或稳定不变。冷却后，加入硝酸若干毫升，再加入少量水，置于电热板上继续加热使残渣溶解。冷却后，用实验用水定容至原取样体积，使溶液保持 1%（体积分数）的硝酸酸度。对于某些基体复杂的废水，消解时可加入 2 ～ 5mL 高氯酸消解。若消解液中存在一些不溶物，可静置或在 2000 ～ 3000r/min 转速下离心分离 10min 以获得澄清液。若离心或静置过夜后仍有悬浮物，则可过滤去除，但应避免过滤过程中可能的污染。水样消解可按照 HJ 678 采用微波消解法。当目标元素含量较高时应取适量消解液用 1% 硝酸溶液稀释。

3）空白试样的制备

以水代替样品，按与试样制备相同的步骤进行空白试样的制备。

（5）试样测定

在与建立校准曲线相同的条件下，测定试样的发射强度。由发射强度值在校准曲线上查得目标元素含量。样品测量过程中，若样品中待测元素浓度超出校准曲线范围，样品需稀释后重新测定。按照与试样测定的相同条件测定空白试样。

（6）结果计算与表示

样品中元素含量按照式（6-16）计算。

$$\rho = (\rho_1 - \rho_2) \times f \tag{6-16}$$

式中 ρ——样品中目标元素的质量浓度，mg/L；

ρ_1——试样中目标元素的质量浓度，mg/L；

ρ_2——空白试样中目标元素的质量浓度，mg/L；

f——稀释倍数。

测定结果小数位数与方法检出限一致，最多保留三位有效数字。

（7）精密度和准确度

1）精密度

6 家实验室对浓度为 1.00mg/L、5.00mg/L、9.00mg/L 标准溶液进行测定：实验室内相对偏差分别为 0.2% ～ 20%、0.1% ～ 6.8%、0.1% ～ 10.4%；实验室间相对偏差分别为 1.2% ～ 23%、0.8% ～ 9.4%、0.6% ～ 8.6%；重复性限分别为 0.03 ～ 0.25mg/L、0.09 ～ 0.41mg/L、0.12 ～ 0.47mg/L；再现性限分别为 0.08 ～ 1.11mg/L、0.17 ～ 1.26mg/L、0.19 ～ 2.07mg/L。

6 家实验室对质量浓度为 0.398 ～ 6.71mg/L 的地表水进行加标样品测定，实验室内相对偏差为 2.3% ～ 22%；实验室间相对偏差为 1.0% ～ 21%；重复性限为 0.14 ～ 2.3mg/L；再现性限为 0.17 ～ 2.3mg/L。

6家实验室对浓度为0.387～88.4mg/L的废水进行加标样品测定，实验室内相对偏差为0.30%～24%；实验室间相对偏差为0.33%～35%；重复性限为0.16～2.8mg/L；再现性限为0.17～50mg/L。

2）准确度

6家实验室对地表水样品进行可溶性元素的加标回收实验，地表水可溶性元素的加标回收率范围为90.5%～98.3%，加标回收率最终值为（90.5 ± 18.6）%～（98.3 ± 9.7）%。

6家实验室对废水样品进行可溶性元素的加标回收实验，废水可溶性元素加标回收率范围为90.6%～99.5%，加标回收率最终值为（90.6 ± 22.6）%～（99.5 ± 10.0）%。

6家实验室对地表水样品进行元素总量的加标回收实验，地表水元素总量（电热板消解、微波消解）的加标回收率范围分别为89.3%～100%、90.9%～100%，加标回收率最终值分别为（89.3 ± 20.0）%～（100 ± 8.9）%、（90.9 ± 12.3）%～（100 ± 7.3）%。

6家实验室对废水样品进行元素总量的加标回收实验，废水元素总量（电热板消解、微波消解）的加标回收率范围分别为88.8%～99.5%、87.4%～102%，加标回收率最终值分别为（88.8 ± 12.2）%～（99.5 ± 10.1）%、（87.4 ± 15.1）%～（102 ± 7.8）%。

精密度和准确度结果统计见《水质　32种元素的测定　电感耦合等离子体发射光谱法》（HJ 776）中的附录C。

（8）质量保证和质量控制

1）校准有效性检查

每批样品分析均须绘制校准曲线，校准曲线的相关系数应≥ 0.995。

每分析10个样品需用一个校准曲线的中间点浓度校准溶液进行校准核查，其测定结果与最近一次校准曲线该点浓度的相对偏差应≤ 10%，否则应重新绘制校准曲线。

每半年至少应做一次仪器谱线的校对以及元素间干扰校正系数的测定。

2）空白试验

每批样品至少做2个实验室空白，空白值应低于方法测定下限。否则应检查实验用水质量、试剂纯度、器皿洁净度及仪器性能等。

3）全程序空白

每批样品至少做1个全程序空白，空白值应低于方法测定下限。否则应查明原因，重新分析直至合格之后才能测定样品。

4）精密度控制

每批样品至少测定10%的平行双样，样品数量少于10个时，应至少测定1个平行双样，2次平行测定结果的相对偏差应≤ 25%。

5）准确度控制

每批样品应至少测定10%的加标样品，样品数量少于10个时，应至少测定1个加标样品，加标回收率应在70%～120%之间。

必要时，每批样品至少分析1个有证标准物质或实验室自行配制的质控样，有证标准物质测定结果应在其给出的不确定范围内，实验室自行配制的质控样，其回收率应控制在 90% ～ 110%。实验室自行配制的质控样应注意与国家有证标准物质的比对。

6.8 总铅的分析测定

目前，我国水体总铅含量测定的标准方法主要有《水质　65 种元素的测定　电感耦合等离子体质谱法》（HJ 700）、《水质　32 种元素的测定　电感耦合等离子体发射光谱法》（HJ 776）和《水质　铜、锌、铅、镉的测定　原子吸收分光光度法》（GB 7475）等。

6.8.1　电感耦合等离子体质谱法 [12]

根据《水质　65 种元素的测定　电感耦合等离子体质谱法》（HJ 700）测定样品中总铅的含量，具体见总镉的分析测定中电感耦合等离子体质谱法（ICP-MS）。

6.8.2　电感耦合等离子体发射光谱法 [13]

根据《水质　32 种元素的测定　电感耦合等离子体发射光谱法》（HJ 776）测定样品中总铅的含量，具体见总镉的分析测定中电感耦合等离子体发射光谱法（ICP-AES）。

6.9 铬（六价）的分析测定

《水质　六价铬的测定　流动注射 - 二苯碳酰二肼光度法》（HJ 908）和《水质　六价铬的测定　二苯碳酰二肼分光光度法》（GB 7467）是水中铬（六价）含量测定的主要标准方法。

6.9.1　流动注射 – 二苯碳酰二肼光度法 [14]

（1）分析原理

在封闭的管路中，将一定体积的试样注入连续流动的酸性载液中，试样与试剂在化学反应模块中按特定的顺序和比例混合，在非完全反应的条件下，试样中的六价铬与二苯碳酰二肼生成紫红色化合物，进入流动检测池，于540nm波长处测量吸光度。在一定的范围内，试样中六价铬的浓度与其对应的吸光度呈线性关系。

（2）试剂配制

① 六价铬标准贮备液　ρ=100mg/L。准确称取0.1415g重铬酸钾，溶于适量水中，溶解后移至500mL容量瓶中，用水定容至标线，摇匀。该溶液于1～5℃密闭冷藏保存，可稳定1年。或直接购买市售有证标准溶液。

② 六价铬标准使用液　ρ=1.00mg/L。分取适量六价铬标准贮备液逐级稀释至1.00mg/L。该溶液于1～5℃密闭冷藏保存，可稳定5d。

③ 显色剂　将40mL硫酸和40mL磷酸缓慢加入700mL水中，冷却待用。称取0.40g二苯碳酰二肼（$C_{13}H_{14}N_4O$）溶于200mL丙酮（C_3H_6O）中，搅拌直至完全溶解，将其加入上述硫酸-磷酸混合溶液，移至1000mL容量瓶中，用水定容至标线，摇匀，贮于棕色瓶中。该溶液于1～5℃密闭冷藏保存，可稳定1个月，变色后不能使用。

（3）试样的制备

① 对于不含悬浮物、无色的样品可直接测定。

② 对于含悬浮物、有色的样品，采用锌盐沉淀分离法预处理。取50.0mL样品于150mL烧杯中，加入0.1mL硫酸锌溶液后摇匀，再加0.05mL氢氧化钠溶液，摇匀后静置。待样品产生的絮状沉淀沉降后，用微孔滤膜过滤器过滤，弃去初滤液，收集后续滤液置于样品管中待测。若无沉淀可适当增加硫酸锌和氢氧化钠溶液的加入量（体积比为2：1）。

注：如滤液有色，应保留足够试样供色度校正使用。

③ 对于空白试样，取实验用水代替样品，按照与试样的制备相同的步骤进行实验室空白试样的制备。

（4）校准曲线建立

分别移取适量六价铬标准使用液至100mL容量瓶中，用水定容至标线，摇匀，配制标准系列溶液，六价铬浓度分别为0、0.005mg/L、0.010mg/L、0.050mg/L、0.200mg/L、0.400mg/L、0.600mg/L。量取适量标准系列溶液，分别置于样品管中，按设定的仪器条件从低浓度至高浓度依次进行测定，得到不同浓度六价铬的吸光度（峰面积）。以各标准系列溶液中六价铬的质量浓度（mg/L）为横坐标，以其对应的吸光度（峰面积）为纵坐标，建立校准曲线。

（5）试样测定

按照与建立校准曲线相同的测定条件，进行试样的测定。如果试样浓度高于校准曲线最高点，应对试样进行稀释。

试样经预处理后仍有色度时，需进行色度校正。用色度校正液替换显色剂，待基线平稳后测定试样。

按照与试样测定相同的步骤进行实验室空白试样的测定。

（6）结果计算与表示

样品中六价铬的质量浓度，按照下式进行计算：

$$\rho = (\rho_1 - \rho_0) \times D \tag{6-17}$$

式中　ρ——样品中六价铬的质量浓度，mg/L；

ρ_1——由校准曲线得到的试样中六价铬的质量浓度，mg/L；

ρ_0——色度校正时，由校准曲线得到的试样色度相当于六价铬的质量浓度，不进行色度校正时取值为 0，mg/L；

D——试样的稀释倍数。

当测定结果＜1.00mg/L 时，保留小数点后 3 位；当测定结果≥ 1.00mg/L 时，保留 3 位有效数字。

（7）精密度和准确度

1）精密度

7 家实验室对六价铬浓度为 0.005mg/L、0.300mg/L 和 0.540mg/L 的统一样品（用标准溶液配制）进行了 6 次重复测定，实验室内相对标准偏差分别为 3.7% ～ 5.1%、0.2%～0.9%、0.1%～0.9%，实验室间相对标准偏差分别为 8.4%、2.5% 和 1.8%，重复性限为 0.004mg/L、0.004mg/L 和 0.008mg/L，再现性限为 0.004mg/L、0.022mg/L 和 0.029mg/L。

7 家实验室对六价铬浓度为 0.002 ～ 0.226mg/L 的地表水、地下水、生活污水的实际样品和加标样品进行了 6 次重复测定，实验室内相对标准偏差分别为 0.5% ～ 7.7%、1.1% ～ 9.1%、1.1% ～ 3.3%。

2）准确度

7 家实验室对六价铬浓度为（0.0603 ± 0.0042）mg/L、（0.130 ± 0.005）mg/L 和（0.396 ± 0.013）mg/L 的有证标准样品进行了 6 次重复测定，相对误差分别为 −3.5% ～ 5.0%、−1.5% ～ 2.3% 和 −1.5% ～ 2.0%，相对误差最终值分别为（0.5 ± 6.0）%、（0.3 ± 2.6）% 和（0.2 ± 2.4）%。

7 家实验室对六价铬浓度为 0.003 ～ 0.064mg/L、未检出～ 0.008mg/L、0.003 ～ 0.120mg/L 的地表水、地下水、生活污水实际样品进行了加标测定，加标回收率分别为 92.0% ～ 118%、88.0% ～ 108% 和 93.0% ～ 113%，加标回收率最终值分别为（100 ± 8.2）%、（98.4 ± 9.2）% 和（103 ± 5.0）%。

精密度和准确度数据参见《水质　六价铬的测定　流动注射 - 二苯碳酰二肼光度法》（HJ 908）中附录 A。

（8）质量保证和质量控制

1）空白试验

每批样品至少测定 2 个实验室空白，测定值不得超过方法检出限。

2）校准

每批样品分析均需建立校准曲线，校准曲线的相关系数≥ 0.999。

每分析 10 个样品需用 1 个校准曲线的中间浓度溶液进行校准核查，其测定值与标准值的相对误差应在 ±5% 之内，否则应重新建立校准曲线。

3）平行样

每批样品分析应至少测定 10% 的平行双样，样品数量少于 10 个时，应至少测定一组平行双样。当样品中六价铬浓度≤ 0.01mg/L，测定结果的差值应≤ 0.003mg/L；当六价铬浓度＞0.01mg/L，测定结果的相对偏差应≤ 10%。

4）基体加标

每批样品应至少测定 10% 的加标样品，样品数量少于 10 个时，应至少测定 1 个加标样品。加标回收率应在 80% ～ 120% 之间。

6.9.2　二苯碳酰二肼分光光度法 [15]

此方法适用于地面水和工业废水中六价铬的测定。其原理为：在酸性溶液中，六价铬与二苯碳酰二肼反应生成紫红色化合物，于波长 540nm 处进行分光光度测定。测定范围为：试份体积为 50mL，使用光程长为 30mm 的比色皿，最小检出量为 0.2μg 六价铬，最低检出浓度为 0.004mg/L；使用光程为 10mm 的比色皿，测定上限浓度为 1.0mg/L。具体分析测定方法见《水质　六价铬的测定　二苯碳酰二肼分光光度法》（GB 7467）。

6.10 总汞的分析测定

《水质　汞、砷、硒、铋和锑的测定　原子荧光法》（HJ 694）和《水质　总汞的测定　冷原子吸收分光光度法》（HJ 597）是水中总汞含量测定的主要标准方法。

6.10.1　原子荧光法 [16]

6.10.1.1　分析原理

经预处理后的试液进入原子荧光仪，在酸性条件的硼氢化钾（或硼氢化钠）还原作用下，生成砷化氢、铋化氢、锑化氢、硒化氢气体和汞原子，氢化物在氩氢火焰中形成基态原子，其基态原子和汞原子受元素（汞、砷、硒、铋和锑）灯发射光的激发产生原子荧光，原子荧光强度与试液中待测元素含量在一定范围内成正比。

6.10.1.2　适用范围

本标准适用于地表水、地下水、生活污水和工业废水中汞、砷、硒、铋和锑的溶解态和总量的测定。

此方法汞的检出限为 0.04μg/L，测定下限为 0.16μg/L；砷的检出限为 0.3μg/L，测定下限为 1.2μg/L；硒的检出限为 0.4μg/L，测定下限为 1.6μg/L；铋和锑的检出限为 0.2μg/L，测定下限为 0.8μg/L。

6.10.1.3　技术要点

（1）样品消解

量取 5.0mL 混匀后的样品于 10mL 比色管中，加入 1mL 盐酸 - 硝酸溶液，加塞混匀，置于沸水浴中加热消解 1h，冷却，定容，混匀，待测。测定砷、锑、铋和硒的水样则采用硝酸 - 高氯酸 - 盐酸溶液，用电热板加热消解。

（2）空白样品制备

用无汞蒸馏水代替水样，按水样制备步骤制备空白样品。

（3）绘制校准曲线

按照水样介质条件，配制系列汞（砷、锑、铋、硒）标准溶液，调整仪器各参数至最佳状态，以盐酸溶液为载液，硼氢化钾溶液为还原剂，测定标准系列的原子荧光强度，用同样方法测定空白样品。以扣除空白后的各原子荧光强度为纵坐标，标准溶液的质量浓度为横坐标，绘制校准曲线。每批样品均应绘制校准曲线，且相关系数应大于或等于 0.995。

（4）水样测定

按与校准曲线同样的条件和方法测定水样，从标准曲线上查得汞的浓度，再乘以水样稀释倍数，即得水样汞的浓度。同时测定平行样和加标回收率。

6.10.1.4　结果计算

样品中待测元素的质量浓度 ρ 按式（6-18）计算：

$$\rho=\frac{\rho_1\times f\times V_1}{V} \tag{6-18}$$

式中　ρ——样品中待测元素的质量浓度，μg/L；

ρ_1——由校准曲线上查得的试样中待测元素的质量浓度，μg/L；

f——试样稀释倍数（样品若有稀释）；

V_1——分取后测定试样的定容体积，mL；

V——分取试样的体积，mL。

6.10.1.5　精密度和准确度

精密度见表 6-13，准确度见表 6-14 和表 6-15。

表6-13　方法精密度

元素名称	浓度 /（μg/L）	实验室内相对标准偏差 /%	实验室间相对标准偏差 /%	重复性限 *r* /（μg/L）	再现性限 *R* /（μg/L）
汞	0.10	3.3 ～ 10.9	8.5	0.03	0.03
	0.20	2.0 ～ 7.5	2.8	0.03	0.03
	0.40	1.5 ～ 3.7	1.9	0.03	0.04
	0.80	1.5 ～ 2.9	1.4	0.05	0.06
砷	1.0	6.0 ～ 7.0	4.1	0.2	0.2
	4.0	2.3 ～ 5.4	1.6	0.4	0.4
	8.0	0.9 ～ 3.9	1.5	0.5	0.6
硒	1.0	4.1 ～ 8.9	4.1	0.2	0.2
	2.0	1.2 ～ 4.9	2.6	0.2	0.2
	8.0	0.3 ～ 3.6	2.7	0.6	0.8
铋	0.5	4.8 ～ 8.0	4.5	0.1	0.1
	2.0	2.8 ～ 4.7	3.6	0.2	0.3
	4.0	2.7 ～ 4.0	1.5	0.4	0.4
锑	0.5	6.4 ～ 11.6	4.4	0.1	0.1
	1.0	3.9 ～ 6.7	4.5	0.1	0.2
	2.0	3.2 ～ 4.7	2.6	0.2	0.2
	4.0	1.7 ～ 3.8	2.7	0.3	0.4

表6-14　方法准确度（有证标准物质测试）

元素名称	有证标准物质浓度 /（μg/L）	相对误差 /%	相对误差最终值 /%
汞	16.0 ± 1.4	−2.8 ～ 0.9	−0.4 ± 2.8
	11.4 ± 1.1	−5.6 ～ 0.0	−3.6 ± 4.0
砷	60.6 ± 4.2	−1.9 ～ 1.7	−0.4 ± 3.2
	75.1 ± 5.3	−4.7 ～ −0.9	−2.3 ± 3.0
硒	11.2 ± 1.1	−5.4 ～ 6.2	0.0 ± 8.8
	26.2 ± 2.4	−1.5 ～ 3.1	0.6 ± 3.2

表6-15　方法准确度（加标回收测试）

元素名称	样品浓度 /（μg/L）	加标浓度 /（μg/L）	加标回收率 /%	加标回收率最终值 /%
汞	0.39	0.20	91.5 ～ 104	98.2 ± 9.4
	0.39	0.40	91.2 ～ 99.6	96.6 ± 6.2
	0.39	0.60	98.6 ～ 107	102 ± 6.2

6.10.1.6　质量保证和质量控制

每测定 20 个样品要增加测定实验室空白 1 个，当批不满 20 个样品时要测定实验室空白 2 个。全程空白的测试结果应小于方法检出限。

每次样品分析应绘制校准曲线。校准曲线的相关系数应≥ 0.995。

每测完 20 个样品进行一次校准曲线零点和中间点浓度的核查，测试结果的相对偏差应≤ 20%。

每批样品至少测定 10% 的平行双样，样品数小于 10 时，至少测定 1 个平行双样。测试结果的相对偏差应≤ 20%。

每批样品至少测定 10% 的加标样，样品数小于 10 时，至少测定 1 个加标样。加标回收率控制在 70% ～ 130% 之间。

6.10.2　冷原子吸收分光光度法[17]

根据《水质　总汞的测定　冷原子吸收分光光度法》（HJ 597）测定样品中总汞的含量。

6.10.2.1　分析原理

在加热条件下，用高锰酸钾和过硫酸钾在硫酸 - 硝酸介质中消解样品；或用溴酸钾 - 溴化钾混合剂在硫酸介质中消解样品；或在硝酸 - 盐酸介质中用微波消解仪消解样品。

消解后的样品中所含汞全部转化为二价汞，用盐酸羟胺将过剩的氧化剂还原，再用氯化亚锡将二价汞还原成金属汞。在室温下通入空气或氮气，将金属汞气化，载入冷原子吸收汞分析仪，于 253.7nm 波长处测定响应值，汞的含量与响应值成正比。

6.10.2.2　适用范围

此方法适用于地表水、地下水、工业废水和生活污水中总汞的测定。若有机物含量较高，本标准规定的消解试剂最大用量不足以氧化样品中有机物时，则此方法不适用。

采用高锰酸钾 - 过硫酸钾消解法和溴酸钾 - 溴化钾消解法，当取样量为 100mL 时，检出限为 0.02μg/L，测定下限为 0.08μg/L；当取样量为 200mL 时，检出限为 0.01μg/L，测定下限为 0.04μg/L。采用微波消解法，当取样量为 25mL 时，检出限为 0.06μg/L，测定下限为 0.24μg/L。

6.10.2.3 技术要点

（1）样品消解

1）高锰酸钾 - 过硫酸钾消解法

取一定量摇匀后的样品于锥形瓶中，依次加入一定体积的浓硫酸、硝酸溶液和高锰酸钾溶液，摇匀，再加入过硫酸钾溶液，于近沸或煮沸状态消解。

2）溴酸钾 - 溴化钾消解法

对于地表水、地下水及含有机物较少的废（污）水也可以用溴酸钾 - 溴化钾混合液在硫酸介质中于 20℃以上室温消解水样。过剩的氧化剂在临测定前用盐酸羟胺溶液还原。

3）微波消解法

取一定量摇匀后的样品于微波消解罐中，依次加入浓硝酸和浓盐酸，摇匀，加塞，室温静置一定时间后放入微波消解仪中，按一定程序升温消解，冷却、定容后待测。

（2）空白样品制备

用无汞蒸馏水代替水样，按水样制备步骤制备空白样品。

（3）绘制校准曲线

按照水样介质条件，配制系列汞标准溶液，依次加入反应装置内，再加入氯化亚锡溶液，迅速通入载气，记录指示表最高读数。用同样方法测定空白样品。以扣除空白后的各测量值为纵坐标，相应标准溶液的浓度为横坐标，绘制出校准曲线。每批样品均应绘制校准曲线，且相关系数应大于等于 0.999。

（4）水样测定

取适量处理好的水样于反应装置中，按照测定标准溶液的方法测其最高读数，从校准曲线上查得汞的浓度，再乘以水样稀释倍数，即得水样汞的浓度。同时测定平行样和加标回收率。

6.10.2.4 结果计算

样品中总汞的质量浓度 ρ(μg/L)，按照式（6-19）进行计算：

$$\rho = \frac{(\rho_1 - \rho_0)\times V_0}{V} \times \frac{V_1 + V_2}{V_1} \tag{6-19}$$

式中 ρ——样品中总汞的质量浓度，μg/L；

ρ_1——根据校准曲线计算出试样中总汞的质量浓度，μg/L；

ρ_0——根据校准曲线计算出空白试样中总汞的质量浓度，μg/L；

V_0——标准系列的定容体积，mL；

V_1——采样体积，mL；
V_2——采样时向水样中加入浓盐酸体积，mL；
V——制备试样时分取样品体积，mL。

6.10.2.5　微波消解法精密度和准确度

（1）精密度

6家实验室分别对总汞质量浓度为0.40μg/L、2.00μg/L和4.00μg/L的统一样品进行了测定：实验室内相对标准偏差分别为2.8%～5.4%、1.5%～3.0%、1.1%～3.1%；实验室间相对标准偏差分别为3.5%、5%、1.5%；重复性限分别为0.05μg/L、0.13μg/L、0.24μg/L；再现性限分别为0.06μg/L、0.34μg/L、0.28μg/L。

（2）准确度

6家实验室分别对工业废水和生活污水实际样品进行了加标分析测定，加标浓度为2.00μg/L，加标回收率分别为98.0%～109%、97.0%～105%；加标回收率最终值分别为（102±7.8）%、（101±6.0）%。

6.10.2.6　质量保证和质量控制

每批样品均应绘制校准曲线，相关系数应≥0.999。

每批样品应至少做一个空白试验，测定结果应＜2.2倍检出限，否则应检查试剂纯度，必要时更换试剂或重新提纯。

每批样品应至少测定10%的平行样品，样品数不足10个时，应至少测定1个平行样品。当样品总汞含量≤1μg/L时，测定结果的最大允许相对偏差为30%；当样品总汞含量在1～5μg/L之间时，测定结果的最大允许相对偏差为20%；当样品总汞含量＞5μg/L时，测定结果的最大允许相对偏差为15%。

每批样品应至少测定10%的加标回收样品，样品数不足10个时，应至少测定1个加标回收样品。当样品总汞含量≤1μg/L时，加标回收率应在85%～115%之间；当样品总汞含量＞1μg/L时，加标回收率应在90%～110%之间。

6.11 总砷的分析测定

目前，我国水体总砷含量测定的标准方法主要有《水质　65种元素的测定　电感耦合等离子体质谱法》（HJ 700）和《水质　汞、砷、硒、铋和锑的测定　原子荧光法》（HJ 694）等。

6.11.1 电感耦合等离子体质谱法 [12]

根据《水质　65 种元素的测定　电感耦合等离子体质谱法》（HJ 700）测定样品中总砷的含量，具体见总镉的分析测定中电感耦合等离子体质谱法（ICP-MS）。

6.11.2 原子荧光法 [16]

根据《水质　汞、砷、硒、铋和锑的测定　原子荧光法》（HJ 694）测定样品中总砷的含量，具体见总汞的分析测定中原子荧光法（AFS）。

6.12 粪大肠菌群数的分析测定 [18]

目前，我国水样品中粪大肠菌群数测定的方法标准有《水质　粪大肠菌群的测定　滤膜法》（HJ 347.1）、《水质　粪大肠菌群的测定　多管发酵法》（HJ 347.2）和《水质　总大肠菌群和粪大肠菌群的测定　纸片快速法》（HJ 755）等。本书以《水质　粪大肠菌群的测定　多管发酵法》（HJ 347.2）提供的方法对水样品中粪大肠菌群数测定进行简要介绍。

（1）分析原理

将样品加入含乳糖蛋白胨培养基的试管中，37℃初发酵富集培养，大肠菌群在培养基中生长繁殖分解乳糖产酸产气，产生的酸使溴甲酚紫指示剂由紫色变为黄色，产生的气体进入倒管中，指示产气。44.5℃复发酵培养，培养基中的胆盐三号可抑制革兰氏阳性菌的生长，最后产气的细菌确定为粪大肠菌群。通过查 MPN 表，得出粪大肠菌群浓度值。

（2）适用范围

此方法适用于地表水、地下水、生活污水和工业废水中粪大肠菌群的测定。此方法的检出限：12 管法为 3MPN/L；15 管法为 20MPN/L。

（3）样品接种

1）15 管法

将样品充分混匀后，在 5 支装有已灭菌的 5mL 三倍乳糖蛋白胨培养基的试管中（内有倒管），按无菌操作要求各加入样品 10mL，在 5 支装有已灭菌的 10mL 单倍乳糖蛋白胨培养基的试管中（内有倒管），按无菌操作要求各加入样品 1mL，在 5 支装有已灭菌的 10mL 单倍乳糖蛋白胨培养基的试管中（内有倒管），按无菌操作要求各加入样品 0.1mL。

对于受到污染的样品，先将样品稀释后再按照上述操作接种，以生活污水为例，先将样品稀释 10^4 倍，然后按照上述操作步骤分别接种 10mL、1mL 和 0.1mL。15 管法样品接种量参考表见表 6-16。

表6-16 15管法样品接种量参考表

<table>
<tr><th colspan="3" rowspan="2">样品类型</th><th colspan="7">接种量 /mL</th></tr>
<tr><th>10</th><th>1</th><th>0.1</th><th>10^{-2}</th><th>10^{-3}</th><th>10^{-4}</th><th>10^{-5}</th></tr>
<tr><td rowspan="3">地表水</td><td colspan="2">水源水</td><td>▲</td><td>▲</td><td>▲</td><td></td><td></td><td></td><td></td></tr>
<tr><td colspan="2">湖泊（水库）</td><td>▲</td><td>▲</td><td>▲</td><td></td><td></td><td></td><td></td></tr>
<tr><td colspan="2">河流</td><td></td><td>▲</td><td>▲</td><td>▲</td><td></td><td></td><td></td></tr>
<tr><td rowspan="3">废水</td><td colspan="2">生活污水</td><td></td><td></td><td></td><td></td><td>▲</td><td>▲</td><td>▲</td></tr>
<tr><td rowspan="2">工业废水</td><td>处理前</td><td></td><td></td><td></td><td></td><td>▲</td><td>▲</td><td>▲</td></tr>
<tr><td>处理后</td><td>▲</td><td>▲</td><td>▲</td><td></td><td></td><td></td><td></td></tr>
<tr><td colspan="3">地下水</td><td>▲</td><td>▲</td><td>▲</td><td></td><td></td><td></td><td></td></tr>
</table>

当样品接种量＜1mL 时，应将样品制成稀释样品后使用。按无菌操作要求方式吸取 10mL 充分混匀的样品，注入盛有 90mL 无菌水的三角烧瓶中，混匀成 1∶10 稀释样品。吸取 1∶10 的稀释样品 10mL 注入盛有 90mL 无菌水的三角烧瓶中，混匀成 1∶100 稀释样品。其他接种量的稀释样品依此类推。吸取不同浓度的稀释液时，每次必须更换移液管。

2）12 管法

生活饮用水等清洁水体也可使用 12 管法。将样品充分混匀后，在 2 支装有已灭菌的 50mL 三倍乳糖蛋白胨培养基的大试管中（内有倒管），按无菌操作要求各加入样品 100mL，在 10 支装有已灭菌的 5mL 三倍乳糖蛋白胨培养基的试管中（内有倒管），按无菌操作要求各加入样品 10mL。

（4）初发酵试验

将接种后的试管，在（37 ± 0.5）℃下培养（24 ± 2）h。发酵试管颜色变黄为产酸，小玻璃倒管内有气泡为产气。产酸和产气的试管表明试验阳性。如在倒管内产气不明显，可轻拍试管，有小气泡升起的为阳性。

（5）复发酵试验

轻微振荡在初发酵试验中显示为阳性或疑似阳性（只产酸未产气）的试管，用经火焰灼烧灭菌并冷却后的接种环将培养物分别转接到装有 EC 培养基的试管中。在

（44.5±0.5）℃下培养（24±2）h。转接后所有试管必须在 30min 内放进恒温培养箱或水浴锅中。培养后立即观察，倒管中产气证实为粪大肠菌群阳性。

（6）对照试验

1）空白对照

每次试验都要用无菌水进行实验室空白测定。

2）阳性及阴性对照

将粪大肠菌群的阳性菌株（如大肠埃希氏菌）和阴性菌株（如产气肠杆菌）制成浓度为 300～3000MPN/L 的菌悬液，分别取相应体积的菌悬液按接种的要求接种于试管中，然后按初发酵试验和复发酵试验要求培养，阳性菌株应呈现阳性反应，阴性菌株应呈现阴性反应，否则，该次样品测定结果无效，应查明原因后重新测定。

（7）结果计算与表示

接种 12 份样品时，查《水质　粪大肠菌群的测定　多管发酵法》（HJ 347.2）附录 A 中表 A.1 可得每升粪大肠菌群 MPN 值。

接种 15 份样品时，查《水质　粪大肠菌群的测定　多管发酵法》（HJ 347.2）附录 A 中表 A.2 得到 MPN 值，再按照式（6-20）换算样品中粪大肠菌群数（MPN/L）。

$$C=\frac{\text{MPN值}\times 100}{f} \tag{6-20}$$

式中　C——样品中粪大肠菌群数，MPN/L；

MPN值——每100mL样品中粪大肠菌群数，MPN/100mL；

100——10×10mL，其中，10将MPN值的单位MPN/100mL转换为MPN/L，10mL为MPN表中最大接种量；

f——实际样品最大接种量，mL。

测定结果保留至整数位，最多保留两位有效数字，当测定结果≥ 100MPN/L 时，以科学计数法表示；当测定结果低于检出限时，12 管法以“未检出”或“＜3MPN/L”表示；15 管法以“未检出”或“＜20MPN/L”表示。

（8）质量保证和质量控制

1）培养基检验

更换不同批次培养基时要进行阳性和阴性菌株检验，将粪大肠菌群的阳性菌株（如大肠埃希氏菌）和阴性菌株（如产气肠杆菌）制成浓度为 300～3000MPN/L 的菌悬液。若使用的是定性标准菌株，配制方法为先进行预实验，摸清浓度后按目标为 300～3000MPN/L 稀释；若使用的是定量标准菌株，则可按照给定值直接稀释。稀释后分别取相应水量的菌悬液按接种的要求接种于试管中，然后按初发酵试验和复发酵试验要求培养，阳性菌株应呈现阳性反应，阴性菌株应呈现阴性反应。

2）对照试验

① 空白对照：每次试验都要用无菌水做实验室空白测定，培养后的试管中不得有任何变色反应，否则，该次样品测定结果无效，应查明原因后重新测定。

② 阳性及阴性对照：定期进行阳性及阴性对照试验，阳性菌株应呈现阳性反应，阴性菌株应呈现阴性反应，否则，该次样品测定结果无效，应查明原因后重新测定。

6.13 蛔虫卵数的分析测定[19]

目前，《水质　蛔虫卵的测定　沉淀集卵法》（HJ 775）是我国水样品中蛔虫卵数测定的主要标准方法。

（1）适用范围

此方法规定了测定水中蛔虫卵的沉淀集卵法，适用于地表水和废水中蛔虫卵的测定，当取样体积为10L时，此方法的检出限为5个/10L。

（2）技术要点

1）样品采集

按《污水监测技术规范》（HJ 91.1）和《地表水环境质量监测技术规范》（HJ 91.2）中要求进行样品采集。

2）过滤

充分摇匀样品，转入不锈钢开口直壁容器至10L刻度。如样品中含有草梗、纸渣等较大杂质，需将样品用筛网（60目，ϕ250μm）过滤，并用吐温80溶液[$\varphi(C_{24}H_{44}O_6)=0.1\%$]清洗筛网及杂质，洗液并入过滤后的10L样品中。

3）沉淀

过滤后的样品在15～25℃室温下静置过夜沉淀12～24h，用虹吸管小心吸取并弃去上清液，避免扰动，保留1L含沉淀物的样品，转入1000mL开口直壁量筒，分别用50mL吐温80溶液[$\varphi(C_{24}H_{44}O_6)=0.1\%$]彻底清洗不锈钢开口直壁容器3次，洗液并入1000mL开口直壁量筒。在15～25℃室温下再次静置过夜沉淀12～24h，用虹吸管吸取并弃去上清液，避免扰动，保留90～100mL含沉淀物的样品。

注意：若样品中蛔虫卵浓度在10倍检出限以上（＞50个/10L），采样时，可只采总量不小于1L的样品，取1L水样直接进行第二步的量筒沉淀浓缩。当样品中含有草梗、纸渣等较大杂质，同样应先将样品用筛网（60目，ϕ250μm）过滤，并用吐温80溶液[$\varphi(C_{24}H_{44}O_6)=0.1\%$]清洗筛网及杂质，洗液并入1L样品中沉淀。

4）离心

沉淀浓缩后的样品小心转移至3个50mL螺口尖底离心管，分别用15mL吐温80溶液[$\varphi(C_{24}H_{44}O_6)=0.1\%$]彻底清洗开口直壁量筒3次，洗液均匀并入3个螺口尖底离心管。以1000g的离心力离心15min，用一次性巴氏滴管小心吸取并弃去上清液，少量留之，避免带出沉淀。

用少量吐温 80 溶液 [$\varphi(C_{24}H_{44}O_6)$=0.1%] 将 3 个离心管中的沉淀进行悬浮，将沉淀量少的 2 个离心管中的悬浮液并入沉淀量最多的一个离心管中；分别用 3 ～ 5mL 吐温 80 溶液彻底清洗被转移悬浮液的 2 个离心管，每支清洗 3 次，确保没有沉淀被丢弃，洗液并入沉淀量最多的离心管。以 1000*g* 的离心力离心 15min，用一次性巴氏滴管小心吸取并弃去上清液，少量留之，避免带出沉淀。

5）脂类杂质分离去除

用与离心后沉淀等体积的乙酸 - 乙酸钠缓冲液 (pH=4.5) 对沉淀进行悬浮（即：离心后沉淀体积为 2mL，加入 2mL 缓冲液）。如果离心后沉淀体积不足 2mL，加入缓冲液至 4mL。以确保用乙酸乙酯 ($C_4H_8O_2$) 浸提后，沉淀上方有足够体积的缓冲液，便于脂类杂质层完全倾出，且避免蛔虫卵沉淀层的丢失。

加入 2 倍离心后沉淀体积的乙酸乙酯，用涡旋混匀器（漩涡混匀器）完全混合。以 1000*g* 的离心力离心 15min，样品被分为清晰的三层。所有的非脂肪物质、重碎片，包括蛔虫卵、幼虫和原生动物在底层；中间层是缓冲液层；脂肪和其他脂溶性物质在上方形成黑而厚的一层。

将上层和中间层液体平稳倾出弃去，记录底层沉淀体积。如有必要，可用细针在离心管壁四周对上层的脂肪层进行松动。

6）镜检

加入 5 倍底层沉淀体积的饱和硝酸钠（$NaNO_3$）溶液，对分离去除脂类杂质后的含卵底层沉淀进行悬浮。该悬浮液可置于 0 ～ 4℃冰箱冷藏保存，备检，于 1 周内检测完毕，检测时需将其静置至室温。充分摇匀悬浮液，将其转入 1mL（网格）或 5mL（S 型）定量计数框，静置 5min，在显微镜下计数，直至全部悬浮液镜检完成。分别用 1mL 饱和硝酸钠溶液充分洗涤镜检完的离心管 3 次，将洗液转入 1mL（网格）或 5mL（S 型）定量计数框，按以上步骤镜检。所有检测到的蛔虫卵全部计数。

镜检时，需保持环境条件的稳定，无震动和风扰，缓移计数框，自上而下按“U”形逐列计数。蛔虫卵鉴定方法参见《水质 蛔虫卵的测定 沉淀集卵法》（HJ 775）附录B。

7）空白对照试验

取 10L 同批次实验用水，按以上采样及分析步骤进行全程序空白样品的测定。

（3）结果计算

统计全部计数的蛔虫卵数，按式（6-21）计算并报告 10L 水样中蛔虫卵数：

$$C=\frac{N}{Q} \tag{6-21}$$

式中 C——水样中蛔虫卵浓度，个/10L；

N——检测到的所有蛔虫卵数，个；

Q——实际水样体积，10L。

水质中蛔虫卵的测定，实验最终结果取整表示，以“个 /10L”为单位。

（4）质量保证和质量控制

每批次样品至少做 1 个全程序空白试验，并取 10% 的样品进行平行样测定。全程序空白试验不得检出蛔虫卵，平行样间的相对偏差不得超过 30%。

（5）精密度

6 家实验室分别对实际样品和低浓度（20 个 /10L）、中浓度（40 个 /10L）、高浓度（80 个 /10L）自配样品的蛔虫卵进行测定，实验室内相对标准偏差范围分别为 6.5% ～ 18.9%、10.1% ～ 22.0%、12.8% ～ 23.8%、8.9% ～ 17.4%；实验室间相对标准偏差分别为 5.8%、5.5%、4.9%、4.8%；重复性限为 244 个 /10L、3 个 /10L、7 个 /10L、11 个 /10L；再现性限为 260 个 /10L、3 个 /10L、7 个 /10L、11 个 /10L。

6.14 全盐量的分析测定 [20]

目前，《水质　全盐量的测定　重量法》（HJ/T 51）是我国水样品中全盐量测定的主要标准方法，具体分析测定方法如下。

（1）适用范围

适用于农田灌溉水质、地下水和城市污水中全盐量的测定。取 100.0mL 水样测定，检测下限为 10mg/L。

（2）试验测定

1）蒸发皿恒重

将蒸发皿洗净，放在（105 ± 2）℃烘箱中烘 2h，取出，放在干燥器内冷却后称量。反复烘干、冷却、称量，直至恒重（两次称量的重量差不超过 0.5mg），放入干燥器中备用。

2）水样过滤

将水样上清液用垫有 0.45μm 孔径的有机微孔滤膜的滤器过滤，弃去初滤液 10 ～ 15mL，滤液用干燥洁净玻璃器皿接取。

3）蒸干

移取过滤后水样 100.0mL 于瓷蒸发皿内，放在蒸汽浴上蒸干。若水中全盐量大于 2000mg/L，可酌情减少取样体积，用水稀释至 100mL。

4）有机物处理

如果蒸干残渣有色，待蒸发皿稍冷后，滴加过氧化氢溶液数滴，慢慢旋转蒸发皿至气泡消失，再置于蒸汽浴上蒸干，反复处理数次，直至残渣变白或颜色稳定不变为止。

5）烘干和称量

将蒸干的蒸发皿放入（105 ± 2）℃烘箱内，直至恒重后测量。

注：含有大量钙、镁、氯化物的水样蒸干后易吸水，使测定结果偏高，采用减少取样量和快速称重的方法可减少影响。

（3）结果的表示

水中全盐量按式（6-22）计算。

$$C=\frac{W-W_0}{V}\times 10^6 \qquad (6\text{-}22)$$

式中 C——水中全盐量，mg/L；

W——蒸发皿及残渣的总重量，g；

W_0——蒸发皿的重量，g；

V——水样体积，mL。

（4）精密度和准确度

5 个实验室测定全盐量分别用 255mg/L 和 684mg/L 统一水样。

1）重复性

实验室内相对标准偏差分别为 2.6% 和 1.6%。

2）再现性

实验室间相对标准偏差分别为 3.7% 和 2.2%。

3）准确度

加标回收率范围分别为 91.0% ～ 102% 和 88.1% ～ 98.1%。

6.15 其他污染物的分析测定

根据农产品产地环境污染状况（如农区大气、农灌水等），以及地表水、地下水、废（污）水类型和对水质要求的不同，可能需要测定氰化物、氟化物、石油类、挥发酚、硼、总铜、总锌、总镍、硒、苯、甲苯、二甲苯、异丙苯、苯胺、三氯乙醛、丙烯醛、氯苯、1,2- 二氯苯、1,4- 二氯苯、硝基苯等选择控制项目。它们的分析测定方法见表 6-17。

表6-17 其他污染物的分析测定方法

序号	分析项目	标准名称	标准编号
1	氰化物	水质 氰化物的测定 容量法和分光光度法	HJ 484
		水质 氰化物的测定 流动注射 - 分光光度法	HJ 823

续表

序号	分析项目	标准名称	标准编号
2	氟化物	水质　氟化物的测定　离子选择电极法	GB 7484
		水质　无机阴离子（F^-、Cl^-、NO_2^-、Br^-、NO_3^-、PO_4^{3-}、SO_3^{2-}、SO_4^{2-}）的测定　离子色谱法	HJ 84
		水质　氟化物的测定　茜素磺酸锆目视比色法	HJ 487
		水质　氟化物的测定　氟试剂分光光度法	HJ 488
3	石油类	水质　石油类和动植物油类的测定　红外分光光度法	HJ 637
		水质　石油类的测定　紫外分光光度法（试行）	HJ 970
4	挥发酚	水质　挥发酚的测定　4-氨基安替比林分光光度法	HJ 503
		水质　挥发酚的测定　流动注射-4-氨基安替比林分光光度法	HJ 825
5	硼	水质　硼的测定　姜黄素分光光度法	HJ/T 49
		水质　65种元素的测定　电感耦合等离子体质谱法	HJ 700
6	总铜	水质　铜、锌、铅、镉的测定　原子吸收分光光度法	GB 7475
		水质　铜的测定　二乙基二硫代氨基甲酸钠分光光度法	HJ 485
		水质　铜的测定　2,9-二甲基-1,10菲啰啉分光光度法	HJ 486
		水质　65种元素的测定　电感耦合等离子体质谱法	HJ 700
		水质　32种元素的测定　电感耦合等离子体发射光谱法	HJ 776
7	总锌	水质　铜、锌、铅、镉的测定　原子吸收分光光度法	GB 7475
		水质　65种元素的测定　电感耦合等离子体质谱法	HJ 700
		水质　32种元素的测定　电感耦合等离子体发射光谱法	HJ 776
8	总镍	水质　镍的测定　火焰原子吸收分光光度法	GB 11912
		水质　65种元素的测定　电感耦合等离子体质谱法	HJ 700
		水质　32种元素的测定　电感耦合等离子体发射光谱法	HJ 776
9	硒	水质　硒的测定　石墨炉原子吸收分光光度法	GB/T 15505
		水质　汞、砷、硒、铋和锑的测定　原子荧光法	HJ 694
		水质　65种元素的测定　电感耦合等离子体质谱法	HJ 700
		水质　总硒的测定　3,3′-二氨基联苯胺分光光度法	HJ 811
10	苯	水质　挥发性有机物的测定　吹扫捕集/气相色谱-质谱法	HJ 639
		水质　挥发性有机物的测定　吹扫捕集/气相色谱法	HJ 686
		水质　挥发性有机物的测定　顶空/气相色谱-质谱法	HJ 810
		水质　苯系物的测定　顶空/气相色谱法	HJ 1067

续表

序号	分析项目	标准名称	标准编号
11	甲苯	水质　挥发性有机物的测定　吹扫捕集 / 气相色谱 - 质谱法	HJ 639
		水质　挥发性有机物的测定　吹扫捕集 / 气相色谱法	HJ 686
		水质　挥发性有机物的测定　顶空 / 气相色谱 - 质谱法	HJ 810
		水质　苯系物的测定　顶空 / 气相色谱法	HJ 1067
12	二甲苯	水质　挥发性有机物的测定　吹扫捕集 / 气相色谱 - 质谱法	HJ 639
		水质　挥发性有机物的测定　吹扫捕集 / 气相色谱法	HJ 686
		水质　挥发性有机物的测定　顶空 / 气相色谱 - 质谱法	HJ 810
		水质　苯系物的测定　顶空 / 气相色谱法	HJ 1067
13	异丙苯	水质　挥发性有机物的测定　吹扫捕集 / 气相色谱 - 质谱法	HJ 639
		水质　挥发性有机物的测定　吹扫捕集 / 气相色谱法	HJ 686
		水质　挥发性有机物的测定　顶空 / 气相色谱 - 质谱法	HJ 810
		水质　苯系物的测定　顶空 / 气相色谱法	HJ 1067
14	苯胺	水质　苯胺类化合物的测定　*N*-(1- 萘基) 乙二胺偶氮分光光度法	GB 11889
		水质　苯胺类化合物的测定　气相色谱 - 质谱法	HJ 822
		水质　17 种苯胺类化合物的测定　液相色谱 - 三重四极杆质谱法	HJ 1048
15	三氯乙醛	水质　三氯乙醛的测定　吡唑啉酮分光光度法	HJ/T 50
16	丙烯醛	水质　丙烯腈和丙烯醛的测定　吹扫捕集 / 气相色谱法	HJ 806
17	氯苯	水质　氯苯的测定　气相色谱法	HJ/T 74
		水质　氯苯类化合物的测定　气相色谱法	HJ 621
		水质　挥发性有机物的测定　吹扫捕集 / 气相色谱 - 质谱法	HJ 639
		水质　挥发性有机物的测定　顶空 / 气相色谱 - 质谱法	HJ 810
18	1, 2- 二氯苯	水质　氯苯类化合物的测定　气相色谱法	HJ 621
		水质　挥发性有机物的测定　吹扫捕集 / 气相色谱 - 质谱法	HJ 639
		水质　挥发性有机物的测定　顶空 / 气相色谱 - 质谱法	HJ 810
19	1, 4- 二氯苯	水质　氯苯类化合物的测定　气相色谱法	HJ 621
		水质　挥发性有机物的测定　吹扫捕集 / 气相色谱 - 质谱法	HJ 639
		水质　挥发性有机物的测定　顶空 / 气相色谱 - 质谱法	HJ 810
20	硝基苯	水质　硝基苯类化合物的测定　气相色谱法	HJ 592
		水质　硝基苯类化合物的测定　液液萃取 / 固相萃取 - 气相色谱法	HJ 648
		水质　硝基苯类化合物的测定　气相色谱 - 质谱法	HJ 716

参考文献

[1] GB 5084—2021．农田灌溉水质标准 [S].

[2] HJ 1147—2020．水质　pH 值的测定　电极法 [S].

[3] GB 11901—1989．水质　悬浮物的测定　重量法 [S].

[4] HJ 505—2009．水质　五日生化需氧量（BOD_5）的测定　稀释与接种法 [S].

[5] HJ 828—2017．水质　化学需氧量的测定　重铬酸盐法 [S].

[6] HJ/T 399—2007．水质　化学需氧量的测定　快速消解分光光度法 [S].

[7] HJ 84—2016．水质　无机阴离子（F^-、Cl^-、NO_2^-、Br^-、NO_3^-、PO_4^{3-}、SO_3^{2-}、SO_4^{2-}）的测定　离子色谱法 [S].

[8] HJ 200—2023．水质　硫化物的测定　气相分子吸收光谱法 [S].

[9] GB/T 16489—1996．水质　硫化物的测定　亚甲基蓝分光光度法 [S].

[10] HJ 824—2017．水质　硫化物的测定　流动注射 - 亚甲基蓝分光光度法 [S].

[11] HJ/T 60—2000．水质　硫化物的测定　碘量法 [S].

[12] HJ 700—2014．水质　65 种元素的测定　电感耦合等离子体质谱法 [S].

[13] HJ 776—2015．水质　32 种元素的测定　电感耦合等离子体发射光谱法 [S].

[14] HJ 908—2017．水质　六价铬的测定　流动注射 - 二苯碳酰二肼光度法 [S].

[15] GB/T 7467—1987．水质　六价铬的测定　二苯碳酰二肼分光光度法 [S].

[16] HJ 694—2014．水质　汞、砷、硒、铋和锑的测定　原子荧光法 [S].

[17] HJ 597—2011．水质　总汞的测定　冷原子吸收分光光度法 [S].

[18] HJ 347.2—2018．水质　粪大肠菌群的测定　多管发酵法 [S].

[19] HJ 775—2015．水质　蛔虫卵的测定　沉淀集卵法 [S].

[20] HJ/T 51—1999．水质　全盐量的测定　重量法 [S].

第7章

空气样品检测与质量控制方法

- 总悬浮颗粒物的分析测定
- 二氧化硫的分析测定
- 二氧化氮的分析测定
- 铅的分析测定

农产品产地环境空气质量应符合《农区环境空气质量监测技术规范》（NY/T 397）要求，结合《绿色食品　产地环境质量》（NY/T 391）和《食用农产品产地环境质量评价标准》（HJ/T 332）等规定，农产品产地环境空气质量监测应重点关注空气中总悬浮颗粒物、二氧化硫、二氧化氮、铅等监测项目。

7.1 总悬浮颗粒物的分析测定 [1]

目前，《环境空气　总悬浮颗粒物的测定　重量法》（GB/T 15432）是我国空气中总悬浮颗粒物测定的主要标准方法，具体分析测定方法如下。

（1）分析原理

通过具有一定切割特性的采样器，以恒速抽取定量体积的空气，空气中粒径＜100μm 的悬浮颗粒物，被截留在已恒重的滤膜上。根据采样前、后滤膜重量之差及采样体积，计算总悬浮颗粒物的浓度。滤膜经处理后进行组分分析。

（2）适用范围

此方法适合于用大流量或中流量总悬浮颗粒物采样器（简称采样器）进行空气中总悬浮颗粒物的测定。方法的检测限为 0.001mg/m^3。总悬浮颗粒物含量过高或雾天采样使滤膜阻力大于 10kPa 时本方法不适用。

（3）技术要点

1）滤膜准备

每张滤膜均需用 X 光看片机进行检查，不得有针孔或任何缺陷。在选中的滤膜光滑表面的两个对角上打印编号。滤膜袋上打印同样编号备用。

将滤膜放在恒温恒湿箱中平衡 24h，平衡温度取 15 ～ 30℃中任一点，记录下平衡温度与湿度。

在上述平衡条件下称量滤膜，大流量采样器滤膜称量精确到 1mg，中流量采样器滤膜称量精确到 0.1mg。记录下滤膜重量 W_0（g）。

称量好的滤膜平展地放在滤膜保存盒中，采样前不得将滤膜弯曲或折叠。

2）安放滤膜及采样

打开采样头顶盖，取出滤膜夹。用清洁干布擦去采样头内及滤膜夹上的灰尘。

将已编号并称量过的滤膜绒面向上，放在滤膜支持网上，放上滤膜夹，对正，拧紧，使不漏气。安好采样头顶盖，按照采样器使用说明，设置采样时间，即可启动采样。

样品采完后，打开采样头，用镊子轻轻取下滤膜，采样面向里，将滤膜对折，放入号码相同的滤膜袋中。取滤膜时，如发现滤膜损坏，或滤膜上尘的边缘轮廓不清晰、滤膜安装歪斜（说明漏气），则本次采样作废，需重新采样。

3）尘膜的平衡及称量

尘膜在恒温恒湿箱中，与干净滤膜平衡条件相同的温度、湿度，平衡 24h。

在上述平衡条件下称量滤膜，大流量采样器滤膜称量精确到 1mg，中流量采样器滤膜称量精确到 0.1mg。记录下滤膜重量 W_1（g）。滤膜增重，大流量滤膜不小于 100mg，中流量滤膜不小于 10mg。

（4）结果计算

空气中总悬浮颗粒物含量按式（7-1）计算。

$$总悬浮颗粒物含量（\mu g/m^3）=\frac{K\times(W_1-W_0)}{Q_N\times t} \quad （7-1）$$

式中　t——累计采样时间，min；

Q_N——采样器平均抽气流量，m^3/min 或 L/min；

K——常数，大流量采样器 $K=1\times10^6$，中流量采样器 $K=1\times10^9$。

（5）质量控制

当两台总悬浮颗粒物采样器安放位置相距不大于 4m 且不少于 2m 时，同时采样测定总悬浮颗粒物含量，相对偏差不大于 15%。

采样器在使用期内，每月应将标准孔口流量校准器串接在采样器前，在模拟采样状态下，进行不同采样流量值的校验。依据标准孔口流量校准器的标准流量曲线值标定采样器的流量曲线，以便由采样器压力计的压差值（液位差，以 cm 为单位）直接得知采气流量。

7.2 二氧化硫的分析测定 [2]

空气中 SO_2 测定常用的方法有分光光度法、紫外荧光光谱法、电导法、定电位电解法和气相色谱法等。其中，紫外荧光光谱法和电导法主要用于自动监测。本书以《环境空气　二氧化硫的测定　甲醛吸收 - 副玫瑰苯胺分光光度法》（HJ 482）标准介绍空气中二氧化硫的测定方法。

（1）分析原理

二氧化硫被甲醛缓冲溶液吸收后，生成稳定的羟甲基磺酸加成化合物，在样品溶液中加入氢氧化钠使加成化合物分解，释放出的二氧化硫与副玫瑰苯胺、甲醛作用，生成紫红色化合物，用分光光度计在波长 577nm 处测量吸光度。

（2）适用范围

此方法适用于空气中二氧化硫的测定。当使用 10mL 吸收液，采样体积为 30L 时，测定空气中二氧化硫的检出限为 0.007mg/m^3，测定下限为 0.028mg/m^3，测定上限为 0.667mg/m^3。当使用 50mL 吸收液，采样体积为 288L，试份为 10mL 时，测定空气中二氧化硫的检出限为 0.004mg/m^3，测定下限为 0.014mg/m^3，测定上限为 0.347mg/m^3。

（3）技术要点

1）校准曲线绘制

取 16 支 10mL 具塞比色管，分 A、B 两组，每组 7 支，分别对应编号。A 组按表 7-1 配制校准系列。

在 A 组各管中分别加入 0.5mL 氨磺酸钠溶液和 0.5mL 氢氧化钠溶液，混匀。在 B 组各管中分别加入 1.00mL PRA（盐酸副玫瑰苯胺）溶液。

将 A 组各管的溶液迅速地全部倒入对应编号并盛有 PRA 溶液的 B 管中，立即加塞混匀后放入恒温水浴装置中显色。在波长 577nm 处，用 10mm 比色皿，以水为参比测量吸光度。以空白校正后各管的吸光度为纵坐标，以二氧化硫的质量浓度（μg/10mL）为横坐标，用最小二乘法建立校准曲线的回归方程。

显色温度与室温之差不应超过 3℃。根据季节和环境条件按表 7-2 选择合适的显色温度与显色时间。

表7-1　二氧化硫校准系列

管号	0	1	2	3	4	5	6
二氧化硫标准溶液（1.00μg/mL）/mL	0	0.50	1.00	2.00	5.00	8.00	10.00
甲醛缓冲吸收液 /mL	10.00	9.50	9.00	8.00	5.00	2.00	0
二氧化硫含量 /（μg/10mL）	0	0.50	1.00	2.00	5.00	8.00	10.00

表7-2　显色温度与显色时间

显色温度 /℃	10	15	20	25	30
显色时间 /min	40	25	20	15	5
稳定时间 /min	35	25	20	15	10
试剂空白吸光度 A_0	0.030	0.035	0.040	0.050	0.060

2）短时间采集的样品

将吸收管中的样品溶液移入 10mL 比色管中，用少量甲醛吸收液洗涤吸收管，洗液并入比色管中并稀释至标线。加入 0.5mL 氨磺酸钠溶液，混匀，放置 10min 以除去氮氧化物的干扰。以下步骤同校准曲线的绘制。

3）连续 24h 采集的样品

将吸收瓶中样品移入 50mL 容量瓶（或比色管）中，用少量甲醛吸收液洗涤吸收瓶后再倒入容量瓶（或比色管）中，并用吸收液稀释至标线。吸取适当体积的试样（视浓度高低而决定取 2 ～ 10mL）于 10mL 比色管中，再用吸收液稀释至标线，加入 0.5mL 氨磺酸钠溶液，混匀，放置 10min 以除去氮氧化物的干扰，以下步骤同校准曲线的绘制。

（4）结果计算

空气中二氧化硫的质量浓度，按式（7-2）计算：

$$\rho(SO_2)=\frac{A-A_0-a}{b\times V_s}\times\frac{V_t}{V_a} \tag{7-2}$$

式中 $\rho(SO_2)$——空气中二氧化硫的质量浓度，mg/m^3；

A——样品溶液的吸光度；

A_0——试剂空白溶液的吸光度；

b——校准曲线的斜率，吸光度・10mL/μg；

a——校准曲线的截距（一般要求小于 0.005）；

V_t——样品溶液的总体积，mL；

V_a——测定时所取试样的体积，mL；

V_s——换算成标准状态下（101.325kPa，273K）的采样体积，L。

计算结果准确到小数点后三位。

（5）质量保证和质量控制

多孔玻板吸收管的阻力为（6.0 ± 0.6）kPa，2/3 玻板面积发泡均匀，边缘无气泡逸出。

采样时吸收液的温度在 23 ～ 29℃时，吸收效率为 100%；10 ～ 15℃时，吸收效率偏低 5%；高于 33℃或低于 9℃时，吸收效率偏低 10%。

每批样品至少测定两个现场空白。即将装有吸收液的采样管带到采样现场，除了不采气之外，其他环境条件与样品相同。

当空气中二氧化硫浓度高于测定上限时，可以适当减少采样体积或者减少试料的体积。

如果样品溶液的吸光度超过标准曲线的上限，可用试剂空白液稀释，在数分钟内再测定吸光度，但稀释倍数不要大于 6。

显色温度低，显色慢，稳定时间长；显色温度高，显色快，稳定时间短。操作人员必须了解显色温度、显色时间和稳定时间的关系，严格控制反应条件。

测定样品时的温度与绘制校准曲线时的温度之差不应超过 2℃。

在给定条件下校准曲线斜率应为 0.042 ± 0.004，测定样品时的试剂空白吸光度 A_0 和绘制标准曲线时的 A_0 波动范围不超过 ±15%。

六价铬能使紫红色络合物褪色，产生负干扰，故应避免用硫酸 - 铬酸洗液洗涤玻璃器皿。若已用硫酸 - 铬酸洗液洗涤过，则需用盐酸溶液（1+1）浸洗，再用水充分洗涤。

7.3 二氧化氮的分析测定[3]

空气中 NO、NO_2 常用的测定方法有盐酸萘乙二胺分光光度法、化学发光分析法及原电池库仑滴定法等，其中化学发光分析法为自动监测方法。本书以《环境空气 氮氧化物（一氧化氮和二氧化氮）的测定 盐酸萘乙二胺分光光度法》（HJ 479）标准介绍空气中二氧化氮等氮氧化物的测定方法。

（1）分析原理

空气中的 NO_2 被串联的第一支吸收瓶中的吸收液吸收并反应生成粉红色偶氮染料。空气中的 NO 不与吸收液反应，通过氧化管时被酸性高锰酸钾溶液氧化为 NO_2，被串联的第二支吸收瓶中的吸收液吸收并反应生成粉红色偶氮染料。生成的偶氮染料在波长 540nm 处的吸光度与 NO_2 的含量成正比。分别测定第一支和第二支吸收瓶中样品的吸光度，计算两支吸收瓶内 NO_2 和 NO 的质量浓度，二者之和即为 NO_x 的质量浓度（以 NO_2 计）。

（2）适用范围

此方法适用于环境空气中 NO_x、NO_2、NO 的测定。此方法检出限为 0.12μg/10mL 吸收液。当吸收液总体积为 10mL，采样体积为 24L 时，空气中 NO_x 的检出限为 0.005mg/m³。当吸收液总体积为 50mL，采样体积为 288L 时，空气中 NO_x 的检出限为 0.003mg/m³。当吸收液总体积为 10mL，采样体积为 12 ～ 24L 时，环境空气中 NO_x 的测定范围为 0.020 ～ 2.5mg/m³。

（3）技术要点

测定时，首先配制亚硝酸盐标准溶液系列和试剂空白溶液，同样于暗处放置 20min，若室温在 20℃以下，则放置 40min 以上，在波长 540nm 处，以蒸馏水为参比测量吸光度。根据标准系列扣除试剂空白溶液后的吸光度和对应NO_2^-的质量浓度（μg/mL），用最小二乘法计算标准曲线的回归方程。然后，于同一波长处测量样品的吸光度，扣除试剂空白的吸光度后，按以下各式分别计算 NO_2、NO 和 NO_x 的浓度。

（4）结果计算

① 空气中 NO_2 质量浓度ρ_{NO_2}（mg/m³）按式（7-3）计算：

$$\rho_{NO_2}=\frac{(A_1-A_0-a)\times V\times D}{b\times f\times V_0} \tag{7-3}$$

② 空气中 NO 质量浓度按下式计算：

ρ_{NO}（mg/m³）以二氧化氮（NO_2）计，按式（7-4）计算：

$$\rho_{NO}=\frac{(A_2-A_0-a)\times V\times D}{b\times f\times V_0\times K} \tag{7-4}$$

ρ'_{NO}（mg/m³）以一氧化氮（NO）计，按式（7-5）计算：

$$\rho'_{NO}=\frac{\rho_{NO}\times 30}{46} \tag{7-5}$$

③ 空气中NO_x的质量浓度ρ_{NO_x}（mg/m³）以二氧化氮（NO_2）计，按式（7-6）计算：

$$\rho_{NO_x}=\rho_{NO_2}+\rho_{NO} \tag{7-6}$$

式中 A_1、A_2——串联的第一支和第二支吸收瓶中样品的吸光度；

A_0——实验室空白的吸光度；

b——标准曲线的斜率，吸光度・mL/μg；

a——标准曲线的截距；

V——采样用吸收液体积，mL；

V_0——换算为标准状态（101.325kPa，273K）下的采样体积，L；

K——NO → NO_2 氧化系数，0.68；

D——样品的稀释倍数；

f——Saltzman 实验系数，0.88(当空气中二氧化氮质量浓度高于 0.72mg/m³ 时，f 取值 0.77)。

（5）精密度和准确度

1）测定 NO_2 标准气体的精密度和准确度

5 个实验室测定质量浓度范围在 0.056 ～ 0.480mg/m³ 的 NO_2 标准气体，重复性相对标准偏差＜10%，相对误差＜ ± 8%。

2）测定 NO 标准气体的精密度和准确度

测定质量浓度范围在 0.057 ～ 0.396mg/m³ 之间的 NO 标准气体，重复性相对标准偏差＜10%，相对误差＜ ± 10%。

7.4 铅的分析测定[4-5]

（1）分析原理

用石英纤维等滤膜采集环境空气中的颗粒物样品，经消解后，注入石墨炉原子化器中，经过干燥、灰化和原子化，其基态原子对 283.3nm 处的谱线产生选择性吸收，其吸光度值与铅的质量浓度成正比。

（2）适用范围

本方法适用于环境空气中铅的测定。采集环境空气 $10m^3$，样品定容至 50mL 时，方法检出限为 $0.009\mu g/m^3$，测定下限为 $0.039\mu g/m^3$。

（3）技术要点

1）干扰与消除

加入磷酸二氢铵作为基体改进剂，可消除基体干扰。高浓度的钙、硫酸盐、磷酸盐、碘化物、氟化物或者醋酸会干扰铅的测定，可通过标准加入法来校正。背景干扰可通过扣背景的方式来消除。

2）消解方法

① 电热板消解：将滤膜裁成小块，置于锥形瓶中，然后依次加入 10mL 的硝酸（ρ=1.42g/mL）、5mL 的盐酸（ρ=1.19g/mL）和 3mL 的过氧化氢（φ=30%），静置 20 ～ 30min，待初始反应趋于平静后，于电热板上加热至微沸进行消解。蒸至尽干，再加入 5mL 的硝酸（ρ=1.42g/mL)，1.5mL 的过氧化氢（φ=30%），加热至尽干，冷却。然后加入 5mL 的硝酸（1+9，用 ρ=1.42g/mL 硝酸配制）稍热溶解，将溶液过滤至 50mL 容量瓶中，并用 1% 浓度的硝酸（φ=30%，用 ρ=1.42g/mL 硝酸配制）反复冲洗滤膜残渣至少 3 次，将洗涤液与过滤液合并，定容至刻度并摇匀。

② 微波消解：将滤膜裁成小块，置于消解罐中，然后依次加入 8mL 的硝酸（ρ=1.42g/mL）、2mL 的盐酸（ρ=1.19g/mL）和 1mL 的过氧化氢（φ=30%），静置 2 ～ 3h，待初始反应趋于平静后，进行消解。待消解完成后转移至烧杯中，加入 5mL 的硝酸（1+9，用 ρ=1.42g/mL 硝酸配制）稍热溶解，将溶液过滤至 50mL 容量瓶中，并用硝酸溶液（1+9，用 ρ=1.42g/mL 硝酸配制）定容。

3）空白试样的制备

① 全程序空白：将同批次两张滤膜带至采样现场，不采集样品。采样结束后，带回实验室，按试样的制备步骤制备成全程序空白试样。

② 实验室空白：将同批次两张滤膜按试样的制备步骤制备成实验室空白试样。

4）校准曲线

① 标准系列的配制：取 6 个 50mL 容量瓶，按表 7-3 配制铅标准系列。用硝酸溶液（1+9，用 ρ=1.42g/mL 硝酸配制）稀释至标线，摇匀。

表7-3　铅标准系列

瓶号	0	1	2	3	4	5
铅标准使用液 /mL	0.00	1.00	2.00	3.00	4.00	5.00
铅浓度 /（μg/L）	0.00	10.00	20.00	30.00	40.00	50.00

② 校准曲线的建立：由低浓度到高浓度，依次向石墨管中注入铅标准溶液，加入 2μL 磷酸二氢铵基体改进剂，按照选定的仪器工作条件，测定铅标准系列的吸光度，并建立校准曲线的线性回归方程。基体改进剂为磷酸二氢铵溶液，配制方法为：称取 5g 磷酸二氢铵，用 100mL 硝酸溶液（1+9，用 ρ=1.42g/mL 硝酸配制）溶解，配制成质量浓度为 5% 的磷酸二氢铵溶液。

（4）结果计算

根据所测的吸光度值，由线性回归方程计算出试样和空白试样中铅的浓度，并由式（7-7）计算环境空气中铅的浓度：

$$\rho(\mathrm{Pb})=\frac{(\rho_1-\rho_0)\times 50}{V\times 1000}\times\frac{S_\mathrm{t}}{S_\mathrm{a}} \tag{7-7}$$

式中 $\rho(\mathrm{Pb})$——环境空气中铅的浓度，μg/m³；

ρ_1——试样中铅浓度，μg/L；

ρ_0——实验室空白试样中铅浓度的平均值，μg/L；

50——试样溶液体积，mL；

S_t——样品滤膜总面积，cm²；

S_a——测定时所取样品滤膜面积，cm²；

V——实际采样体积，cm³。

（5）质量控制

1）空白

每批样品应至少做 2 个实验室空白和 2 个全程序空白，其测定结果应低于测定下限。

2）校准曲线

每批样品需做校准曲线，用线性拟合曲线进行校准，相关系数应≥ 0.995。

3）定量校准控制

在测定过程中，每测定 10 个样品应复测一次校准曲线浓度中间点的标准溶液。测定结果与校准曲线上该点浓度值相对偏差应不超过 ±10%。否则应找出原因并纠正，待仪器稳定后重新测定前 10 个样品。

4）平行样控制

每批样品应按 10% 的比例进行平行样测定，样品数量＜10 个时应至少测定 1 个平行样，其测定结果的相对偏差≤ 20%。

5）空白加标和基体加标控制

每批样品应至少做 10% 空白加标或基体加标回收试验，样品数量＜10 个时至少做 1 个，加标回收率应在 80% ～ 120% 范围内。

参考文献

[1] GB/T 15432—1995. 环境空气　总悬浮颗粒物的测定　重量法 [S].

[2] HJ 482—2009. 环境空气　二氧化硫的测定　甲醛吸收 - 副玫瑰苯胺分光光度法 [S].

[3] HJ 479—2009. 环境空气　氮氧化物（一氧化氮和二氧化氮）的测定　盐酸萘乙二胺分光光度法 [S].

[4] 隋鲁智，吴庆东，郝文. 环境监测技术与实践应用研究 [M]. 北京：北京工业大学出版社，2021.

[5] 陈玲，赵建夫 . 环境监测 [M]. 3 版 . 北京：化学工业出版社，2021.

第8章

农产品样品检测与质量控制方法

- 农产品样品中总砷、总铅、总镉、总铜、总锌、总镍、总铬的分析测定
- 农产品样品中总汞的分析测定

农产品产地环境监测中农产品质量应符合《农、畜、水产品污染监测技术规范》（NY/T 398）要求，应重点关注农产品样品中砷、汞、铅、镉、铬、铜、锌和镍等重点污染物。测定方法有《食品安全国家标准 食品中多元素的测定》（GB 5009.268）、《食品安全国家标准 食品中总砷及无机砷的测定》（GB 5009.11）、《食品安全国家标准 食品中铅的测定》（GB 5009.12）、《食品安全国家标准 食品中镉的测定》（GB 5009.15）、《食品安全国家标准 食品中总汞及有机汞的测定》（GB 5009.17）、《食品安全国家标准 食品中铜的测定》（GB 5009.13）、《食品安全国家标准 食品中锌的测定》（GB 5009.14）、《食品安全国家标准 食品中镍的测定》（GB 5009.138）和《食品安全国家标准 食品中铬的测定》（GB 5009.123）等。其中，《食品安全国家标准 食品中多元素的测定》（GB 5009.268）是砷、铅、镉、铜、锌、镍、铬的主要测定方法，《食品安全国家标准 食品中总汞及有机汞的测定》（GB 5009.17）是汞的主要测定方法。

8.1 农产品样品中总砷、总铅、总镉、总铜、总锌、总镍、总铬的分析测定

8.1.1 电感耦合等离子体质谱法[1]

（1）分析原理

试样经消解后，由电感耦合等离子体质谱仪测定，以元素特定质量数（质荷比，m/z）定性，采用外标法，以待测元素质谱信号与内标元素质谱信号的强度比与待测元素的浓度成正比进行定量分析。

（2）适用范围

适用于食品中铬、镍、铜、锌、砷、镉、铅的测定。

（3）技术要点

1）试剂

① 硝酸（HNO_3）。

② 高纯硝酸（HNO_3）：试剂中目标元素的含量小于1μg/L。痕量检测，宜选用高纯硝酸。

③ 氩气（Ar）：氩气（≥99.995%）或液氩。

④ 氦气（He）：氦气（＞99.995%）。

⑤ L-半胱氨酸盐酸盐一水合物（CH_3ClNO_3S，CAS 号：7048-04-6）：＞98%，色谱纯。

⑥ 金（Au）元素溶液：质量浓度为 1000mg/L。

⑦ 异丙醇（C_3H_8O，CAS 号：67-63-0）：色谱纯。

⑧ 盐酸（HCl）。

2）试剂配制

① 硝酸溶液（5+95）：取 50mL 硝酸（优级纯或更高纯度），缓慢加入 950mL 水中，混匀。

② 汞标准稀释液：取 0.2mL 金元素（Au）溶液（1000mg/L），用硝酸溶液（5+95）稀释至 1000mL，用于汞标准溶液的配制。

注：汞标准稀释液亦可采用 2g/L 半胱氨酸盐酸盐一水合物，用硝酸溶液（5+95）溶解到 1000mL。

3）标准溶液

单元素标准贮备液（1000mg/L 或 100mg/L）：铅、镉、砷、汞、铬、铜、锌、镍等，采用经国家认证并授予标准物质证书的单元素或多元素标准贮备液。

注：当采用单元素标准配置混合标准溶液和内标溶液时，需关注单元素标准中目标元素的杂质含量。

4）标准溶液配制

① 混合标准溶液：吸取适量单元素标准贮备液或多元素混合标准贮备液，用硝酸溶液（5+95）逐级稀释配成混合标准溶液系列，各元素质量浓度见表 8-1。依据样品消解溶液中元素质量浓度水平，适当调整标准系列中各元素质量浓度范围。

表8-1 ICP-MS方法中多元素混合标准溶液系列质量浓度

序号	元素	单位	标准系列质量浓度					
			系列 1	系列 2	系列 3	系列 4	系列 5	系列 6
1	Cr	μg/L	0	1	10	100	1000	2000
2	Ni	μg/L	0	1	10	100	1000	2000
3	Cu	μg/L	0	1	10	100	1000	2000
4	Zn	μg/L	0	10	100	1000	10000	20000
5	As	μg/L	0	0.1	1	10	100	200
6	Cd	μg/L	0	0.1	1	10	100	200
7	Hg	μg/L	0	0.05	0.5	1	1.5	2
8	Pb	μg/L	0	0.1	1	10	100	200

② 汞标准工作溶液：取适量汞标准贮备液，用汞标准稀释液逐级稀释配成标准溶液系列，质量浓度范围见表 8-1。

③ 内标使用液：取适量单元素内标贮备液或多元素混合标准内标贮备液，用硝酸溶液（5+95）配制合适浓度的内标使用液。内标溶液既可在配制混合标准工作溶液和样品消化液中手动定量加入，亦可由仪器在线加入。由于不同仪器采用的蠕动泵管内径有所不同，当在线加入内标时，需考虑使内标元素在样液中的浓度，与样液混合后的内标元素参考浓度范围为 25 ～ 500μg/L，低质量数的内标元素可以适当提高使用液浓度。

（4）仪器和设备

仪器和设备：电感耦合等离子体质谱仪（ICP-MS），天平（感量为 0.001g），微波消解仪，压力消解器，恒温干燥箱，控温电热板或可调式电炉，超声水浴箱，试样粉碎设备（匀浆机、高速粉碎机等）。

（5）分析步骤

1）试样制备

① 干样。豆类、谷物、菌类、茶叶、干制水果、干制蔬菜等低含水量样品，取可食部分，必要时经高速粉碎机粉碎均匀。

② 鲜样。蔬菜、水果等高含水量样品去除泥沙，洗净，沥开，取可食部分匀浆均匀。

2）试样消解

可根据试样中待测元素的含量水平和检测水平要求选择相应的消解方法及消解容器。

① 微波消解法。称取固体样品 0.2 ～ 1.0g（精确至 0.001g，含水分较多的样品可适当增加取样量至 3.0g）或准确移取液体试样 0.50 ～ 3.00mL 于微波消解内罐中，含乙醇或二氧化碳的样品先在电热板上低温加热除去乙醇或二氧化碳，加入 3 ～ 5mL 硝酸，加盖放置 1h 或过夜，旋紧罐盖，按照微波消解仪标准操作步骤进行消解（消解参考条件见表 8-2）。冷却后取出，缓慢打开罐盖排气，用少量水冲洗内盖，将消解罐放在控温电热板上或超声水浴箱中，于 100℃加热 30min 或超声脱气 2 ～ 5min，用水定容至 25mL 或 50mL，混匀备用，同时做空白试验。

注：为避免消解过程中压力过大导致的元素损失，宜采用耐高压微波消解容器。

表8-2　样品消解参考条件

消解方式	步骤	控制温度 /℃	升温时间 /min	恒温时间
微波消解	1	120	5	10min
	2	150	5	10min
	3	190	5	30min
压力罐消解	1	80	—	2h
	2	120	—	2h
	3	160 ～ 170	—	4h

② 压力罐消解法。称取固体干样 0.2 ～ 2.0g（精确至 0.001g，含水分较多的样品可适当增加取样量至 5.0g）或准确移取液体试样 0.50 ～ 5.00mL 于消解内罐中，含乙醇或二氧化碳的样品先在电热板上低温加热除去乙醇或二氧化碳，加入 3 ～ 5mL 硝酸，放置 1h 或过夜，旋紧不锈钢外套，放入恒温干燥箱消解（消解参考条件见表 8-2），于 150 ～ 170℃消解 4h，冷却后，缓慢旋松不锈钢外套，将消解内罐取出，在控温电热板上或超声水浴箱中，于 100℃加热 30min 或超声脱气 2 ～ 5min，用水定容至 25mL 或 50mL，混匀备用，同时做空白试验。

3）标准曲线的制作

将混合标准溶液和汞标准溶液注入电感耦合等离子体质谱仪中，测定待测元素和内标元素的信号响应值，以待测元素的浓度为横坐标，待测元素与所选内标元素信号响应值的比值为纵坐标，绘制标准曲线。

4）试样溶液的测定

将空白溶液和试样溶液分别注入电感耦合等离子体质谱仪中，测定待测元素和内标元素的信号响应值，根据标准曲线得到消解液中待测元素的浓度。

注：为了减少进样系统的记忆效应，在标准溶液和试样溶液测定时，建议用汞标准稀释液、硝酸溶液（5+95）依次清洗进样系统。

（6）结果计算

1）低含量待测元素的计算

试样中低含量待测元素的含量按式（8-1）计算，计算结果保留 3 位有效数字：

$$X=\frac{(\rho-\rho_0)\times V\times f}{m\times F} \tag{8-1}$$

式中 X——试样中待测元素含量，mg/kg或mg/L；

ρ——试样溶液中待测元素质量浓度，μg/L；

ρ_0——试样空白液中待测元素质量浓度，μg/L；

V——试样消解液定容体积，mL；

f——试样稀释倍数；

m——试样称取质量或移取体积，g 或 mL；

F——换算系数。

2）高含量待测元素的计算

试样中高含量待测元素的含量按式（8-2）计算，计算结果保留 3 位有效数字：

$$X=\frac{(\rho-\rho_0)\times V\times f}{m} \tag{8-2}$$

式中 X——试样中待测元素含量，mg/kg或mg/L；

ρ——试样溶液中待测元素质量浓度，mg/L；

ρ_0——试样空白液中待测元素质量浓度，mg/L；

V——试样消解液定容体积，mL；

f——试样稀释倍数；

m——试样称取质量或移取体积，g 或 mL。

（7）质量控制

1）精密度

试样中各元素含量＞1.0mg/kg 时，在重复性条件下获得的 2 次独立测定结果的绝对差值不得超过算术平均值的 10%；含量≤ 1.0mg/kg 且＞0.1mg/kg 时，在重复性条件下获得的 2 次独立测定结果的绝对差值不得超过算术平均值的 15%；含量≤ 0.1mg/kg 时，在重复性条件下获得的 2 次独立测定结果的绝对差值不得超过算术平均值的 20%。

2）其他

固体样品以 0.5g 定容体积至 50mL、液体样品以 2mL 定容体积至 50mL 计算，本方法各元素的检出限和定量限见表 8-3。

表8-3　电感耦合等离子体质谱法（ICP-MS）检出限及定量限

序号	元素名称	元素符号	检出限 / (mg/kg) 或（mg/L)		定量限 / (mg/kg) 或（mg/L)	
			取样量 0.5g 或 mL	取样量 0.2g 或 mL	取样量 0.5g 或 mL	取样量 0.2g 或 mL
1	铬	Cr	0.002	0.0005	0.005	0.002
2	镍	Ni	0.2	0.05	0.5	0.2
3	铜	Cu	0.05	0.02	0.2	0.05
4	锌	Zn	0.5	0.2	2	0.5
5	砷	As	0.01	0.003	0.03	0.01
6	镉	Cd	0.002	0.0005	0.005	0.002
7	汞	Hg	0.001	0.0003	0.003	0.001
8	铅	Pb	0.02	0.005	0.05	0.02

8.1.2　电感耦合等离子体发射光谱法[1]

（1）分析原理

试样消解后，由电感耦合等离子体发射光谱仪测定，以元素的特征谱线波长定性；以待测元素谱线信号强度与元素浓度成正比进行定量分析。

（2）技术要点

1）试剂

① 硝酸（HNO_3）。

② 高氯酸（$HClO_4$）。

③ 氩气（Ar）：氩气（≥ 99.995%）或液氩。

④ 盐酸。

2）试剂配制

① 硝酸溶液（5+95）：取 50mL 硝酸，缓慢加入 950mL 水中，混匀。

② 硝酸 + 高氯酸（10+1）：取 10mL 高氯酸，缓慢加入 100mL 硝酸中，混匀。

3）标准溶液

① 单元素标准贮备液（1000mg/L 或 10000mg/L）：铬、砷、镉、铅、镍、铜、锌，采用经国家认证并授予标准物质 / 标准样品证书的单元素或多元素混合标准贮备液。

② 标准溶液配制：精确吸取适量单元素标准贮备液或多元素混合标准贮备液，用硝酸溶液（5+95）逐级稀释配成混合标准溶液系列，各元素质量浓度见表 8-4。依据样品溶液中元素质量浓度水平，可适当调整标准系列各元素质量浓度范围。

表8-4 ICP-OES方法中元素的标准溶液系列质量浓度

序号	元素	单位	标准系列质量浓度					
			系列 1	系列 2	系列 3	系列 4	系列 5	系列 6
1	Cr	mg/L	0	0.01	0.1	0.4	1	2
2	Ni	mg/L	0	0.025	0.25	1	2.5	5
3	Cu	mg/L	0	0.005	0.05	0.2	0.5	1
4	Zn	mg/L	0	0.025	0.25	1	2.5	5
5	As	mg/L	0	0.025	0.25	1	2.5	5
6	Cd	mg/L	0	0.01	0.1	0.4	1	2
7	Pb	mg/L	0	0.01	0.1	0.4	1	2

注：ICP-OES 表示电感耦合等离子体发射光谱法。

（3）仪器和设备

仪器和设备：电感耦合等离子体发射光谱仪（ICP-OES），天平（感量为 0.01g 或 0.001g），微波消解仪，压力消解器，恒温干燥箱，控温电热板或可调式电炉，马弗炉，试样粉碎设备（匀浆机、高速粉碎机等），石墨消解装置。

（4）分析步骤

1）试样制备：同 8.1.1 的试样制备。

2）试样消解

① 微波消解法：同 8.1.1 电感耦合等离子体质谱法中微波消解方法。

② 压力罐消解法：同 8.1.1 电感耦合等离子体质谱法中压力罐消解方法。

③ 湿式消解法：准确称取 0.5 ～ 5g（精确至 0.001g，含水分较多的试样可适当增加取样量至 10.0g），或准确移取 2.00 ～ 10.0mL 试样于玻璃或聚四氟乙烯消解器皿中，含乙醇或二氧化碳的试样先在电热板上低温加热除去乙醇或二氧化碳，加 10mL 硝酸 + 高氯酸（10+1）混合溶液，于电热板上或石墨消解装置上消解，消解过程中消解液若变棕黑色，可适当补加少量混合酸，直至冒白烟，消解液呈无色透明或略带黄色，冷却，用水定容至 25mL 或 50mL，混匀备用；同时做空白试验。

④ 干式消解法（砷、镉、铅除外）：准确称取 1 ～ 5g（精确至 0.01g，含水分较多的试样可适当增加取样量至 15.0g）或准确移取 10.0 ～ 15.0mL 试样于坩埚中，在电炉上微火碳化至不再冒烟，再置于 500 ～ 550℃的马弗炉中灰化 5 ～ 8h，冷却。若灰化不彻底有黑色炭粒，则冷却后滴加少许硝酸湿润，在电热板上干燥后，移入马弗炉中继续灰化成白色灰烬，冷却取出，加入 10mL 硝酸溶液溶解，并用水定容至 25mL 或 50mL，混匀备用；同时做空白试验。

3）标准曲线的制作

将标准溶液引入电感耦合等离子体发射光谱仪中，测定待测元素分析谱线的强度信号响应值，以待测元素的浓度为横坐标，其分析谱线强度信号响应值为纵坐标，绘制标准曲线。

4）试样溶液的测定

将空白溶液和试样溶液分别注入电感耦合等离子体发射光谱仪中，测定待测元素分析谱线强度的信号响应值，根据标准曲线得到消解液中待测元素的浓度。

（5）结果计算

试样中待测元素的含量按式（8-3）计算，计算结果保留 3 位有效数字。

$$X=\frac{(\rho-\rho_0)\times V\times f}{m} \tag{8-3}$$

式中　X——试样中待测元素含量，mg/kg；

ρ——试样溶液中待测元素质量浓度，mg/L；

ρ_0——试样空白液中待测元素质量浓度，mg/L；

V——试样溶液定容体积，mL；

f——试样稀释倍数；

m——试样称取质量，g。

（6）质量控制

1）精密度

同 8.1.1 电感耦合等离子体质谱法中精密度要求。

2）其他

固体样品以 0.5g 定容体积至 50mL、液体样品以 2mL 定容体积至 50mL 计算，本方法各元素的检出限和定量限见表8-5。

表8-5 电感耦合等离子体发射光谱法（ICP-OES）检出限及定量限

序号	元素名称	元素符号	检出限/(mg/kg)或(mg/L)		定量限/(mg/kg)或(mg/L)	
			取样量0.5g或mL	取样量0.2g或mL	取样量0.5g或mL	取样量0.2g或mL
1	铬	Cr	2	0.5	6	2
2	镍	Ni	0.5	0.2	2	0.5
3	铜	Cu	0.2	0.05	0.5	0.2
4	锌	Zn	0.5	0.2	2	0.5
5	砷	As	2	0.5	6	2
6	镉	Cd	1	0.3	3	1
7	铅	Pb	2	0.5	6	2

8.2 农产品样品中总汞的分析测定

农产品样品中总汞的分析测定常用的方法有原子荧光光谱法（AFS）、直接进样测汞法（DSMA）、电感耦合等离子体质谱法（ICP-MS）、冷原子吸收光谱法（CVAAS）等。

本书以《食品安全国家标准　食品中总汞及有机汞的测定》（GB 5009.17）标准中原子荧光光谱法和冷原子吸收光谱法来介绍农产品样品中总汞的分析测定常用方法。

8.2.1 原子荧光光谱法[2]

8.2.1.1 分析原理

试样经酸加热消解后，在酸性介质中，试样中汞被硼氢化钾或硼氢化钠还原成原子态汞，由载气（氩气）带入原子化器中，在汞空心阴极灯照射下，基态汞原子被激发至高能态，在由高能态回到基态时发射出特征波长的荧光，其荧光强度与汞含量成正比，外标法定量。

8.2.1.2 技术要点

（1）试剂配制

① 硝酸溶液（1+9）：量取 50mL 硝酸（HNO_3），缓缓加入 450mL 水中，混匀。

② 硝酸溶液（5+95）：量取 50mL 硝酸（HNO_3），缓缓加入 950mL 水中，混匀。

③ 氢氧化钾溶液（5g/L）：称取 5.0g 氢氧化钾（KOH），用水溶解并稀释至 1000mL，混匀。

④ 硼氢化钾溶液（5g/L）：称取 5.0g 分析纯硼氢化钾（KBH_4），用氢氧化钾溶液（5g/L）溶解并稀释至 1000mL，混匀。临用现配。

⑤ 重铬酸钾的硝酸溶液（0.5g/L）：称取 0.5g 重铬酸钾（$K_2Cr_2O_7$），用硝酸溶液（5+95）溶解并稀释至 1000mL，混匀。

该方法也可用硼氢化钠作为还原剂：称取 3.5g 硼氢化钠（$NaBH_4$），用氢氧化钠溶液（3.5g/L）溶解并定容至 1000mL，混匀。临用现配。

（2）标准品

氯化汞（$HgCl_2$，CAS 号为 7487-94-7）：纯度≥ 99%。

（3）标准溶液配制

① 汞标准储备液（1000mg/L）：准确称取 0.1354g 氯化汞，用重铬酸钾的硝酸溶液（0.5g/L）溶解并转移至 100mL 容量瓶中，稀释并定容至刻度，混匀。于 2 ～ 8℃冰箱中避光保存，有效期 2 年。或经国家认证并授予标准物质证书的汞标准溶液。

② 汞标准中间液（10.0mg/L）：准确吸取汞标准储备液（1000mg/L）1.00mL 于 100mL 容量瓶中，用重铬酸钾的硝酸溶液（0.5g/L）稀释并定容至刻度，混匀。于 2 ～ 8℃冰箱中避光保存，有效期 1 年。

③ 汞标准使用液（50.0μg/L）：准确吸取汞标准中间液（10.0mg/L）1.00mL 于 200mL 容量瓶中，用重铬酸钾的硝酸溶液（0.5g/L）稀释并定容至刻度，混匀。临用现配。

④ 汞标准系列溶液：分别吸取汞标准使用液（50.0μg/L）0.00、0.20mL、0.50mL、1.00mL、1.50mL、2.00mL、2.50mL 于 50mL 容量瓶中，用硝酸溶液（1+9）稀释并定容至刻度，混匀，相当于汞浓度为 0.00、0.20μg/L、0.50μg/L、1.00μg/L、1.50μg/L、2.00μg/L、2.50μg/L。临用现配。

（4）试样预处理

① 粮食、豆类等样品取可食部分粉碎均匀，装入洁净聚乙烯瓶中，密封保存备用。

② 蔬菜、水果等新鲜样品，洗净晾干，取可食部分匀浆，装入洁净聚乙烯瓶中，

密封，于 2 ～ 8℃冰箱冷藏备用。

（5）试样消解

1）微波消解法

称取固体试样 0.2 ～ 0.5g（精确到 0.001g，含水分较多的样品可适当增加取样量至 0.8g），或准确称取液体试样 1.0 ～ 3.0g（精确到 0.001g），对于植物油等难消解的样品称取 0.2 ～ 0.5g（精确到 0.001g），置于消解罐中，加入 5 ～ 8mL 硝酸，加盖放置 1h，对于难消解的样品再加入 0.5 ～ 1mL 过氧化氢，旋紧罐盖，按照微波消解仪的标准操作步骤进行消解（微波消解参考条件见表 8-6）。冷却后取出，缓慢打开罐盖排气，用少量水冲洗内盖，将消解罐放在控温电热板上或超声水浴箱中，80℃下加热或超声脱气 3 ～ 6min 赶去棕色气体，取出消解内罐，将消化液转移至 25mL 容量瓶中，用少量水分 3 次洗涤内罐，洗涤液合并于容量瓶中并定容至刻度，混匀备用；同时做空白试验。

表8-6　试样微波消解参考条件

步骤	温度/℃	升温时间/min	保温时间/min
1	120	5	5
2	160	5	10
3	190	5	25

2）压力罐消解法

称取固体试样 0.2 ～ 1.0g（精确到 0.001g，含水分较多的样品可适当增加取样量至 2g），或准确称取液体试样 1.0 ～ 5.0g（精确到 0.001g），对于植物油等难消解的样品称取 0.2 ～ 0.5g（精确到 0.001g），置于消解内罐中，加入 5mL 硝酸，放置 1h 或过夜，盖好内盖，旋紧不锈钢外套，放入恒温干燥箱，140 ～ 160℃下保持 4 ～ 5h，在箱内自然冷却至室温，缓慢旋松不锈钢外套，将消解内罐取出，用少量水冲洗内盖，将消解罐放在控温电热板上或超声水浴箱中，80℃下加热或超声脱气 3 ～ 6min 赶去棕色气体。取出消解内罐，将消化液转移至 25mL 容量瓶中，用少量水分 3 次洗涤内罐，洗涤液合并于容量瓶中并定容至刻度，混匀备用；同时做空白试验。

3）回流消化法

以下为粮食和薯类试样的操作方法。

① 粮食：称取 1.0 ～ 4.0g（精确到 0.001g）试样，置于消化装置锥形瓶中，加玻璃珠数粒，加 45mL 硝酸、10mL 硫酸，转动锥形瓶防止局部炭化。装上冷凝管后，低温加热，待开始发泡即停止加热，发泡停止后，加热回流 2h。如加热过程中溶液变棕色，再加 5mL 硝酸，继续回流 2h，消解到样品完全溶解，一般呈淡黄色或无色，

待冷却后从冷凝管上端小心加入 20mL 水，继续加热回流 10min，放置冷却后，用适量水冲洗冷凝管，冲洗液并入消化液中，将消化液经玻璃棉过滤于 100mL 容量瓶内，用少量水洗涤锥形瓶、滤器，洗涤液并入容量瓶内，加水至刻度，混匀备用；同时做空白试验。

② 薯类：称取 1.0 ～ 4.0g（精确到 0.001g）试样，置于消化装置锥形瓶中，加玻璃珠数粒及 30mL 硝酸、5mL 硫酸，转动锥形瓶防止局部炭化。装上冷凝管后，低温加热，待开始发泡即停止加热，发泡停止后，加热回流 2h。如加热过程中溶液变棕色，再加 5mL 硝酸，继续回流 2h，消解到样品完全溶解，一般呈淡黄色或无色，待冷却后从冷凝管上端小心加入 20mL 水，继续加热回流 10min，放置冷却后，用适量水冲洗冷凝管，冲洗液并入消化液中，将消化液经玻璃棉过滤于 100mL 容量瓶内，用少量水洗涤锥形瓶、滤器，洗涤液并入容量瓶内，加水至刻度，混匀备用；同时做空白试验。

（6）标准曲线制作

设定好仪器最佳条件，连续用硝酸溶液（1+9）进样，待读数稳定之后，转入标准系列溶液测量，由低到高浓度顺序测定标准溶液的荧光强度，以汞的质量浓度为横坐标，荧光强度为纵坐标，绘制标准曲线。

注：可根据仪器的灵敏度及样品中汞的实际含量微调标准系列溶液中汞的质量浓度范围。

（7）试样溶液的测定

转入试样测量，先用硝酸溶液（1+9）进样，使读数基本回零，再分别测定处理好的试样空白和试样溶液。

8.2.1.3　结果计算

试样中汞含量按式（8-4）计算：

$$X=\frac{(\rho-\rho_0)\times V\times 1000}{m\times 1000\times 1000} \tag{8-4}$$

式中　X——试样中汞的含量，mg/kg；

ρ——试样溶液中汞含量，μg/L；

ρ_0——空白液中汞含量，μg/L；

V——试样消化液定容总体积，mL；

m——试样称样量，g；

1000——换算系数。

当汞含量≥ 1.00mg/kg 时，计算结果保留 3 位有效数字；当汞含量＜1.00mg/kg 时，计算结果保留 2 位有效数字。

8.2.1.4 质量控制

（1）精密度质量控制

样品中汞含量大于1mg/kg时，在重复性条件下获得的两次独立测定结果的绝对差值不得超过算术平均值的10%；小于或等于1mg/kg且大于0.1mg/kg时，在重复性条件下获得的两次独立测定结果的绝对差值不得超过算术平均值的15%；小于或等于0.1mg/kg时，在重复性条件下获得的两次独立测定结果的绝对差值不得超过算术平均值的20%。

（2）其他质量控制

当样品称样量为0.5g，定容体积为25mL时，方法检出限为0.003mg/kg，方法定量限为0.01mg/kg。

8.2.2 冷原子吸收光谱法[2]

（1）分析原理

汞蒸气对波长253.7nm的共振线具有强烈的吸收作用。试样经过酸消解或催化酸消解使汞转为离子状态，在强酸性介质中以氯化亚锡还原成元素汞，载气将元素汞吹入汞测定仪，进行冷原子吸收测定，在一定浓度范围其吸收值与汞含量成正比，外标法定量。

（2）技术要点

1）试剂配制

① 高锰酸钾溶液（50g/L）：称取5.0g高锰酸钾，置于100mL棕色瓶中，用水溶解并稀释至100mL，混匀。

② 硝酸溶液（5+95）：量取50mL硝酸，缓缓倒入950mL水中，混匀。

③ 重铬酸钾的硝酸溶液（0.5g/L）：称取0.5g重铬酸钾，用硝酸溶液（5+95）溶解并稀释至1000mL，混匀。

④ 氯化亚锡溶液（100g/L）：称取10g分析纯氯化亚锡（$SnCl_2 \cdot 2H_2O$），溶于20mL盐酸（HCl）中，90℃水浴中加热，轻微振荡，待氯化亚锡溶解成透明状后，冷却，用水稀释至100mL，加入几粒金属锡，置阴凉、避光处保存。一经发现浑浊应重新配制。

⑤ 硝酸溶液（1+9）：量取50mL硝酸，缓缓加入450mL水中，混匀。

2）标准品

氯化汞（$HgCl_2$，CAS号为7487-94-7）：纯度≥99%。

3）标准溶液配制

① 汞标准储备液（1000.0mg/L）：同8.2.1原子荧光光谱法中标准溶液配制。

② 汞标准中间液（10.0mg/L）：同 8.2.1 原子荧光光谱法中标准溶液配制。

③ 汞标准使用液（50.0μg/L）：同 8.2.1 原子荧光光谱法中标准溶液配制。

④ 汞标准系列溶液：同 8.2.1 原子荧光光谱法中标准溶液配制。

4）试样消解

① 微波消解法：同 8.2.1 原子荧光光谱法中微波消解法。

② 压力罐消解法：同 8.2.1 原子荧光光谱法中压力罐消解法。

③ 回流消化法：同 8.2.1 原子荧光光谱法中回流消化法。

5）标准曲线的制作

分别将 5.0mL 标准系列溶液置于测汞仪的汞蒸气发生器中，连接抽气装置，沿壁迅速加入 3.0mL 还原剂氯化亚锡（100g/L），迅速盖紧瓶塞，随后有气泡产生，立即通过流速为 1.0L/min 的氮气或经活性炭处理的空气，使汞蒸气经过氯化钙干燥管进入测汞仪中，从仪器读数显示的最高点测得其吸收值。然后，打开吸收瓶上的三通阀将产生的剩余汞蒸气吸收于高锰酸钾溶液（50g/L）中，待测汞仪上的读数达到零点时进行下一次测定。同时做空白试验。求得吸光度值与汞质量关系的一元线性回归方程。

6）试样溶液的测定

分别吸取样液和试剂空白液各 5.0mL 置于测汞仪的汞蒸气发生器的还原瓶中，以下按照 5）中“连接抽气装置……同时做空白试验”进行操作。将所测得吸光度值，代入标准系列溶液的一元线性回归方程中求得试样溶液中汞含量。

（3）结果计算

试样中汞含量按式（8-5）计算：

$$X=\frac{(m_1-m_2)\times V_1\times 1000}{m\times V_2\times 1000\times 1000} \tag{8-5}$$

式中　X——试样中汞含量，mg/kg；

m_1——试样溶液中汞质量，ng；

m_2——空白溶液中汞质量，ng；

V_1——试样消化液定容总体积，mL；

m——试样称样量，g；

V_2——测定样液体积，mL；

1000——换算系数。

当汞含量≥ 1.00mg/kg 时，计算结果保留 3 位有效数字；当汞含量＜1.00mg/kg 时，计算结果保留 2 位有效数字。

（4）质量控制

① 精密度：同 8.2.1 原子荧光光谱法中精密度要求。

② 其他：当样品称样量为 0.5g，定容体积为 25mL 时，方法检出限为 0.002mg/kg，

方法定量限为 0.007mg/kg。

参考文献

[1] GB 5009.268—2025. 食品安全国家标准　食品中多元素的测定 [S].
[2] GB 5009.17—2021. 食品安全国家标准　食品中总汞及有机汞的测定 [S].

第9章

实验室内部质量控制方法

- 内部质量控制基础
- 质量控制图的绘制和使用
- 其他内部质量控制方法

实验室内部质量控制是实验室分析人员对分析质量进行自我控制的过程，一般通过分析和应用某种质量控制图或其他方法来控制分析质量，包括空白试验、标准曲线线性回归、加标样分析、平行样分析、质控样分析、对照试验、仪器设备计量检定和期间核查以及绘制和使用质量控制图等，能反映实验室检测分析质量的稳定性，发现检测分析中的异常情况，以便及时采取适当的校正措施。

9.1 内部质量控制基础

9.1.1 选择适当分析方法 [1]

目前，我国现行的监测分析方法有国家标准分析方法、统一分析方法和等效分析方法三类。

（1）国家标准分析方法

国家标准分析方法是指经过严格定义和标准化，并由国家权威机构发布的检测分析方法，主要用于方法对比和仲裁分析，也可用于常规分析。因国家标准分析方法通常具有高度优化和可靠的实验条件，以及明确的步骤和参数，能够提供最可靠和可比的检测分析结果，是检测实验室首选的分析方法。

（2）统一分析方法

统一分析方法是指由行业部门或者多个实验室合作开发并经广泛验证建立的实用检测分析方法。统一分析方法通常基于标准分析方法，根据需要进行了适当改进和优化，以适应特定的实验条件和样品类型。统一分析方法在某些情况下可能比标准分析方法更加有效或更适合实验室的需要。统一分析方法经过检验和标准化工作程序的筛选验证，可上升为标准分析方法。

（3）等效分析方法

等效分析方法是指在理论上或实践上与标准或统一分析方法的灵敏度、准确度、精密度具有可比性的分析方法。等效分析方法通常由实验室自行开发并验证，可能是一些新方法、新技术，用于满足特定的实验需求，但必须向上级主管部门报交分析方法的全面资料，并提供方法验证的分析数据，经批准后方可使用。

9.1.2 空白试验 [2-3]

空白试验的意义主要是检测试剂、水的纯度以及背景干扰。从试样分析结果中扣除空白值，就可以校正由试剂和水不纯等原因引起的误差。通常以纯水或其他介质代替样品，其他分析步骤及使用的试剂与样品测定完全相同，空白试验所得到的响应值称为空白试验值。空白试验值的大小及重现性在很大程度上反映了一个环境监测实验室及其分析人员的水平。影响空白试验值的因素有实验用水的质量、试剂的纯度、器皿的洁净程度、计量仪器的性能及环境条件等。一个实验室在严格的操作条件下，某个分析方法的空白试验值通常在很小的范围内波动。

空白试验值的测定方法：每批做平行双样测定，分别在一段时间内（隔天）重复测定一次，共测定 5 ～ 6 批，进而可根据式（9-1）计算空白平均值：

$$\bar{x} = \frac{\sum X_b}{mn} \tag{9-1}$$

式中 $\bar{x}$——空白平均值；

X_b——空白测定值；

m——批数；

n——平行份数。

根据给定的置信度（通常为95%）可以检测出待测物质的最小检出浓度（detection limit，DL），最小检出浓度 DL 计算式如式（9-2）所示：

$$\text{DL} = 2\sqrt{2}t_f s_{空} \tag{9-2}$$

式中 DL——最小检出浓度；

t_f——显著性水平为 0.05（单侧），自由度为 f 的 t 值；

$s_{空}$——空白批内标准偏差。

如计算得到的最小检出浓度 DL 值高于标准分析方法中的规定值，应找出原因加以纠正，然后重新测定，直至满足要求。

9.1.3 标准曲线的线性检验[2-3]

凡应用标准曲线的方法，都是在样品测得信号后，从标准曲线上查得其含量（或浓度）。因此，绘制标准曲线直接影响到样品分析结果的准确性。此外，标准曲线也确定了方法的测定范围。为此，需对标准曲线的线性关系进行检验。

有时在采取了各种相应措施后，相关系数仍达不到要求，则除方法本身外，常是由一些分析中的随机误差引起的，可用最小二乘法求出对已知各数据点误差最小的直线回归方程式，如式（9-3）所示：

$$y = ax + b \tag{9-3}$$

式中 a——直线的斜率，也称为回归系数；

b——直线在 y 轴上的截距。

从理论上说，任何一组分析数据，即使是一组杂乱无章的试验点，用最小二乘法

求得回归直线方程后，也能配绘出一条直线。显然，这样配出的直线是人为的，没有任何意义。为了防止这种情况发生，可以根据不同的测定次数 n 和给定的显著性水平 α，查相关系数的临界值 r_α 表（表 9-1）。只有当 $|r| \geqslant r_\alpha$ 时，两个变量之间才有着良好的线性关系，这时用最小二乘法绘制的直线才有意义。在农产品产地环境采集的样品检测分析中，显著性水平 α 常取 0.05 或 0.01。

表9-1　相关系数临界值r_α表

$n-2$	显著性水平 α		$n-2$	显著性水平 α		$n-2$	显著性水平 α	
	0.05	0.01		0.05	0.01		0.05	0.01
1	0.9969	0.9999	10	0.5760	0.7079	19	0.4329	0.5487
2	0.9500	0.9900	11	0.5529	0.6835	20	0.4227	0.5368
3	0.8783	0.9587	12	0.5324	0.6614	25	0.3809	0.4869
4	0.8114	0.9172	13	0.5139	0.6411	30	0.3494	0.4487
5	0.7545	0.8745	14	0.4973	0.6226	40	0.3044	0.3932
6	0.7067	0.8343	15	0.4821	0.6055	50	0.2732	0.3541
7	0.6664	0.7977	16	0.4683	0.5897	60	0.2500	0.3248
8	0.6319	0.7646	17	0.4555	0.5751	80	0.2172	0.2830
9	0.6021	0.7348	18	0.4438	0.5614	100	0.1946	0.2540

9.1.4　加标回收试验 [2-3]

加标回收试验的目的是确定一个方法的准确度，即向一未知样品（平行双样）中加入已知量的标准待测物质，并同时测定该样品以及加标准物质的样品中待测物质的含量，然后由式（9-4）计算回收率。

$$\text{加标回收率}=\frac{\text{加标试样测定值}-\text{试样测定值}}{\text{加标量}}\times 100\% \tag{9-4}$$

显然，加标回收率越接近 100%，说明该方法越准确。要注意的是，加标量应与样品中待测物质的浓度水平相等或接近，一般为样品含量的 0.5 ～ 2 倍，在任何情况下加标量不能大于样品中待测物质含量的 3 倍。还应注意，用加标回收率评价测定结果的准确度也有一定的局限性，因为样品中某些干扰物质对待测物质产生的正干扰或负干扰，有时不能为回收试验所发现。

9.1.5　平行样与质控样 [4]

质控人员在采样或样品处理分装过程中编入 10% ～ 15% 的密码平行样或质控样。

样品数不足 10 个时，应做 50% ～ 100% 的密码平行样或质控样。

9.1.6　仪器设备计量检定和期间核查

计量检定指国家法定计量部门或其他法定授权的组织，为评定计量器具的计量性能（精确度、稳定性、灵敏度等），确定或证实其技术性能是否合格的工作，包括检验和加封盖印等。它是进行量值传递的重要形式，是保证量值准确一致的重要措施。期间核查是指在两次检定之间为保持设备校准状态的可信度而进行的核查。期间核查不是为了缩短检定周期，而是为了预防在仪器设备检定间隔期间不符合技术规范的使用。期间核查可以降低检测风险，增强数据质量的可靠性。

9.2 质量控制图的绘制和使用

9.2.1　质量控制图基本概念

质量控制图是一种最简单、最有效的统计方法，可用于工业产品的质量控制，也可用于环境监测中日常监测数据的有效性检验。质量控制图是根据分析结果之间存在着变异，而这种变异是按正态分布的原理编制而成的。如图 9-1 所示，质量控制图通常由一条中心线，上、下控制线，上、下警告线及上、下辅助线组成。横坐标为样品序号（或日期），纵坐标为统计值。

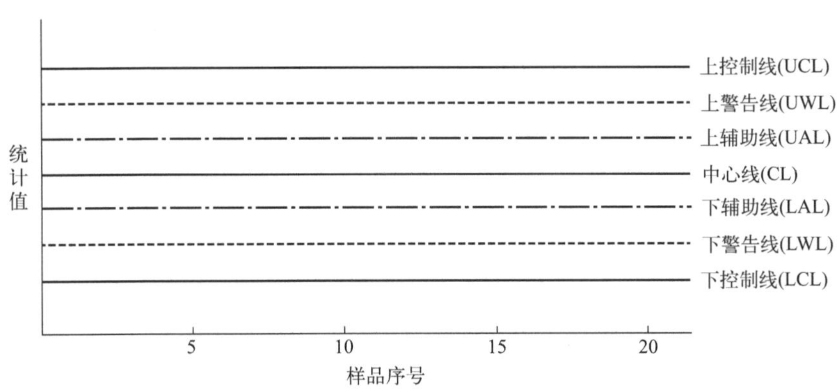

图 9-1　质量控制图

实测值的可接受范围是上、下控制线之间的区域。在编制质量控制图时，首先需要一个质量控制样品，可以自行准备。质量控制样品的组成要与待检测的样品相近，性质稳定、均匀。其制备方法有两种：模拟环境样品的基本组成和浓度，由同种纯物质加到纯水中配制而成；在一定量的环境样品中加入一定量与待测物质相同的纯物质混合均匀而成。

9.2.2 均值控制图绘制及使用[5]

（1）均值控制图绘制

常用的质量控制图是均值控制图，具体绘制过程如下。

1）测定质量控制样品

至少要20个数据，每个数据由一对平行样品的测定结果求得，这些数据不应在同一天内测得。

2）计算

① 按式（9-5）计算总均值$\bar{\bar{x}}$。

$$\bar{\bar{x}} = \frac{\sum \bar{x}_i}{n} \tag{9-5}$$

式中 $\bar{\bar{x}}$——总均值；

$\bar{x}_i$——质量控制样品平行样测定均值，$\bar{x}_i = \frac{x_i + x_i'}{2}$；

n——质量控制样品平行样有效数据总数；

x_i和x_i'——质量控制样品平行样测定值。

② 按照式（9-6）计算标准偏差s。

$$s = \sqrt{\frac{\sum(\bar{x}_i - \bar{\bar{x}})^2}{n-1}} \tag{9-6}$$

3）将$\bar{\bar{x}}$值绘于质量控制图上得中心线

对应置信度95%或99.7%的2s或3s，分别绘制$\bar{\bar{x}} \pm 3s$为上、下控制线，$\bar{\bar{x}} \pm 2s$为上、下警告线，再按$\bar{\bar{x}} \pm s$绘制上、下辅助线，具体如图9-2所示。

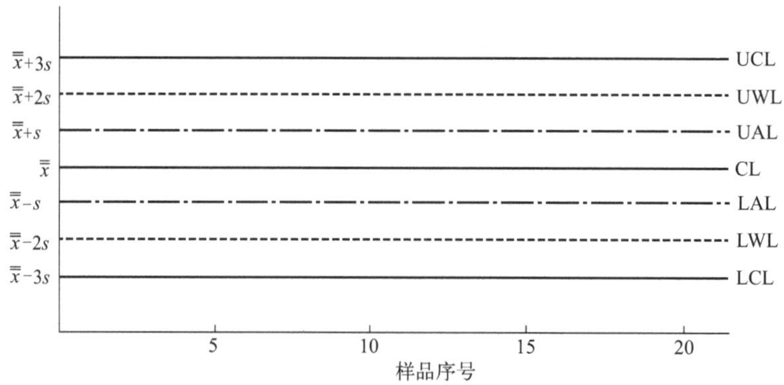

图9-2 均值控制图

4）画图

将 20 个数据按测定顺序点到图上相应的位置上，这时应满足如下 3 个判断条件。

① 如其中有超出控制线者应予剔除。剔除后数据总数少于 20 个时，需补充新的分析数据，重新计算各参数并绘制质量控制图，如此反复进行，直至落在控制线内的数据≥ 20 个为止。

② 落在$\bar{\bar{x}} \pm s$范围内的点数应约占总点数的 68%（即 2/3 以上）。如果少于 50%，则说明分布不合适，此图不可靠，应该重作。

③ 如果按测定顺序连续 7 点位于中心线的同一侧，则表示所得数据不是充分随机的，应该重作。

5）标明信息

质量控制图绘成后，应标明绘制该图的相关信息和条件，如测定项目、溶液浓度、分析方法、实验温度、控制指标、分析人员及绘制日期等。

（2）均值控制图的使用方法

根据日常工作中该项目的分析频率和分析人员的技术水平，每间隔适当时间，取两份平行的控制样品，与待测样品同时测定；对操作技术水平较低的人员和测定频率低的项目，每次都应同时测定质量控制样品，将质量控制样品测定的结果依次点在控制图上，根据判断条件可检验分析过程是否处于控制状态。

9.3 其他内部质量控制方法[6]

可用加标回收率来判断分析的准确度，其方法简单、结果明确，所以是常用方法。但由于在分析过程中对样品和加标样品的操作完全相同，以致干扰的影响、操作损失或环境污染也很相似，使误差抵消，因而此分析方法中某些问题尚难以发现，此时可采用以下方法。

9.3.1 比较实验

对同一样品采用不同的分析方法进行测定，以比较结果的符合程度来估计测定准确度，对于难度较大而不易掌握的方法或测定结果有争议的样品，常采用此法。必要时还可以进一步交换操作者、交换仪器设备或两者都交换，将所得结果加以比较，以检查操作稳定性和发现问题。

9.3.2 对照分析

在进行环境样品分析的同时，对标准物质或权威部门制备的合成标准样进行平行分析，将后者的测定结果与已知浓度进行比较，以控制分析准确度。也可以由他人（上级或权威部门）配制（或选用）标准样品，但不告诉操作人员浓度值（密码平行样），然后由上级或权威部门对结果进行检查，这也是考核人员的一种方法。

参考文献

[1] 黄功跃. 环境监测与环境管理 [M]. 昆明：云南科技出版社，2020.

[2] 陈玲，赵建夫. 环境监测 [M]. 3 版. 北京：化学工业出版社，2021.

[3] 李理，梁红. 环境监测 [M]. 2 版. 武汉：武汉理工大学出版社，2018.

[4] NY/T 395—2025. 农田土壤环境质量监测技术规范 [S].

[5] GB/T 32464—2015. 化学分析实验室内部质量控制　利用控制图核查分析系统 [S].

[6] 刘作云. 环境监测——理实一体化教程 [M]. 沈阳：东北大学出版社，2022

第 10 章

监测数据上报与审核

10.1 外部质量控制要求

10.1.1 能力验证

能力验证是利用实验室间比对，按照预先制定的准则评价参加者的能力，是由认可机构或其授权 / 认可的机构组织和运作的。能力验证和实验室间比对的区别在于行为主体不同，而运作方式基本一致。凡是通过了国家实验室认可的实验室，必须参加由中国合格评定国家认可委员会（CNAS）承认的能力验证计划，并在类别和频次上满足《CNAS 能力验证领域和频次表》的要求 [1]。

通常，农产品产地土壤环境例行监测除了需选择具有一定资质的实验室外，为了保证监测数据质量，还会对监测任务承担单位专门组织相关监测指标能力验证考核。

10.1.2 实验室间比对

实验室间比对是按照预先规定的条件，由两个或多个实验室对相同或类似的测试样品进行测量或检测的组织、实施和评价。实验室间比对可以选择同类型同级别或上一级的实验室实施，也可以参加其他实验室或有关管理部门组织的实验室间比对。

通常，农产品产地土壤环境例行监测为了保证数据的有效性和可比性，会通过分发互检样品，组织检测机构进行实验室间比对。

10.1.3 外部质控样

外部质控样是为了保证检测数据精准性而用来实施外部质控的样品。外部质控样包括定值质控样和密码平行样，可由相关有资质的单位负责研制，亦可直接选用有证标准物质。

定值质控样是一种理化性质和组成足够均匀稳定的外部质量控制样品，可用于评价实验室分析测试的准确度以控制系统误差。该样品由专业机构根据需要专门制备，其定值主要依据标准物质定值程序赋值，或根据多个检测实验室的分析测试结果采用稳健统计方法确定。密码平行样是将在平行样品采集点位采集的土壤样品混匀后，以四分法制备而成的外部质量控制样品，可用于评价实验室分析测试的精密度以控制随机误差。

通常，为了保证检测数据的精密度和准确度，可以在样品制备完毕流转至检测机构时，在每批次检测样品中至少添加 1 个定值质控样和 1 个密码平行样。

10.1.4 飞行检查

飞行检查简称飞检，是跟踪检查的一种形式，指事先不通知被检查部门实施的现场检查。

具有监督管理权限的部门或组织检查被监督对象，主要目的就是了解被监督对象的真实情况，发现其需要改进的问题。可是许多监督管理部门均是预先发通知、定时间、定路线，被检查单位也是提前做好了各项档案资料准备，而监管部门对被监督对象的实际情况则了解甚少，存在的许多问题并没有被发现，也就谈不上改进了。

飞行检查是在被检查单位不知晓的情况下进行的，启动慎重，行动快，因此可以及时掌握真实情况，做到心中有数。飞行检查可以避免某些形式主义的内容，发现被检查对象的实际情况，及时依法予以查处，避免出现严重后果。

农产品产地土壤环境监测可根据需要开展样品采集、样品制备和样品检测飞行检查。样品采集飞行检查内容包括：样品采集计划制定是否完善；采样人员是否具备一定的专业技术能力并经过相应的技术培训，是否熟知样品采集要求，是否熟练掌握采样方法；物资准备是否齐全；采样现场监督检查情况；等等。样品制备飞行检查内容包括：样品晾晒场所环境是否符合要求；制样工具是否齐全，材质是否符合要求；制样室是否符合要求；制样人员是否熟知样品制备要求；制样操作是否规范；制样记录检查；样品均匀性检验；等等。样品检测飞行检查内容包括：实验室环境、试剂耗材、仪器运行状态、原始记录等的检查，以及实验人员现场操作考核，如抽样检测、盲样测定、复核检测等。

10.1.5　多级联动专项巡查

针对样品采集、制备及检测工作的开展情况，采取现场检查的方式，通过听（座谈）、看、问、查（原始记录、文件档案）、考（采样操作考核、四分法缩分和制样操作考核、盲样测定考核、样品复测考核）等多种方法和手段，按照“国家 - 地方 - 实施机构 - 实施人员”四级联动要求，开展质量控制，组织国家 - 地方 - 实施机构质控专家组建巡查专家组，开展多级联动专项检查。

专项检查内容主要包括：

① 区域监测中心采样计划编制及采样物资准备情况、点位踏勘与调整情况、样品采集操作的规范性、采样量、样品包装及标签粘贴情况的检查，以及样品采集的现场考核和采样工作中相关原始记录的检查；

② 样品晾晒、风干、制样场所的环境条件，制样工具的准备情况，四分法缩分操作、制样操作的规范性，样品制备过程中交叉污染的防控情况，制样量及样品分装情况的检查，以及样品制备的现场考核和制样工作中相关原始记录的检查等，具体见表 10-1 ～表 10-3；

③ 检测机构样品交接情况、制样场所的环境条件、制样工具的准备情况、四分法缩分操作和制样操作的规范性、样品制备过程中交叉污染防控情况的检查，以及样品制备的现场考核和制样工作中相关原始记录的检查；

④ 样品前处理情况、样品分析测试情况、数据复核及上报工作情况的检查，以及样品检测的现场考核和样品检测工作中相关原始记录的检查等，具体见表 10-4 ～表 10-8。

表10-1　样品采集工作检查表

被检查单位：××区域监测中心　　　　检查人：________　　　　检查时间：________

<table>
<tr><td colspan="4">是否编制采样计划</td><td>□是 □否</td><td colspan="3">是否存档各采样小组的《采样物资准备情况自查表》</td><td>□是 □否</td><td>点位踏勘与调整要点掌握情况</td><td></td></tr>
<tr><td colspan="5">区域监测中心内部培训（针对本次监测）</td><td>次</td><td colspan="4">参加培训人员</td><td>人次</td></tr>
<tr><td colspan="11">样品采集现场检查</td></tr>
<tr><td rowspan="2">序号</td><td rowspan="2">检查时间</td><td rowspan="2">采样点位编码</td><td rowspan="2">采样类型</td><td rowspan="2">物资准备是否齐全</td><td rowspan="2">点位踏勘与调整要点掌握情况</td><td colspan="2">采样操作</td><td rowspan="2">采样量是否符合要求</td><td colspan="2">样品包装及标签</td></tr>
<tr><td>结果</td><td>存在问题</td><td>是否符合要求</td><td>存在问题</td></tr>
<tr><td>1</td><td></td><td></td><td></td><td>□是 □否</td><td>□是 □否</td><td>□规范
□欠规范</td><td></td><td>□是 □否</td><td>□是 □否</td><td></td></tr>
<tr><td>…</td><td></td><td></td><td></td><td></td><td></td><td></td><td></td><td></td><td></td><td></td></tr>
<tr><td>序号</td><td colspan="10">其他需要说明的情况或发现的问题</td></tr>
<tr><td>1</td><td colspan="10"></td></tr>
<tr><td>…</td><td colspan="10"></td></tr>
</table>

表10-2　场所及工具设备检查表

被检查单位：××区域监测中心　　　　检查人：__________　　　　检查时间：__________

<table>
<tr><th colspan="4">晾晒场所</th><th colspan="3">烘干设备</th><th colspan="4">制样场所</th><th colspan="4">制样设备</th></tr>
<tr><th rowspan="2">检查地点</th><th rowspan="2">室内温度/℃</th><th rowspan="2">室内湿度/%</th><th rowspan="2">是否有《晾晒场所环境记录表》</th><th rowspan="2">烘干设备温度/℃</th><th rowspan="2">设备是否通过检定且在检定日期内</th><th rowspan="2">是否有检定证书</th><th rowspan="2">检查地点</th><th rowspan="2">通风是否良好</th><th rowspan="2">土壤和农产品样品是否分开独立制备</th><th rowspan="2">制样工位是否有隔离</th><th colspan="3">空白试验</th><th>粒径试验</th></tr>
<tr><th>《磨样机器性能测试空白试验记录表》是否存档</th><th>结果是否符合相对误差要求</th><th>是否已更换磨样机器或改用人工磨样</th><th>《粒径试验记录表》及粒径试验图是否存档</th></tr>
<tr><td>晾晒室1</td><td>36</td><td>40</td><td>□是
□否</td><td>40</td><td>□是
□否</td><td>□是
□否</td><td>制样室1</td><td>□是
□否</td><td>□是□否</td><td>□是
□否</td><td>□是
□否</td><td>□是
□否</td><td>□是
□否</td><td>□是
□否</td></tr>
<tr><td>…</td><td></td><td></td><td></td><td></td><td></td><td></td><td></td><td></td><td></td><td></td><td></td><td></td><td></td><td></td></tr>
<tr><td>序号</td><td colspan="14">其他需要说明的情况或发现的问题</td></tr>
<tr><td>1</td><td colspan="14"></td></tr>
<tr><td>…</td><td colspan="14"></td></tr>
</table>

表10-3　样品制备工作检查表（一）

被检查单位：×× 区域监测中心　　　　检查人：____________　　　　检查时间：____________

<table>
<tr><th colspan="3">样品交接</th><th colspan="10">样品制备现场检查</th><th colspan="2">过筛损失率</th></tr>
<tr><td rowspan="2">是否专人负责交接样品</td><td rowspan="2">是否明晰样品交接要求</td><td rowspan="2">样品交接单是否存档</td><td rowspan="2">序号</td><td rowspan="2">被检查人</td><td rowspan="2">检查时间</td><td rowspan="2">样品类别</td><td rowspan="2">样品目数</td><td rowspan="2">物资准备是否齐全</td><td colspan="2">四分法缩分操作</td><td colspan="2">制样操作</td><td rowspan="2">《样品过筛损失率记录表》是否存档</td><td rowspan="2">过筛损失率范围</td></tr>
<tr><td>结果</td><td>存在问题</td><td>结果</td><td>存在问题</td></tr>
<tr><td rowspan="2">□是
□否</td><td rowspan="2">□是
□否</td><td rowspan="2">□是
□否</td><td>1</td><td></td><td></td><td></td><td></td><td>□是 □否</td><td>□规范
□欠规范</td><td></td><td>□规范
□欠规范</td><td></td><td rowspan="2">□是
□否</td><td rowspan="2">□ < 5%
□ 5% ~ 10%
□ 10% ~ 15%
□ 15% ~ 20%
□ 20% ~ 25%
□ > 25%</td></tr>
<tr><td>…</td><td></td><td></td><td></td><td></td><td></td><td></td><td></td><td></td><td></td></tr>
<tr><td colspan="4">粒径检查</td><td colspan="7">均匀度检查</td><td rowspan="3">制样目数及制样量是否符合要求</td><td rowspan="3">《质控样添加登记表》是否存档</td><td colspan="2">封装及标签</td></tr>
<tr><td rowspan="2">序号</td><td rowspan="2">抽查样品编码</td><td rowspan="2">样品目数</td><td rowspan="2">通过率/%</td><td rowspan="2">序号</td><td rowspan="2">抽查样品编码</td><td colspan="4">检测数据</td><td rowspan="2">结果</td><td rowspan="2">是否符合要求</td><td rowspan="2">存在问题</td></tr>
<tr><td>分样 1 镉含量/（mg/kg）</td><td>分样 2 镉含量/（mg/kg）</td><td>分样 3 镉含量/（mg/kg）</td><td>相对偏差/%</td></tr>
<tr><td>1</td><td></td><td></td><td></td><td>1</td><td></td><td></td><td></td><td></td><td></td><td>□合格
□不合格</td><td rowspan="2">□是
□否</td><td rowspan="2">□是
□否</td><td rowspan="2">□是
□否</td><td rowspan="2"></td></tr>
<tr><td>…</td><td></td><td></td><td></td><td>…</td><td></td><td></td><td></td><td></td><td></td><td></td></tr>
<tr><td>序号</td><td colspan="14">其他需要说明的情况或发现的问题</td></tr>
<tr><td>1</td><td colspan="14"></td></tr>
<tr><td>…</td><td colspan="14"></td></tr>
</table>

表10-4　样品交接及内部转码工作检查表

被检查单位：×× 检测机构　　　　检查人：________　　　　检查时间：________

样品交接			内部转码		内部培训及会议召开情况			
是否有专人负责交接样品	是否明晰样品交接要求	样品交接单是否存档	是否进行内部转码	是否留存编码规则	内部培训（针对本次监测）	参加培训人员	召开内部质控会	参加会议人员
□是 □否	□是 □否	□是 □否	□是 □否	□是 □否	次	人次	次	人次

表10-5　样品制备工作检查表（二）

被检查单位：××检测机构　　　　检查人：________　　　　检查时间：________

序号	检查地点	通风是否良好	制样工位是否有隔离	样品目数	制样工具是否齐全	四分法缩分操作		制样操作		过筛损失率		粒径检查				制样目数及制样量是否符合要求
						结果	存在问题	结果	存在问题	《样品过筛损失率记录表》是否存档	过筛损失率范围	序号	抽查样品编码	样品目数	通过率/%	
1	制样室1	□是 □否	□是 □否		□是 □否	□规范 □欠规范		□规范 □欠规范		□是 □否	□＜5% □ 5%～10% □ 10%～15% □ 15%～20% □ 20%～25% □＞25%	1				□是 □否
…												…				

序号	其他需要说明的情况或发现的问题
1	
…	

表10-6　样品前处理工作检查表

被检查单位：××检测机构　　　　检查人：________　　　　检查时间：________

试验试剂纯度		试验用水						器皿使用情况	
酸试剂	其他试剂	每批次用水是否均检测电导率（电阻率）	《试验用水检测记录》是否存档	试验用水电导率抽测				玻璃器皿是否进行二次清洗（先酸浸泡，后消解液消煮）	测汞器皿是否专用
				第1次检测/（μS/cm）	第2次检测/（μS/cm）	相对偏差/%	抽测结果		
□优级纯 □分析纯 □化学纯	□优级纯 □分析纯 □化学纯	□是 □否	□是 □否				□合格 □不合格	□是 □否	□是 □否

样品称量				样品消解					
《样品称量记录》是否存档	抽查样品编码	称样量是否符合称量范围及精度要求	存档照片是否能证明农产品鲜样完全解冻	《样品消解记录》是否存档	消解温度及时间是否符合要求	该批次样品是否已重新进行样品消解	《酸试剂验收记录》是否存档	消解温度现场检查	样品消解是否完全
□是 □否		□是 □否	□是 □否	□是 □否	□是 □否	□是 □否	□是 □否		□是□否

序号	其他需要说明的情况或发现的问题
1	
…	

表10-7　样品分析测试工作检查表

被检查单位：× × 检测机构　　　　检查人：________　　　　检查时间：________

<table>
<tr><th colspan="10">空白试验检查</th></tr>
<tr><td>《空白试验记录》是否存档</td><td>抽查批次</td><td>试剂空白数</td><td>分析测试结果是否低于方法检出限</td><td colspan="2">① 分析测试结果略高于方法检出限但经多次重复试验比较稳定
② 分析测试结果是否明显超过正常值</td><td colspan="2">计算样品分析测试结果时是否已扣除空白样品结果平均值</td><td colspan="2">该批次样品是否已重新测定</td></tr>
<tr><td rowspan="2">□是 □否</td><td>× ×</td><td></td><td>□是 □否</td><td colspan="2">□是 □否</td><td colspan="2">□是 □否</td><td colspan="2">□是 □否</td></tr>
<tr><td>…</td><td></td><td></td><td colspan="2"></td><td colspan="2"></td><td colspan="2"></td></tr>
<tr><th colspan="10">标准曲线检查</th></tr>
<tr><td>《标准曲线绘制记录》是否存档</td><td>抽查批次</td><td>R^2 是否达到检测方法要求</td><td>该批次样品是否已重新绘制标准曲线</td><td>是否进行校准</td><td>《校准记录》是否存档</td><td>校准偏离是否超过 10%</td><td>是否已更换标准曲线</td><td>检测结果是否超出标准曲线浓度系列范围</td><td>该批次样品是否已稀释后重新测定</td></tr>
<tr><td rowspan="2">□是 □否</td><td>× ×</td><td>□是 □否</td><td>□是 □否</td><td>□是 □否</td><td>□是 □否</td><td>□是 □否</td><td>□是 □否</td><td>□是 □否</td><td>□是 □否</td></tr>
<tr><td>…</td><td></td><td></td><td></td><td></td><td></td><td></td><td></td><td></td></tr>
<tr><th colspan="10">准确度检查</th></tr>
<tr><td>《质控样检测记录》是否存档</td><td>抽查批次</td><td>质控样数</td><td>检测项目</td><td colspan="2">相对误差 / 加标回收率是否符合准确度要求</td><td colspan="2">该批次样品是否已重新测定</td><td>是否留存标准物质证书</td><td>标准物质号</td></tr>
<tr><td rowspan="2">□是 □否</td><td>× ×</td><td></td><td></td><td colspan="2">□是 □否</td><td colspan="2">□是 □否</td><td>□是 □否</td><td></td></tr>
<tr><td>…</td><td></td><td></td><td colspan="2"></td><td colspan="2"></td><td></td><td></td></tr>
</table>

续表

<table>
<tr><th colspan="5">精密度检查</th><th colspan="6">质量控制图检查</th></tr>
<tr><td>《平行样检测记录》是否存档</td><td>抽查批次</td><td>平行样数</td><td>相对偏差是否符合精密度要求</td><td>该批次样品是否已重新测定</td><td>质量控制图是否存档</td><td>抽查 批次</td><td>质控数据是否落在质量控制图上下控制线之内</td><td>该批次样品是否已重新测定</td><td>质控数据是否连续 7 次出现在质量控制图中心线同一侧</td><td>是否已停止测试并检查系统误差</td></tr>
<tr><td rowspan="2">□是 □否</td><td>× ×</td><td></td><td>□是 □否</td><td>□是 □否</td><td rowspan="2">□是 □否</td><td>× ×</td><td>□是 □否</td><td>□是 □否</td><td>□是 □否</td><td>□是 □否</td></tr>
<tr><td>…</td><td></td><td></td><td></td><td>…</td><td></td><td></td><td></td><td></td></tr>
</table>

<table>
<tr><th colspan="7">盲样测定考核</th><th colspan="7">样品复测考核</th></tr>
<tr><td>序号</td><td>样品编号</td><td></td><td>称样量</td><td></td><td>加标量</td><td></td><td>序号</td><td>样品编号</td><td></td><td>称样量</td><td></td><td>加标量</td><td></td></tr>
<tr><td rowspan="3">1</td><td>检测项目</td><td colspan="5"></td><td rowspan="3">1</td><td>检测项目</td><td colspan="5"></td></tr>
<tr><td>检测结果</td><td colspan="5"></td><td>检测结果</td><td colspan="5"></td></tr>
<tr><td>考核结果</td><td colspan="5">□合格 □不合格</td><td>考核结果</td><td colspan="5">□合格 □不合格</td></tr>
<tr><td rowspan="3">…</td><td>检测项目</td><td colspan="5"></td><td rowspan="3">…</td><td>检测项目</td><td colspan="5"></td></tr>
<tr><td>检测结果</td><td colspan="5"></td><td>检测结果</td><td colspan="5"></td></tr>
<tr><td>考核结果</td><td colspan="5">□合格 □不合格</td><td>考核结果</td><td colspan="5">□合格 □不合格</td></tr>
<tr><td>序号</td><td colspan="13">其他需要说明的情况或发现的问题</td></tr>
<tr><td>1</td><td colspan="13"></td></tr>
<tr><td>…</td><td colspan="13"></td></tr>
</table>

表10-8　数据复核及上报工作检查表

被检查单位：× × 检测机构　　　　检查人：________　　　　检查时间：________

数据复核						数据上报	
要点掌握情况	抽查批次	样品类别	① 检测数据介于风险筛选值的 1 ～ 1.1 倍之内或大于风险筛选值的 5 倍； ② 检测数据介于风险筛选值的 1.1 ～ 5 倍之内； ③ 检测数据介于限量值的 1 ～ 1.1 倍之内或大于限量值的 2 倍； ④ 检测数据介于限量值的 1.1 ～ 2 倍之内	超标样品是否全部复测	复测比例	检测结果是否按检测方法规定的有效位数进行修约	是否存在低于方法检出限的检测结果
	× ×			□是 □否		□是 □否	□是 □否
	…						

序号	其他需要说明的情况或发现的问题
1	
…	

10.2 监测数据审核要点和方法

10.2.1　质控样结果审核

每批样品检测结果上报之后，数据上报系统将按批次对上报数据进行智能化审核，通过各类质控样（密码平行样、定值质控样和互检样品）的检测结果控制每一批次样品检测数据的质量，若数据上报不成功，则检测机构需对该批次样品进行重新测定。

各类质控样的判定标准如下。

（1）密码平行样

重金属检测依据室内相对偏差的判定标准进行判断（表 10-9、表 10-10）[2]，其他检测项目依据各检测机构所选用检测方法的规定进行判断。

重金属检测项目分析测试精密度和准确度允许范围见表 10-9 和表 10-10。

表10-9　重金属检测项目分析测试精密度允许范围

检测项目	土壤			农产品		
	样品含量范围/（mg/kg）	室内相对偏差/%	室间相对偏差/%	样品含量范围/（mg/kg）	室内相对偏差/%	室间相对偏差/%
总镉	＜0.1	30	35	＜0.1	35	40
	0.1 ～ 0.4	20	25	0.1 ～ 0.2	30	35
	＞0.4	15	20	＞0.2	25	30
总汞	＜0.1	30	35	＜0.1	35	40
	0.1 ～ 0.4	25	30	0.1 ～ 0.2	30	35
	＞0.4	20	25	＞0.2	25	30
总砷	＜10	20	30	＜0.1	35	40
	10 ～ 20	15	20	0.1 ～ 1.0	30	35
	＞20	10	15	＞1.0	25	30
总铜	＜20	20	25	＜20	20	30
	20 ～ 30	15	20	20 ～ 30	15	25
	＞30	10	15	＞30	15	20

续表

检测项目	土壤			农产品		
	样品含量范围 /（mg/kg）	室内相对偏差 /%	室间相对偏差 /%	样品含量范围 /（mg/kg）	室内相对偏差 /%	室间相对偏差 /%
总铅	＜20	20	25	＜0.1	35	40
	20～40	15	20	0.1～1.0	30	35
	＞40	10	15	＞1.0	25	30
总铬	＜50	20	25	＜0.1	35	40
	50～90	15	20	0.1～1.0	30	35
	＞90	10	15	＞1.0	25	30
总锌	＜50	20	25	＜50	25	30
	50～90	15	20	50～90	20	30
	＞90	10	15	＞90	15	25
总镍	＜20	20	25	—	—	—
	20～40	15	20	—	—	—
	＞40	10	15	—	—	—

数据来源：NY/T 4691—2025 和 NY/T 398—2000。

表10-10　重金属检测项目分析测试准确度允许范围

检测项目	土壤		农产品			
	样品含量范围 /（mg/kg）	相对误差 /%	样品含量范围 /（mg/kg）	加标回收率 /%	室内相对误差 /%	室间相对误差 /%
总镉	＜0.1	±30	＜0.1	75～110	35	40
	0.1～0.4	±20	0.1～0.2	85～110	30	35
	＞0.4	±15	＞0.2	90～105	25	30
总汞	＜0.1	±30	＜0.1	75～110	35	40
	0.1～0.4	±25	0.1～0.2	85～110	30	35
	＞0.4	±20	＞0.2	90～105	25	30
总砷	＜10	±20	＜0.1	90～105	35	40
	10～20	±15	0.1～1.0	90～105	30	35
	＞20	±10	＞1.0	90～105	25	30
总铜	＜20	±20	＜20	90～105	20	30
	20～30	±15	20～30	90～105	15	25
	＞30	±10	＞30	90～105	15	20

续表

检测项目	土壤		农产品			
	样品含量范围 /（mg/kg）	相对误差 /%	样品含量范围 /（mg/kg）	加标回收率 /%	室内相对误差 /%	室间相对误差 /%
总铅	＜20	± 20	＜0.1	85 ～ 110	35	40
	20 ～ 40	± 15	0.1 ～ 1.0	85 ～ 110	30	35
	＞40	± 10	＞1.0	90 ～ 105	25	30
总铬	＜50	± 20	＜0.1	85 ～ 110	35	40
	50 ～ 90	± 15	0.1 ～ 1.0	85 ～ 110	30	35
	＞90	± 10	＞1.0	90 ～ 105	25	30
总锌	＜50	± 20	＜50	85 ～ 110	25	30
	50 ～ 90	± 15	50 ～ 90	85 ～ 110	20	30
	＞90	± 10	＞90	90 ～ 105	15	25
总镍	＜20	± 20	—	—	—	—
	20 ～ 40	± 15	—	—	—	—
	＞40	± 10	—	—	—	—

数据来源：NY/T 4691—2025 和 NY/T 398—2000。

相对偏差（RD）按式（10-1）计算。

$$\mathrm{RD}=\frac{|A-B|}{A+B}\times 100\% \tag{10-1}$$

式中　RD——相对偏差；

A、B——平行双样检测值，mg/kg。

（2）定值质控样

重金属检测依据相对误差的判定标准进行判断（表 10-10）[2]，其他检测项目依据各检测机构所选用检测方法的规定进行判断。

相对误差（δ）按式（10-2）计算：

$$\delta=\frac{|x-\mu|}{\mu}\times 100\% \tag{10-2}$$

式中　δ——定值质控样的相对误差；

x——定值质控样的检测值，mg/kg；

μ——定值质控样给定值的算术平均值，mg/kg。

加标回收率（R）按式（10-3）计算：

$$R=\frac{|x_1-x_0|}{C}\times 100\% \tag{10-3}$$

式中 R——加标回收率；

x_1——加标试样测定值，mg/kg；

x_0——试样测定值，mg/kg；

C——加标量，mg/kg。

（3）互检样品

互检样品检测结果依据室间相对偏差的判别标准进行判断（表 10-9）。

相对偏差（RD）按式（10-4）计算。

$$\mathrm{RD}=\frac{\overline{d}}{\overline{x}}\times 100\% \tag{10-4}$$

式中 RD——相对偏差；

$\overline{d}$——n 份样品检测结果的平均偏差，$\overline{d}=\frac{\sum_{i=1}^{n}|x_i-\overline{x}|}{n}$，$x_i$ 为试样检测值，mg/kg；

$\overline{x}$——n 份样品检测结果的算术平均值，mg/kg。

若密码平行样和定值质控样其中之一判定结果不合格，则整批样品的检测数据不予接收，由检测机构自查整个检测过程，确认各环节是否存在漏洞，发现问题及时整改，然后再次进行检测并上报数据；若仍不合格，检测机构可自行聘请专家彻查问题，或申请追查前序制样及采样环节记录，排除非检测机构原因后再行检测和上报数据。

若互检样品判定结果不合格，则应立即组织召开检测数据质量专家评审会，查出有问题的检测机构，立即停止其检测作业，限期整改，整改完成并由质控专家组验收合格后，方可继续实施检测作业。

10.2.2 异常低值数据的复核

检测数据上报后，质控人员可将样品中各监测指标的检测值与所掌握的基础数据进行对比，若明显低于基础数据，则应对该样品进行复测。例如，对于例行监测土壤样品中重金属含量的检测值，可将其与所掌握的 ArcGIS 成图信息中样品所属区域的重金属背景值均值作对比，对检测值低于 ArcGIS 成图信息中样品所属区域背景值均值的样品，可通知相应检测机构进行重新测定。与第一次检测结果相比，不超过实验室相对偏差允许范围时，可认定此数据，结果取其平均值。与第一次检测结果相比，若超过实验室相对偏差允许范围，则应组织专家对该检测机构进行督导检查，查找问题并进行整改，责令检测机构对异常低值数据样品所属批次的全部样品进行重新检测。

10.2.3 整体检测数据异常性检查

全部监测样品完成检测上报后，质控人员将审查是否存在以下数据：

① 同一样品中同时出现极高值和极低值的数据，即同一份样品中某项检测指标的检测值极高（超过同一地市级行政单元全部样品相同指标检测平均值 +3 倍标准偏差范围），而另一项检测指标的检测值极低（低于同一地市级行政单元全部样品相同指标检测平均值 −3 倍标准偏差范围）的数据；

② 同一地市级行政单元内，土壤未超标的农产品样品重金属含量、六六六和滴滴涕残留量的平均值或中位值远大于（超过 20%）土壤超标的农产品样品相同重金属含量、六六六和滴滴涕残留量的平均值和中位值的数据；

③ 同一地市级行政单元内，土壤或农产品相同重金属含量的平均值或中位值不符合“优先保护类＜安全利用类＜严格管控类”顺序的数据。

分析数据，找出上述异常情况的数据所对应的样品编码（采样编码和检测编码），按照从后向前的顺序，依次对相应的检测机构、制样机构、采样小组的原始记录进行综合研判，找出原因。确实无法找到原因时，应要求相应机构进行复核，对整个操作过程确认无误后，将复核过程及相关证据、记录等资料报送至质控中心，并由质控中心组织专家组进行审查，审查合格后，认定数据。若审核不合格，将组织对该部分异常数据样品的复检工作，若复测数据与检测结果相比，不超过实验室相对偏差允许范围，则可认定此数据。若与检测结果相比，超过实验室相对偏差允许范围，应对该部分异常数据样品所在批次的全部样品进行复测，与检测结果相比，均不超过实验室相对偏差允许范围时，可给予检测机构警告，并要求检测机构查明问题，限期整改，整改完成并由质控专家组验收合格后，可继续承担下一检测工作，若仍存在超过实验室相对偏差允许范围的复测数据，可考虑取消该检测机构的检测资格。

10.2.4 整体检测数据累积合理性检查

全部监测样品完成检测并上报后，质控人员将审查是否存在以下数据：

① 同一地市级行政单元内，全部土壤样品重金属含量的平均值或中位值低于本辖区土壤背景值的平均值或中位值的数据；

② 同一地市级行政单元内，全部土壤样品重金属含量的平均值或中位值低于本辖区土壤重金属普查相同重金属含量的平均值或中位值的数据；

③ 同一地市级行政单元内，全部土壤样品重金属含量的平均值或中位值高于距离当前最近的一次监测时相同重金属含量的平均值或中位值的 1.4 倍以上的数据；

④ 同一地市级行政单元内，全部农产品样品重金属元素超标率均高于距离当前最近的 3 次监测时相同重金属元素平均超标率 20% 以上的数据。

后续处理与前述“整体检测数据异常性检查”相同。

10.2.5 整体检测数据空间分布异常性检查

全部监测样品完成检测上报后，质控人员将通过对地市级行政边界采样点的重金属含量值进行统计分析，在排除区域影响和趋势变化影响的前提下，判定行政边界交界处是否存在差异。采用基于双向多级跳表边界选择的算法，快速生成不同长度的多级边界并进行差异性判断，即在交界的两个区域内同时双向生成多级跳表，实现边界的快速定位。同时，将不同级数的跳表作为排除区域性差异及趋势差异的范围测量依据。

对于相邻区域交界处重金属含量“断崖式”突变，不符合空间连续变化趋势或基本趋势面的数据，应对检测机构进行复核提醒，检测机构对检测过程确认无误后，填报检测结果确认表，报送至质控中心，并由质控中心组织专家组进行审查，审查合格后，认定数据。若审核不合格，将组织对该部分异常数据样品的复检工作，若复测数据与检测结果相比，不超过实验室相对偏差允许范围，则可认定此数据。若与检测结果相比，超过实验室相对偏差允许范围，应对该部分异常数据样品所在批次的全部样品复测，与检测结果相比，均不超过实验室相对偏差允许范围时，可给予检测机构警告，并要求检测机构查明问题，限期整改，整改完成并由质控专家组验收合格后，可继续承担下一检测工作，若仍存在超过实验室相对偏差允许范围的复测数据，可考虑取消该检测机构的检测资格。

参考文献

[1] 施昌彦，虞惠霞. 实验室质量管理 [M]. 北京：化学工业出版社，2006.

[2] NY/T 395—2025. 农田土壤环境质量监测技术规范 [S].

第11章

监测数据统计与报告编制

>> 监测数据基础统计分析方法
>> 专题制图方法
>> 监测报告提纲编制

11.1 监测数据基础统计分析方法

11.1.1 描述性统计方法 [1-3]

数据统计分析过程中，应首先进行描述性统计工作，重点是数据分布特征的分析，一般可以从集中趋势、离散程度及分布形态 3 个方面进行描述。

（1）集中趋势

集中趋势一般通过对数据平均指标的计算予以描述，即平均数，也称均值，它是对总体中的所有数据计算的平均值，用以反映所有数据的一般水平，包括算术平均数、调和平均数、几何平均数和幂平均数。最为常用的是算术平均数和几何平均数。

算术平均数是统计学中最基本、最常用的一种平均指标，一般我们所称的均值大部分指的是算术平均数。主要用于未分组的原始数据。设一组数据为 $X_1, X_2, \ldots, X_n$，则算术平均数（$\bar{X}$）的计算如式（11-1）所示：

$$\bar{X} = \frac{X_1 + X_2 + X_3 + \cdots + X_n}{n} \tag{11-1}$$

几何平均数则多用于计算比率、指数或者动态平均数，特别是样本数据非负且符合对数正态分布的数据集，是指 n 个观察值连乘积的 n 次方根，几何平均数（X_g）计算式如式（11-2）所示：

$$X_g = \sqrt[n]{X_1 X_2 X_3 \cdots X_n} \tag{11-2}$$

（2）离散程度

离散程度是用来刻画总体分布变异状况的指标，一般包括极差、方差、标准差等。

1）极差

又称全距，是用来表示统计资料中最大值与最小值之间的差距，即最大值减去最小值后所得到的数值。

2）方差和标准差

方差和标准差是测算离散程度最重要、最常用的指标。方差是衡量源数据和期望值相差的度量值，即各变量值与其均值离差平方的平均数，标准差为方差的算术平方根。

方差（D）的计算式为：

$$D = \frac{\sum_{i=1}^{n}(X_i - \bar{X})}{n} \tag{11-3}$$

标准差（S）的计算式为：

$$S=\sqrt[2]{D} \tag{11-4}$$

由于标准差和均值的量纲（单位）是一致的，在描述一个波动范围时标准差比方差更方便，因而，一般常用“平均值 ± 标准差”的形式描述数据分布范围。

（3）分布形态

分位值是最为常见的数据分布描述方式。分位值的定义是将随机变量分布曲线与 x 轴包围的面积作 n 等分，得 n−1 个值，这些值称为 n 分位值。实际工作中较为常用的是 25 分位值、50 分位值（即中位值）、75 分位值，以上也称为四分位值。

11.1.2　数据关系分析方法

当样品采集和分析的样品量足够多的时候，除可以进行常规数理统计之外，监测过程中调查的大量背景信息与监测指标之间的关联，以及监测指标之间对应关系，都可以进行深入的解析和判断。

常用的数据关系分析方法一般包括相关性分析和差异性分析两种。前者是对影响因素的初步判断，但相关不一定代表具有因果关系；后者是对影响程度的定量核定，也称之为显著性检验。二者结合使用，一般可判定农田土壤环境问题的主要影响因素及其贡献率排序。

11.1.2.1　相关性分析

所谓相关性分析，就是要解决两个问题：第一，定性判断有无关联；第二，定量说明所给出判断结果的置信度。一般来说，我们用相关系数来回答上述问题。

相关系数表征两个变量间线性关系的程度，最为常用的相关系数是 Pearson 相关系数（r），它是对定距连续变量的数据进行相关性计算的指标，其计算式为：

$$r=\frac{N\sum x_i y_i-\sum x_i\sum y_i}{\sqrt{N\sum x_i^2-(\sum x_i)^2}\sqrt{N\sum y_i^2-(\sum y_i)^2}} \tag{11-5}$$

式中　r——Pearson相关系数；

N——样本数量，即数据点总个数；

x_i——变量 x 的第 i 个变量值；

y_i——变量 y 的第 i 个变量值。

相关系数的绝对值越大，相关性越强，相关系数越接近 1 或 −1，相关性越强；其中，相关系数为正值表示两组变量变化趋势一致，相关系数为负值表示两组变量变化趋势相反；相关系数越接近 0，相关性越弱。

对于农产品产地土壤重金属污染监测数据而言，通常情况下关注 3 个方面的相关性，即监测指标之间的相关性、土壤监测指标和农作物监测指标之间的相关性、监测指标和相关背景数据之间的相关性。

11.1.2.2 差异性分析

通常，对于具有两个或两个以上分组（分类）的影响因素而言，可采用方差分析的方法进行差异性分析；但对于总体分布未知或总体分布不符合正态分布的数据样本，应采用非参数检验的方法来实现差异性分析。

方差分析的基本思想是通过分析不同变量的变异对总变异的贡献大小，从而确定各个影响因素对研究结果影响力的大小。变量可分为两大类：实验条件，即不同的处理造成的差异，称为组间差异；随机误差，如测量误差造成的差异或个体间的差异，称为组内差异。组间差异或组内差异，可用变量在各组的均值与总均值或组内均值之偏差平方和的总和表示，以此平方和值除以相应的自由度，得其均方，组间均方与组内均方的比值应符合 F 分布，用 F 值与其临界值比较，即可推断多组样本是否具有差异性。

非参数检验方法一般包括曼 - 惠特尼 U 检验、K-S 检验、W-W 游程检验、极端反应检验等。我们常用的是曼 - 惠特尼 U 检验，简称 U 检验，或称为秩和检验，可以看作是对两均值之差的参数检验（如 t 检验）或相应的大样本正态检验等方法的代用品。它是通过用两组样本的秩代替样本数据，从而实现应用基于正态分布的参数检验方法来进行差异性检验的。所谓秩，简单说就是变量值排序的名次，即将待分析的两组数据混合，并按照大小顺序编排等级，最小的数据等级（秩）为 1，第二小的数据等级为 2，以此类推，若有数据相等的情形，则取这几个数据排序的平均值作为其等级。根据两组数据的样本量和其等级的和，计算 U 值，并以两组数据 U 值中的较小值做临界值检验。

11.1.3 安全评估方法

农产品产地环境监测工作的安全评估方法主要包括土壤质量安全评估、农区大气质量安全评估、农灌水质量安全评估。

11.1.3.1 土壤质量安全评估

依据《土壤环境质量 农用地土壤污染风险管控标准（试行）》（GB 15618），采用单因子污染指数法或内梅罗综合污染指数法进行综合评估。

（1）单因子污染指数法

通过单因子评价，可以确定主要的污染物及其危害程度，其计算式为：

$$P_i = C_i/S_i \tag{11-6}$$

式中 P_i——某污染因子的污染指数，即单因子污染指数；

C_i——某污染因子的实测浓度，mg/kg；

S_i——某污染因子的评价标准，mg/kg。

$P_i \leqslant 1$ 表示土壤未受污染，$P_i > 1$ 表示土壤已受污染，且 P_i 值越大，污染越严重。

（2）内梅罗综合污染指数法

内梅罗综合污染指数法是当前国内外进行综合污染指数计算的最常用的方法之一，其计算式为：

$$P_{综} = \sqrt{\frac{(\bar{P})^2 + {P_{i\max}}^2}{2}} \tag{11-7}$$

式中　$P_{综}$——采样点的内梅罗综合污染指数；

$P_{i\max}$——i 采样点污染物单因子污染指数中的最大值；

$\bar{P}$——单因子污染指数平均值，$\bar{P} = \frac{1}{n}\sum_{i=1}^{n} P_i$。

土壤综合污染程度分级标准见表 11-1。

表11-1　土壤综合污染程度分级标准

土壤综合污染等级	土壤综合污染指数	污染程度	污染水平
1	$P_{综} \leqslant 0.7$	安全	清洁
2	$0.7 < P_{综} \leqslant 1.0$	警戒线	尚清洁
3	$1.0 < P_{综} \leqslant 2.0$	轻污染	污染物超过起初污染值，作物开始污染
4	$2.0 < P_{综} \leqslant 3.0$	中污染	土壤和作物污染明显
5	$P_{综} > 3.0$	重污染	土壤和作物污染严重

单因子污染指数法只能反映各个污染物的污染程度，不能全面地反映土壤环境的污染状况，而内梅罗综合污染指数法兼顾了污染指数平均值和最高值，可以突出污染较重的污染物的作用。但也由于其过分突出污染指数最大的污染物对环境质量的影响和作用，在评价时可能会人为地夸大或缩小一些因子的影响作用，使其对环境质量评价的灵敏度不够高，在某些情况下，它的计算结果难以区分土壤环境污染程度的差别。

11.1.3.2　农区大气质量安全评估

依据《环境空气质量标准》（GB 3095）和《环境空气质量标准》第 1 号修改单（GB 3095—2012/XG1—2018），采用单因子污染指数法进行评估。

11.1.3.3　农灌水质量安全评估

依据《农田灌溉水质标准》（GB 5084），采用单因子污染指数法或内梅罗综合污染指数法进行综合评估。

11.2 专题制图方法[4-5]

按行政区域范围、区域安全评估类别、土地利用方式、农作物种类、土壤类型等相关分类方式，制作相应的图件。

11.2.1 一般性要求

11.2.1.1 成图辅助要素

基础底图和结果图应包含图名、指北针、比例及比例尺、图例、图廓、署名等内容，具体如下。

图名一般置于北图廓外居中的位置，距外图廓的间距约 1/3 字高。

指北针一般位于图幅图区内的上方左侧或右侧，能够标明正北方向，样式为（ESRI North 3）。

比例及比例尺应视行政级别和辖区面积等情况而定，一般全国级图件为 1∶4000000，省级图件可选 1∶250000（直辖市适用）、1∶500000（一般省份适用）、1∶1000000（辖区面积较大或空间跨度较大的省份适用），地市级及县级图件可在 1∶100000～1∶10000 范围内选择，比例尺具体样式为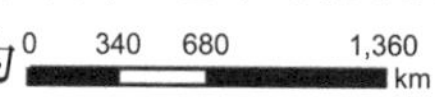

（Alternating Scale Bar 1）。

图例由图形（线条或色块）与文字组成，文字是对图形的注释，具体样式视图件内容而定。

图廓包括外图廓和内图廓，外图廓可有花纹，内图廓为实线，内外图廓线之间距离为最短图廓边长的 0.2%～1%。

署名应标出制图单位、制图人、制图时间、制图软件或其他需要标出的内容。

此外，依制图区域行政级别（全国、省级、地市级、县级），还应包括其下一级的行政单元名称（全国图中也可标识省会或首府的名称代替省级行政单元名称）和行政边界线，行政单元名称字体为宋体，字号依行政级别从高到低的顺序依次减小，边界线样式为实线，线宽依行政级别从高到低的顺序依次减小，除最后一级边界线为灰色（K50）外，其余各级边界线颜色为黑色（K100）。

可根据需要自行决定是否标出接壤行政单元的名称以及界线，一般标注到内图廓为止。

图中所有要素（点、线、图斑、色块、文字、形状等）大小可根据图幅要求适当调整，以整体比较协调为准。

成果图件应依据成图比例尺合理设置投影坐标系和地理坐标系。

11.2.1.2　关于颜色的使用

基于图件印刷需要，颜色代码采用印刷四分色模式（CMYK）表示。

（1）农用地类型

农用地类型图要素及图示见表 11-2（书后另见彩表）。

表11-2　农用地类型图要素及图示

农用地类型	表达图示	
	图示符号	**CMYK** 颜色模式
耕地		C100 Y100
园地		Y100
林地		C50 M80 Y100 K40
草地		C50 Y90

（2）农作物分布

农作物分布图要素及图示见表 11-3（书后另见彩表）。

表11-3　农作物分布图要素及图示

农作物种类	表达图示	
	图示符号	**CMYK** 颜色模式
水稻		M100 Y100
小麦		M75 Y95
玉米		Y100
蔬菜		C75 Y95
大豆		C100
油料作物		C100 M100
糖料作物		C60 M100
水果		M90
茶叶		C50 Y90
其他作物		K100

（3）区域类型

区域类型图要素及图示见表 11-4（书后另见彩表）。

表11-4　区域类型图要素及图示

区域类型	表达图示	
	图示符号	CMYK 颜色模式
工矿企业周边农区	■	M100 Y100
污水灌区	■	C100 Y100
大中城市郊区	■	C100 M100
一般农区	■	K100

（4）耕地土壤环境质量类别

耕地土壤环境质量类别图要素及图示见表 11-5（书后另见彩表）。

表11-5　耕地土壤环境质量类别图要素及图示

耕地土壤环境质量类别	表达图示	
	图示符号	CMYK 颜色模式
优先保护类	■	C50 Y90
安全利用类	■	Y100
严格管控类	■	M100 Y100

11.2.2　基础底图

11.2.2.1　行政区划图

行政区划图是全部专题图件的底图，其应采用具有权威性的基准年份矢量化图件，若无法获取到基准年份行政区划图，则应选近 5 年内行政区划图，原则上距离当前年份越近越好。

11.2.2.2　土地利用现状图

土地利用现状图应可区分耕地、林地、园地、草地、建筑用地、其他非农用地、水域七类土地利用方式，原则上应采用最新图件。

11.2.2.3 土壤类型图

土壤类型图应根据制图区域的行政级别确定图中主要内容，一般来说，全国土壤类型图应包含土壤类型信息，省级土壤类型图应包含土壤类型和土壤亚类信息，地市级以下土壤类型图应包含土壤类型、土壤亚类及土种信息。

由于土壤类型、土壤亚类、土种数量较多且各地分布不一，图斑颜色沿用原图样式即可，不做统一规定。应采用具有权威性的基准年份矢量化图件，若无法获取到基准年份土壤类型图，则应选近 5 年内土壤类型图，原则上距离当前年份越近越好。

11.2.3 空间插值方法

空间插值常用于将离散点的监测数据拓展为连续的数据曲面，以便与其他空间现象的分布模式进行比较，它包括了空间内插和外推两种算法。

① 空间内插算法：通过已知点的数据推求同一区域未知点数据。

② 空间外推算法：通过已知区域的数据推求其他区域数据。

空间插值方法要点如下。

① 进行点位分布均匀化处理，即按照辖区内一般农区平均布点密度，将多个三类重点区采样点位合并为一个替代点位，该点数值为合并区域内所有采样点位的平均值，点的位置坐标为合并区域的几何中心点坐标；

② 对监测点位数值进行数据形态分析，检验数据分布的正态性，对不符合正态分布的普查数据，应用对数变换（Log）和幂变换（Box-Cox）对数据进行变换处理，尽可能使变换后的数据服从正态分布，对于明显离群值，应暂时搁置，不得纳入插值制图过程；

③ 完成地统计模型拟合，应用趋势面分析模块进行全局趋势分析，并在地统计建模中剔除全局趋势，提高空间插值精度，结合半变异 / 协方差云图进行点位数值的空间相关性和方向变异性分析，实现变异函数模型拟合；

④ 确定空间插值方法，视数据形态选择普通克里金、反距离权重、径向基函数等，并根据下述标准判定插值方法的有效性：标准平均值（mean standardized）接近于 0，标准均方根预测误差（root-mean-square standardized）接近于 1。

常用的插值方法包括最近邻插值、算术平均值、反距离加权插值、高次曲面插值、趋势面插值、最优插值、样条函数插值、径向基函数插值、普通克里金插值、最小曲率。

经比较验证，普通克里金插值、反距离加权插值和径向基函数插值应能满足全国和省级尺度普查数据的空间分析要求，市、县级则需根据实际情况及交叉检验结果再行确定。

11.2.4 专题图件样式案例

11.2.4.1 采样点位分布图

采样点位分布图以行政区划图为底图，通过读取各点位 GPS 定位（东经和北纬）

信息，将采样点位标识于地图相应位置，以反映各采样点位的空间分布。

11.2.4.2 土壤重金属安全评估三类区域分布图

土壤重金属安全评估三类区域分布图应依据采样点位 GPS 定位信息及主要农作物种类，以及对应点位的土壤 pH 值及重金属检测结果，在行政区划图相应位置标识三类区域的边界线，并以不同颜色的边界线区分三类区域的重金属安全评估等级。

11.2.4.3 区域主栽农作物分布图

区域主栽农作物分布图可以乡镇为单元，逐一检索每个乡镇内的采样点位信息里的农作物类别代码，若至少有一个采样点位为该类农作物，即可确定整个乡镇为该类农作物的种植区，并由此产生多张农作物分布图（例如水稻产区分布图、小麦产区分布图、玉米产区分布图等），最后叠加上述农作物分布图层，对其中包含多种农作物的乡镇种植类型进行重命名，以“—”连接各类农作物，如“水稻—小麦”等，制得最终的区域主栽农作物分布图。

农作物采样点位分布图的制作方法可参照前述采样点位分布图完成。

11.2.4.4 土壤pH值/重金属含量空间分布图

土壤 pH 值/重金属含量空间分布图是依据采样点位的 GPS 定位信息，以及对应点位的土壤 pH 值或土壤污染物含量检测结果，以行政区划图为底图，进行空间插值得到的栅格图。

11.2.5 图层叠加要求

可根据需要，对数字化的基础底图和按上述要求制作的各类结果图件进行叠加，用以进行农产品产地土壤重金属污染成因分析、特征分析、区域划分、对策制定等，制图规范按所叠加的基础底图和结果图件的相应要求执行。

11.3 监测报告提纲编制

根据监测目的，确定监测报告基本内容，制定监测报告提纲。提纲应内容全面、结构合理、清晰简洁，具有逻辑性和严谨性。监测报告应包括以下基本内容。

① 监测背景及监测的目的和意义；

② 监测区域概况，包括概述监测区域自然环境、自然资源条件、土地利用方式、土地利用总体规划、污染源分布及污染物排放情况、人文社会条件等；

③ 点位布设及其质量控制；

④ 样品采集与制备及其质量控制；

⑤ 样品保存运输及其质量控制；

⑥ 样品检测及其质量控制；

⑦ 监测结果统计分析及环境质量评价；

⑧ 农产品产地安全质量评价图及评价表。

参考文献

[1] 环境统计教材编写委员会．环境统计基础 [M]．北京：中国环境出版社，2016.

[2] 贾俊平，何晓群，金勇进．统计学，[M]．6 版．北京：中国人民大学出版社，2015.

[3] 聂庆华，Keith C Clarke．环境统计学与 MATLAB 应用 [M]．北京：高等教育出版社，2010.

[4] 刘光，李雷，刘增良．ArcGIS API for JavaScript 开发 [M]．北京：清华大学出版社，2022.

[5] 吴建华，逯跃锋．ArcGIS 软件与应用 [M]．北京：电子工业出版社，2017.

附录

《农田土壤环境质量监测技术规范》（NY/T 395—2025）
《农产品产地土壤环境监测质量控制技术规范》（NY/T 4691—2025）
《农用水源环境质量监测技术规范》（NY/T 396—2000）
《农区环境空气质量监测技术规范》（NY/T 397—2000）

附录1 《农田土壤环境质量监测技术规范》（NY/T 395—2025）

1 范围

本文件规定了农田土壤环境质量监测的点位布设、采样技术、监测项目及分析方法、质量控制与质量保证、结果评价、报告编写和数据管理等技术内容。

本文件适用于农田土壤环境质量调查、监测与评价。

2 规范性引用文件

下列文件中的内容通过文中的规范性引用而构成本文件必不可少的条款。其中，注日期的引用文件，仅该日期对应的版本适用于本文件；不注日期的引用文件，其最新版本（包括所有的修改单）适用于本文件。

GB/T 8170 数值修约规则与极限数值的表示和判定

GB 15618 土壤环境质量 农用地土壤污染风险管控标准（试行）

GB/T 18894 电子文件归档与电子档案管理规范

GB/T 36344 信息技术 数据质量评价指标

NY/T 4691 农产品产地土壤环境监测质量控制技术规范

3 术语和定义

下列术语和定义适用于本文件。

3.1 农田土壤 farmland soil

用于种植各种粮食作物、蔬菜、水果、纤维和糖料作物、油料作物、花卉、药材、草料等作物的农业用地土壤。

3.2 区域土壤背景点 regional soil background site

在调查区域内或附近，少受人类活动影响，且母质、土壤类型及农作历史与调查区域土壤相似的土壤样点。

3.3 剖面样品 profile sample

按土壤发生学的主要特征，将表土竖直向下的土壤平面划分成不同的层面，在每层中部多点取样，等量混均后的系列土壤样品。

3.4 耕作层混合样 mixture sample

在农田耕作层（0～20cm）采集若干点的等量土壤，混合均匀后的土壤样品。

4 监测点位布设

4.1 资料收集

4.1.1 收集监测区域水文、气象、地形地貌、植被、自然灾害等自然环境特征资料。

4.1.2 收集监测区域农作物种类、布局、面积、产量、耕作制度、农业投入品使用情况等农业生产和土地利用状况资料。

4.1.3 收集监测区域成土母质、土壤类型、层次特点、质地、土壤 pH、阳离子交换量、盐基饱和度、土壤肥力及土壤元素背景值等土壤质量状况资料。

4.1.4 收集监测区域工业污染源种类及分布、主要污染物种类及其排放途径和排放量、农田灌溉水质量、大气质量、土壤污染、农产品质量安全等污染状况资料。

4.1.5 收集监测区域水土流失现状、侵蚀程度、沼泽化、潜育化、盐渍化、酸化等土壤退化状况资料。

4.1.6 收集监测区域土地利用总体规划、农业资源调查规划、行政区划图、土壤类型分布图、土壤环境质量图、地质图、水系图、交通图等其他相关资料和图件。

4.2 监测单元划定

4.2.1 监测单元按土壤接纳污染物的途径划分，结合土壤类型、农作物种类、耕作制度、行政区划等要素进行划定。

4.2.2 监测单元分类

4.2.2.1 大气污染型土壤监测单元：土壤中的污染物主要来源于大气污染沉降物。

4.2.2.2 灌溉水污染型土壤监测单元：土壤中的污染物主要来源于农灌用水。

4.2.2.3 固体废物堆存污染型土壤监测单元：土壤中的污染物主要来源于集中堆放的固体废弃物。

4.2.2.4 农业投入品污染型土壤监测单元：土壤中的污染物主要来源于农药、化肥等农业投入品。

4.2.2.5 高地质背景监测单元：土壤中的污染物主要来源于自然成土母质。

4.2.2.6 综合型土壤监测单元：土壤中的污染物主要来源于上述 2 种或 2 种以上途径。

4.2.2.7 其他污染型土壤监测单元：土壤中的污染物无法判断污染来源。

4.3 布点原则与方法

4.3.1 布点原则

4.3.1.1 区域土壤背景监测点布设在没有受到人为污染或人为活动影响较少，且成土母质、土壤类型及农作历史等一致区域的中部位置。

4.3.1.2 农田土壤环境质量监测点原则上应在已经证实受到污染的或疑似受到污染的区域布设。

4.3.2 布点方法

4.3.2.1 大气污染型土壤监测点：以大气污染源为中心，采用放射状布点法。布点密度自中心起由密渐稀，在同一密度圈内均匀布点。在大气污染源主导风下风方向应延长监测距离和增加布点数量。

4.3.2.2 灌溉水污染型土壤监测点：在纳污灌溉水体两侧，按水流方向采用带状布点法。布点密度自灌溉水体纳污口起由密渐稀，各引灌段相对均匀。

4.3.2.3 固体废弃物堆存污染型土壤监测点：结合地表径流、地下水流向和主导风向，采用放射布点法和带状布点法，或综合判断布点法。

4.3.2.4　农业投入品污染型土壤监测点：采用网格布点法。

4.3.2.5　高地质背景监测单元：根据成土母质性质和土壤类型采用网格布点法。

4.3.2.6　综合型土壤监测点：以主要污染物排放途径为主，综合采用放射布点法、带状布点法及网格布点法。

4.3.2.7　其他污染型土壤监测点：采用网格布点法或综合判断布点法。

4.4　布点数量

4.4.1　布点数量根据监测目的、精度和区域环境状况等因素综合确定。精度要求越高、区域环境条件越复杂、污染越严重，布点数量越多。每个监测单元最少设 3 个点。

4.4.2　不同调查监测布点数量

4.4.2.1　农田土壤背景值调查：不超过 $1000hm^2$ 布设一个监测点位。

4.4.2.2　农产品产地污染普查与耕地土壤环境质量类别划分：不超过 $100hm^2$ 布设一个监测点位。

4.4.2.3　特定农产品禁止生产区划定：不超过 $10hm^2$ 布设一个监测点位。

4.4.2.4　污染事故调查监测：不超过 $1hm^2$ 布设一个监测点位，并在不受污染事故影响的区域设置 1 个以上的对照点。

5　监测采样技术

5.1　采样准备

5.1.1　采样器具准备

5.1.1.1　工具类：铁铲、铁镐、土钻、土刀、木（竹）铲等。

5.1.1.2　器材类：手持采样终端、定位仪、卷尺、标尺、环刀、铝盒、样品袋、样品瓶、照相机以及其他专用仪器和化学试剂。

5.1.1.3　文具类：样品标签、记录表格、文具夹、记号笔等。

5.1.1.4　安全防护用品：工作服、工作鞋、安全帽、手套、雨具、常用药品等。

5.1.1.5　运输工具：采样车、样品箱、保温设备等。

5.1.2　采样组织准备

5.1.2.1　制定采样方案，编制采样计划，组织具有一定野外调查经验、采样技术熟练的专业人员组成采样组，采样小组至少由 2 名成员组成。

5.1.2.2　准备样点位置图（或工作图）。

5.1.2.3　准备样点分布一览表，内容包括编号、位置、土壤类型和母质母岩等。

5.1.2.4　准备交通图、地质图、土壤图、大比例尺地形图（标有居民点、村庄等）等图件。

5.1.3　采样前现场踏勘

5.1.3.1　采样点应设在土壤自然状态良好，地势相对平坦，面积在 1 ～ $2hm^2$，能够代表区域特征的地块。

5.1.3.2　采样点应距离铁路或高速公路、国道、省道等主要公路 300m 以上。

5.1.3.3　不能在住宅、路旁、沟渠、粪堆、废弃物堆及坟堆附近设采样点。

5.1.3.4　不能在坡地、洼地等具有从属景观特征的地方设采样点。

5.1.3.5 样点位置图上确定的样点受现场情况干扰时，应进行修正。

5.1.3.6 采样点一经选定，应用定位仪定位并作标记，建立样点档案。

5.2 采样方法

5.2.1 农田耕作层土壤样品采集方法

5.2.1.1 混合样品采集方法。适用于测定无机污染物的土壤样品采集，分为对角线法、梅花点法、棋盘式法和蛇形法 4 种。

a）对角线法：适用于污水灌溉的农田土壤，由田块进水口向出水口引一对角线，等分点为分样点。土壤差异性大，可再等分，增加分样点数。

b）梅花点法：适用于面积较小、地势平坦、土壤物质和受污染程度均匀的地块，设分样点 5 个左右。

c）棋盘式法：适宜中等面积、地势平坦、土壤不够均匀的地块，设分样点 8 个左右；但受污泥、垃圾等固体废弃物污染的土壤，分样点应在 20 个以上。

d）蛇形法：适宜面积较大、土壤不够均匀且地势不平坦的地块，设分样点 8 个左右，多用于农业污染型土壤。

5.2.1.2 单独样品采集方法。适用于测定有机污染物的土壤样品采集。用铁铲垂直切割一个大于取土量的 20cm 深的土方，采用垂直柱状法采集样品。

5.2.2 农田土壤剖面样品采集方法

土壤剖面点位不应选在土类和母质交错分布的边缘地带，以及土壤发育层不完整或受到破坏的地方。土壤剖面规格为宽 1m，深 1 ～ 2m，视土壤情况而定（图 1）。久耕地取样至 1m，新垦地取样至 2m，果林地取样至 1.5 ～ 2m；盐碱地地下水位较高，取样至地下水位层；山地土层薄，取样至母岩风化层。用剖面刀将观察面修整好，自上至下削去 5cm 厚、10cm 宽呈新鲜剖面。准确划分土层，各层内部按梅花点法，自下而上逐层采集中部位置土壤，分层装袋记卡。挖掘土壤剖面要使观察面向阳，表土与底土分放土坑两侧，取样后按原层回填。

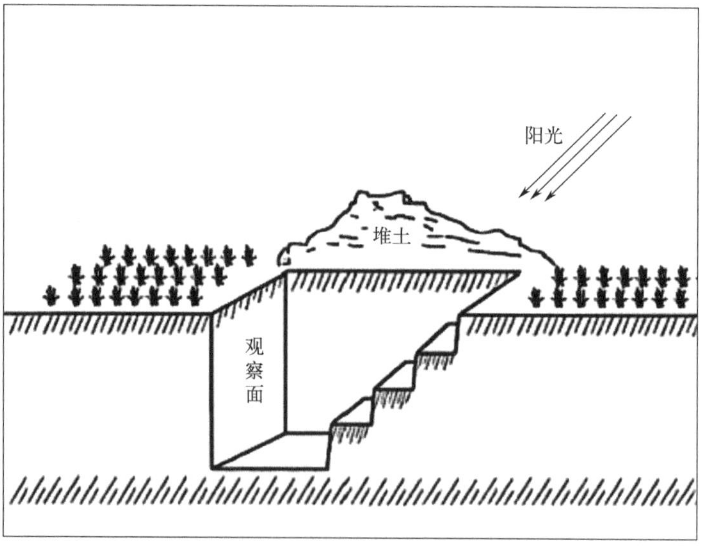

图1 土壤剖面样采集示意图

5.3 采样深度及采样量

5.3.1 混合样品采集时，种植一般农作物采集 0 ～ 20cm 耕作层土壤；种植果林类农作物采集 0 ～ 60cm 耕作层土壤；各分样点混匀后不少于 1kg，多余部分用四分法弃去。

5.3.2 土壤剖面样品采集时，按土壤发生层次所在深度采集，分层土壤混合均匀各取 1kg 样。

5.3.3 单独样品采集时，采样深度同 5.3.1，采样量不少于 1.5kg。

5.4 采样时间

5.4.1 土壤样品应在农作物成熟或收获后采集。

5.4.2 必要时，土壤与农产品同步采集。

5.4.3 污染事故监测时，应在收到事故报告后立即组织采样。

5.5 采样现场记录

5.5.1 采样时应由专人填写土壤样品标签，包括样品编号、样品名称、种植作物、监测项目、采样地点、采样深度、采样人、采样时间等信息，并填写采样记录表（见附录 A 中的表 A.1），汇总存档。

5.5.2 在具备条件的情况下，采用手持终端进行记录。手持终端记录的采样照片，应以采样点为中心，不少于正东、正南、正西、正北、正中 5 个方位的照片。

5.6 采样注意事项

5.6.1 每完成一个点位采样后，应及时清理采样工具，避免交叉污染。

5.6.2 用于测定无机指标的土壤样品，可用木（竹）铲直接采集样品；或用铁铲、土钻挖掘后，用木（竹）铲刮去与金属采样器接触的部分，再用木（竹）铲采取样品。

5.6.3 用于测定无机指标的土壤样品，装入布袋内，在布袋封口处系上 1 份样品标签，再将装有土壤样品的布袋放入塑料袋，在塑料袋粘贴另 1 份样品标签。

5.6.4 用于测定有机指标的土壤样品，装入棕色玻璃瓶内密封，在瓶外粘贴 1 份样品标签，再将样品瓶放入塑料袋内，在样品瓶与塑料袋之间放入另 1 份标签，在 4℃以下保存。

5.6.5 采样结束应在现场逐项检查采样记录表、样袋标签、土壤样品、采样点位图标记等，如有缺项、漏项和错误处，应及时补齐和修正。

5.7 样品编号

5.7.1 农田土壤样品编号由类别代号、顺序号组成。

5.7.1.1 类别代号用环境要素关键字中文拼音的大写字母表示，即“T”表示土壤。

5.7.1.2 顺序号用阿拉伯数字表示不同地点采集的样品，样品编号从 T001 号开始，一个顺序号为一个采集点的样品。

5.7.2 对照点和背景点样，在编号后加“CK”。

5.7.3 样品登记的编号、样品运转的编号应与采集样品的编号保持一致。

5.8 样品运输

5.8.1 样品装运前应逐件与样品登记表（见表 A.2）、样品标签和采样记录进行核对，核对无误后分类装箱。

5.8.2 在运输中应严防样品的损失、混淆或沾污。

5.8.3 用于测定无机指标的样品运送至制样场所的时间不超过 4d。

5.8.4 用于测定有机指标的样品应在 4℃下避光保存运输，其检测时限要求按照指标检测方法要求执行。

5.8.5 接收者与送样者双方在样品登记表上签字，由双方各存一份备查。

5.9 样品制备

5.9.1 制样工作场地应设风干室、磨样室，房间应通风、整洁、无扬尘、无易挥发化学物质。

5.9.2 制样工具与容器主要有以下几种：

a）晾干用白色搪瓷盘及木盘。

b）磨样用玛瑙研磨机、玛瑙研钵、白色瓷研钵、木滚、木棒、木锤、有机玻璃棒、有机玻璃板、硬质木板、无色聚乙烯薄膜等。

c）过筛用尼龙筛，规格为 10（筛孔尺寸 2mm）～ 200 目（筛孔尺寸 0.075mm）。

d）分装用具塞磨口玻璃瓶、具塞无色聚乙烯塑料瓶，无色聚乙烯塑料袋或特制牛皮纸袋，规格视量而定。

5.9.3 制样程序如下：

a）样品交接：检查样品登记表和样品标签，核对无误签字后开始制样。

b）湿样风干：在风干室将湿样放置晾样盘，摊成 2 ～ 3cm 厚的薄层，并间断地压碎、翻拌，拣出碎石、砂砾及植物残体等杂质。

c）样品粗磨：在磨样室将风干样倒在有机玻璃板上，用捶、滚、棒再次压碎，拣出杂质并用四分法分取压碎样，全部过 10 目（筛孔尺寸 2mm）尼龙筛。过筛后的样品全部置于牛皮纸或无色聚乙烯薄膜上，充分混合直至均匀。经粗磨后的样品用四分法分成 2 份，一份交样品库存放，另一份作样品的细磨用。粗磨样可直接用于土壤 pH、土壤阳离子交换量、土壤速测养分含量、元素有效态等分析。

d）样品细磨：用于细磨的样品用四分法进行第二次缩分成 2 份，一份留备用，一份研磨至全部过 60 目（筛孔尺寸 0.25mm）、100 目（筛孔尺寸 0.15mm）或 200 目（筛孔尺寸 0.075mm）尼龙筛。过 60 目（筛孔尺寸 0.25mm）土样，用于农药残留或土壤有机质、土壤全氮量等分析；过 100 目（筛孔尺寸 0.15mm）或 200 目（筛孔尺寸 0.075mm）土样，用于土壤元素全量分析。

e）样品分装：经研磨混均后的样品，分装于样品袋或样品瓶。填写土壤样品标签一式 2 份，瓶内或袋内放 1 份，外贴 1 份。

5.9.4 制样注意事项如下：

a）选择制样工具时，应避免其对样品造成污染。

b）制样过程中，采样时的土壤标签与土壤样品始终一致。

c）制样所用工具每处理一份样品后清洗一次，严防交叉污染。

d）分析挥发性、半挥发有机污染物（酚、氰等）或可萃取有机物无需制样，新鲜样测定，同时测定土壤水分。

5.10 样品保存

5.10.1 风干土样分类存放，实验室预留样品保存 2 年，分析测试剩余样品保存半年至 1 年。

5.10.2 新鲜土样用于挥发性、半挥发有机污染物（酚、氰等）或可萃取有机物分析，新鲜土样选用玻璃瓶置于冰箱，4℃以下保存，不超过半个月。

5.10.3 土壤样品库应保持干燥、通风，无阳光直射、无污染。

5.10.4 应定期检查样品，防止霉变、鼠害及土壤标签脱落等。

6 监测项目及分析方法

6.1 监测项目

6.1.1 根据不同的监测目的、监测能力，选择监测项目。原则上选择土壤中累积较多、影响范围广且对农作物产量和质量安全影响较大的指标进行监测。

6.1.2 农田土壤环境质量监测的必测项目为土壤 pH 和镉、汞、砷、铅、铬 5 项元素总量，根据需要选测其他项目（见附录 B）。

6.2 分析方法

监测方法优先选择国家标准、行业标准方法。常见的监测指标及监测方法见附录 B。

6.3 实验记录

在农田土壤监测分析中应做好相应的实验原始记录，记录内容包括但不限于实验时间、实验人员、核验人员、方法依据、仪器设备型号及重要参数、重要的过程数据、检测分析结果等。

6.4 数值修约规则

按 GB/T 8170 的规定执行。

6.5 监测结果

6.5.1 平行样的测定结果用算术平均值表示。

6.5.2 一组测定数据用 Grubbs、Dixon 法检验剔除离群值后以平均值报出。

6.5.3 低于检出限的检测值按“未检出”报出，但应注明检出限。参与统计时，按 1/2 检出限计算。

7 监测质量控制与质量保证

按《农产品产地土壤环境监测质量控制技术规范》（NY/T 4691）执行。

8 监测结果评价

8.1 单因子评价

按照 GB 15618 中的筛选值（S_i）和管制值（G_i），基于点位土壤中污染物含量（C_i）将点位土壤环境质量类别分为 3 类：

a）Ⅰ类：$C_i \leqslant S_i$，土壤污染风险低，一般情况下可以忽略，划为优先保护类。

b）Ⅱ类：$S_i < C_i \leqslant G_i$，对农产品质量安全、农作物生长或土壤生态环境可能存在风险，划为安全利用类。

c）Ⅲ类：$C_i > G_i$，食用农产品不符合质量安全标准等土壤污染风险高，且难以通过安全利用措施降低食用农产品不符合质量安全标准等土壤污染风险，划为严格管控类。

按点位土壤中污染物类别最差的因子确定该点位综合评价结果。

8.2　其他评价

按照监测目的采取其他评价方法评价农田土壤环境质量。

9　监测报告编写

监测报告应包含监测目的和意义、监测区域环境概况、布点采样方法、监测项目及分析测试方法、检测结果统计、环境质量评价结果及图件等内容。

10　监测数据管理

10.1　数据质量

应符合 GB/T 36344 有关规定。

10.2　数据录入

有数据录入需求时，应将监测任务来源、相关污染源、污染历史、采样点位信息、监测数据、评价结果、点位代表面积等进行规范化处理，导入数据库存档。数据库点位图层几何特征为 Point，命名为“NTTRJC+ 行政区代码 + 监测年份”，数据库坐标系采用 CGCS_China_Geodetic_Coordinate_System_2000，数据属性基本结构按附录 C 的规定执行。

10.3　数据归档和保密

按 GB/T 18894 的规定执行。

附录 A（资料性）监测样品采集记录和样品登记表，略。

附录 B（资料性）农田土壤监测项目及分析方法，略。

附录 C（规范性）地理信息数据属性结构描述表，略。

附录 2 《农产品产地土壤环境监测质量控制技术规范》（NY/T 4691—2025）

1 范围

本文件规定了农产品产地土壤环境监测质量控制原则、质量控制方法与措施和质量控制管理。

本文件适用于种植业产品产地土壤环境监测的质量控制。

2 规范性引用文件

下列文件中的内容通过文中的规范性引用而构成本文件必不可少的条款。其中，注日期的引用文件，仅该日期对应的版本适用于本文件；不注日期的引用文件，其最新版本（包括所有的修改单）适用于本文件。

GB 15618 土壤环境质量 农用地土壤污染风险管控标准（试行）

GB/T 32465 化学分析方法验证确认和内部质量控制要求

HJ/T 166 土壤环境监测技术规范

HJ 834 土壤和沉积物 半挥发性有机物的测定 气相色谱 - 质谱法

HJ 1019 地块土壤和地下水中挥发性有机物采样技术导则

NY/T 395 农田土壤环境质量监测技术规范

3 术语和定义

下列术语和定义适用于本文件。

3.1 定值质控样 fixed value quality control sample

一种理化性质和组成足够均匀稳定的，用于评价实验室分析测试的准确度，以控制系统误差的外部质量控制样品。

3.2 平行质控样 parallel quality control sample

利用在平行样品采集点位采集的土壤样品制备混匀后以四分法分装而成的，用于评价实验室分析测试的精密度，以控制随机误差的外部质量控制样品。

4 质量控制原则

4.1 全程质量控制

农产品产地土壤环境监测质量控制应贯穿点位布设，土壤样品的采集、制备、保存、流转、分析测试，数据上报等环境监测全过程。

4.2 全员质量控制

农产品产地土壤环境监测质量控制应覆盖所有从事农产品产地土壤环境监测的技术人员和管理人员。

4.3 全要素质量控制

农产品产地土壤环境监测质量控制应融合人员、材料、设备、方法、环境等各个要素，形成全要素相融合的质量控制。

5 质量控制方法与措施

5.1 点位布设环节

5.1.1 资料核查

5.1.1.1 核查点位布设所用土地调查数据、污染源数据、农业生产数据、行政区划图、土地利用图、土壤类型图等全部资料的年份与点位布设时间的时长跨度，以不超过 5 年为宜。

5.1.1.2 核查点位布设所用资料的来源，以统计年鉴等官方发布资料为宜；确需采用期刊文献、学术专著、调研走访等非官方公布资料的，应评估其有效性。

5.1.1.3 核查点位布设所用图件的精度，国家级图件、省级图件、县级图件比例尺分别以不低于 1：400 万、1：25 万、1：10 万为宜。

5.1.2 监测单元划分合理性核查

按照不低于 5% 的比例核查监测单元划分的合理性，同一监测单元内各个监测点位的土壤类型、农作物种类、耕作制度、污染源、耕地土壤环境质量类别等应保持一致。

5.1.3 点位布设代表性核查

按照不低于 5% 的比例核查监测点位代表面积，监测点位代表面积应符合 NY/T 395 的相关要求。

5.1.4 卫星图核查

选取近半年的卫星图，按照不低于 5% 的比例核查监测点位的土地利用现状和周边污染情况，监测点位所在地块应为耕地，50m 范围内应无新建污染源。

5.1.5 点位调整核查

对于采样坐标与计划坐标偏离超过 200m 的监测点位，应核查点位调整的必要性以及调整距离的合理性。监测点位所在地块非农化，或常年处于休耕状态，或种植作物与任务信息不一致时，可对采样点位进行适当调整，点位调整不宜超出点位代表面积范围或监测单元范围。

5.1.6 点位编码核查

核查各监测点位编码，点位编码不应为空码、或出现重复或非连续编码。

5.1.7 质量控制记录核查

核查点位布设质量控制检查记录情况，记录内容见附录 A 中的表 A.1。

5.2 样品采集环节

5.2.1 采样计划核查

核查采样计划的编制时间和内容，采样计划应于样品采集之前完成编制，内容应包括任务部署、人员分工、时间节点、采样准备、样品交接、质量监督检查和注意事项等。

5.2.2 采样人员核查

核查采样小组人员组成和采样资质，人员数量以不少于 2 人为宜，采样人员应经过农学、土壤、资源环境、检验检测等相关技术培训并考核合格。

5.2.3 采样工具检查

核查采样工具齐全性、功能完备性、与采样目标的一致性，采样物资应充分、功能完备，定位设备精度及地理坐标系统应符合要求。

5.2.4 采样点位核查

5.2.4.1 依据采样时留存的定位设备屏显照片显示的点位坐标，核查实际采样点位坐标记录的正确性，记录信息应与定位设备屏显照片一致。

5.2.4.2 依据采样现场照片核查采样位置，采样点不应设置在田埂、地头、堆肥处、陡坡地、低洼积水地、住宅、道路、沟渠等处。

5.2.4.3 对于多点混合土壤样品，至少按 5% 比例在同一点位采集平行质控样，并予以标识。

5.2.5 采样方法核查

5.2.5.1 依据采样现场照片，按照不低于 5% 的比例核查需测定重金属指标的样品采集工具，测定重金属指标的样品应使用木铲、竹片直接采集，如用铁铲、土钻采集，应弃去与金属采样器接触部分的土壤。

5.2.5.2 依据采样现场照片，核查每完成一个点位采样工作后采样工具的清理情况，采样工具应清理干净。

5.2.5.3 对于多点混合土壤样品，应依据定位设备记录信息，核查各监测点位的分样点数量及位置坐标，各监测点位的分样点数量及位置坐标应符合 NY/T 395、HJ/T 166 以及 HJ 1019 的相关要求。

5.2.5.4 依据采样现场照片，核查封装样品，样品中应不含有较大的植物残骸和石块等杂物。

5.2.6 采样时间核查

依据采样现场照片和采样记录单，按照不低于 5% 的比例核查采样时间，采样时应避开雨天等极端气象条件，且不应在肥料、农药施用后立即进行样品的采集；土壤和农产品样品同步采集时间以在相应农产品的成熟期为宜。

5.2.7 采样深度核查

依据采样现场照片和采样记录单，按照不低于 5% 的比例核查采样深度，采样深度以不超过耕作层深度（土壤剖面样品除外）为宜。

5.2.8 采样量核查

核查全部土壤样品的采集量，多点混合土壤样品采样量或剖面土壤样品各分层采样量应不少于 1kg。

5.2.9 样品包装、标签核查

按照不低于 5% 的比例核查样品包装、标签，包装应无破损，样品编码应清晰可见。

5.2.10 采样信息收集核查

5.2.10.1 核查采样现场记录的完整性，记录内容应包括调查收集采样点周边新增污染源、当季农业生产状况、自然灾害及病虫害等基本信息。

5.2.10.2　核查采样现场记录的数据格式、数值范围、逻辑关系等，数据格式应符合数据上报系统对其的要求，数值范围应符合常识，数据之间关系应符合逻辑。

5.2.11　质量控制记录核查

核查样品采集质量控制检查记录情况，记录内容见表 A.2。

5.3　样品制备环节

5.3.1　样品交接核查

重点核查：

a）样品交接程序，交接双方应通过现场或视频等方式核查全部样品，签字并各自留存样品交接单；

b）样品标签，样品编码应无重复、清晰可见；

c）样品包装，应完好无损；

d）样品量，多点混合土壤样品采样量或剖面土壤样品各分层采样量应不少于 1kg；

e）样品保存、运输条件及流转时间，应符合 NY/T 395 或监测任务要求。

f）样品交接质量控制检查记录情况，记录内容见表 A.3。

5.3.2　样品风干条件核查

5.3.2.1　核查风干场所环境条件，风干场所应通风良好、具备一定的控温条件，无易挥发性化学物质，定期空气检测中未检出目标污染物。

5.3.2.2　核查样品干燥措施，至少每周一次核查需使用土壤干样测定半挥发性有机污染物的土壤样品的干燥措施，应按 HJ 834 的规定冷冻干燥或使用干燥剂干燥。

5.3.2.3　核查样品干燥时的温度记录，至少每周一次核查使用烘干设备干燥样品时的温度，以控制在（35±5）℃为宜。

5.3.2.4　核查样品间的隔离措施，至少每周一次核查风干或烘干时样品之间的隔离措施，样品之间应完全隔离。

5.3.3　制样环境条件核查

核查制样室环境条件，制样室应通风良好，制样工位之间有隔离，每个制样工位具有通风设施与监控设备，且监控设备置于制样工位上方，能清晰拍摄土壤样品制备全过程，影像画面清晰，可分辨制样筛中土壤样品。

5.3.4　样品研磨及筛分核查

5.3.4.1　研磨设备核查

a）核查全部土壤样品研磨设备空白试验情况，空白试验结果应符合附录 B 中表 B.1 的要求；

b）核查磨样机器性能测试质量控制检查记录情况，记录内容见表 A.4。

5.3.4.2　按照不低于 5% 的比例核查样品缩分操作，样品缩分应严格按照四分法操作进行。

5.3.4.3　按照不低于 5% 的比例核查样品制备前后制样工具、仪器及工作台清理情况，样品制备前后制样工具、仪器及工作台应清理干净。

5.3.4.4　制样粒径核查

a）按照不低于 5% 的比例核查制样粒径，样品粗磨时过筛损失率应不超过 10%，细磨时应全部过筛。过筛损失率按照公式（1）计算。

$$L = \frac{A_0 - A}{A_0} \times 100\% \tag{1}$$

式中 L——过筛样品的质量损失率，%；

A_0——过筛前样品质量的数值，g；

A——过筛后样品质量的数值，g。

b）核查样品过筛损失率质量控制检查记录情况，记录内容见表 A.5。

5.3.4.5　样品均匀度核查

a）按照不低于 1% 的比例对制备完成的样品进行均匀度检查。均匀度检查方法：从同一份样品的不同部位随机抽取 3 份样品，并选择至少一项土壤中含量较低的监测项目进行检测，核查这 3 份样品对应监测项目的检测结果，检测结果应符合表 B.2 的要求。

b）核查样品均匀性质量控制检查记录情况，记录内容见表 A.6。

5.3.5　制样量核查

核查全部土壤样品的制样量，制样量以检测方法所要求的检测用量的 6 ～ 10 倍为宜。

5.3.6　外部质量控制样品添加核查

5.3.6.1　核查每一批次样品数量，每一批次样品数量以不超过检测机构一次消解或浸提等前处理的能力为宜。

5.3.6.2　核查每一批次外部质量控制样品的添加情况，每批次样品中至少添加一份定值质控样和一份平行质控样（当每一批次样品数量大于 50 个时，至少按样品数量 2% 的比例进行添加），定值质控样宜选择与待测土壤样品同种土壤类型，当样品检测任务由 3 家及以上检测机构共同承担时，每批次样品中应至少添加 1 份互检样品。

5.3.7　样品分装及标签核查

按照不低于 5% 的比例核查样品分装容器材质、规格、包装及标签，分装容器材质、规格应符合要求，分装容器完好，样品无污损，编码清晰可见。

5.3.8　制样时限核查

核查用于测定挥发性或半挥发性有机污染物的土样样品的制样时长，其制样时长应不超过检测方法要求的时限。

5.3.9　质量控制记录核查

核查样品制备质量控制检查记录情况，记录内容见表 A.7。

5.4　样品保存与流转环节

5.4.1　核查样品保存环境，用于测定挥发性、半挥发性有机污染物的土壤鲜样，采集完毕后现场保存于洁净的磨口棕色广口玻璃瓶中，运输过程中密封、避光、4℃以下冷藏。

5.4.2　核查样品流转时间，用于测定挥发性、半挥发性有机污染物的土壤鲜样宜当天流转，最多于 6d 内流转至检测机构。

5.5 样品分析测试环节

5.5.1 样品交接核查

重点核查：

a）样品交接程序，交接双方应通过现场或视频等方式核查全部样品，签字并各自留存样品交接单；

b）样品标签，样品编码应无重复、清晰可见；

c）样品包装，应完好无损；

d）送检量，应满足检测方法的需求；

e）鲜样流转时间、保存运输环境，应符合 HJ/T 166 或监测任务要求；

f）干样粒径，应符合检测方法要求；

g）样品交接质量控制检查记录情况，记录内容见表 A.3。

5.5.2 样品称量核查

5.5.2.1 核查天平室环境和样品称量天平的精度，天平室环境和样品称量天平的精度应符合检测方法要求。

5.5.2.2 核查天平水准位置，天平水准位置应处于中心位置。

5.5.2.3 按照不低于 5% 的比例核查样品称量记录，称样量应符合检测方法要求。

5.5.3 样品前处理核查

5.5.3.1 核查全部样品前处理，样品消解、提取应完全，消解温度和消解时间应符合检测方法要求。

5.5.3.2 核查所使用的试剂纯度以及试验器具材质，试剂纯度以及试验器具材质应符合检测方法要求。

5.5.4 样品检测核查

5.5.4.1 核查每批次样品空白试验，空白样品分析测试结果以低于方法检出限为宜。

5.5.4.2 核查每批次样品所建立的标准曲线，应按照检测方法的要求使用标准溶液或标准物质建立标准曲线，标准曲线相关系数应符合检测方法要求。

5.5.4.3 核查每批次样品中所添加平行双样的数量和检测结果，每批次至少选取 1 个样品做平行双样，平行双样检测结果应符合表 B.2 的要求。

5.5.4.4 核查每批次样品中所添加有证标准物质或参考物质的数量和检测结果，每批次样品中至少添加 1 个有证标准物质或参考物质，有证标准物质或参考物质测试结果应符合表 B.1 的要求。

5.5.4.5 核查质量控制图，每批次样品检测时应更新质量控制图，质控样的均值以落在上下警告线$\bar{x}\pm 2S$之内为宜。

5.5.4.6 实验室内质量控制其他要求，应符合 GB/T 32465 的规定。

5.5.5 样品复测核查

核查样品复测情况，检测结果介于 GB 15618 规定的风险筛选值的 0.9～1.1 倍时，应全部复测；检测结果大于 GB 15618 规定的风险筛选值的 1.1 倍时，可依据监测区域以往土壤污染情况选择适当的复测比例，复测比例应不低于 10%。

5.5.6 质量控制记录核查

核查样品分析测试质量控制检查记录情况，记录内容见表 A.8。

5.6 数据上报与审核环节

5.6.1 数据上报形式核查

每批次样品检测完毕后，核查检测结果的格式、逻辑关系等，检测结果应按检测方法规定的有效位数进行修约，检测结果不应低于方法检出限，数据导入格式应符合要求。

5.6.2 外部质控样结果核查

核查每批次所添加的外部质控样结果，定值质控样检测结果应符合表 B.1 的要求，平行质控样和互检样检测结果应符合表 B.2 的要求。

5.6.3 异常数据核查

核查超过 GB 15618 规定的风险筛选值的数据，对其展开追溯，对其采样点位周边的污染源情况、样品分析测试、样品流转与保存、样品制备、样品采集等环节进行综合研判，分析其原因。

5.6.4 质量控制记录核查

核查数据上报与审核质量控制记录情况，记录内容见表 A.9。

6 质量控制管理

6.1 质量控制过程中发现问题应及时自查，按照第 5 章的相关要求进行相应整改。

6.2 自查过程中确认本环节无质量控制问题后，应对之前环节展开追查，并形成质量控制报告及时上报相关部门。

附录 A（规范性）质量控制记录，略。

附录 B（规范性）分析测试准确度和精密度允许范围，略。

附录 3 《农用水源环境质量监测技术规范》（NY/T 396—2000）

1 范围

本标准规定了农用水源环境质量监测的布点采样、分析方法、质量控制、数据处理与成果表达的基本要求。

本标准适用于农用水源环境质量监测。

2 引用标准（略）

3 定义

本标准采用下列定义。

农用水源

用江河、湖泊、运河、渠道、水库、排污、沟渠等，对农田进行灌溉的地面水源和地下水源及农村畜禽饮用水源和农村水产养殖用水水源。

4 农用水源环境质量监测采样技术

4.1 采样前现场调查与资料收集

4.1.1 调查区域的气候、水文、地质地貌特点及土壤类型和水土流失情况。

4.1.2 调查区域的乡镇分布和工业（包括乡镇企业）布局，污染物的排放情况。

4.1.3 调查区域内农业生产情况（农作物种类、产量、农药、化肥施用量及农畜、水产品种类、产量等）。

4.1.4 调查区域内农用水源的分布、利用措施和变化，了解污染源分布、影响及水源污染情况。

4.1.5 收集其他相关资料和图片，如土地利用现状图、土壤类型图、行政区划图、水系分布图等。

4.1.6 将收集的背景资料加以分类整理，作为重要资料归档保存。

4.2 监测点布设

4.2.1 监测点布设原则

农用水源环境监测的布点原则要从水污染对农业生产的危害出发，突出重点，照顾一般。按污染分布和水系流向布点，“入水处多布，出水少布，重污染多布，轻污染少布”，把监测重点放在农业环境污染问题突出和对国家农业经济发展有重要意义的地方。同时在广大农区进行一些面上的定点监测，以发现新的污染问题。

4.2.2 监测点布设方法

4.2.2.1 灌溉渠系水源监测布点方法

a）对于面积仅几公顷至几十公顷直接引用污水灌溉的小灌区，可在灌区进水口布设监测点。

b）在具备干、支、斗、毛渠的农田灌溉系统中，除干渠取水口设监测点，以便了解进入灌区水中污染物的初始浓度外，在适当的支渠起点处和干渠渠末处，以及农田退水处设置辅助监测点，以便了解污染物质在干渠中的自净情况和农田退水对其他地表水的污染可能性，但注意尾水或退水监测必须设在其他水源进入该水流系统的上游处。

4.2.2.2　用于灌溉的地下水水源监测布点方法

在地下水取水井设置监测点，隔年取样进行监测。

4.2.2.3　影响农区的河流、湖（库）等水源监测布点方法

a）大江大河的水源监测已由国家水利和环保部门承担，一般可引用已有监测资料。当河水被引用灌溉农田时，为了监测河水水质情况，至少应在灌溉渠首附近的河流断面设置一个监测点，进行常年定期监测。

b）以农灌和渔牧利用为主的小型河流，应根据利用情况，分段设置监测断面。在有污水流入的上游、清污混合处及其下游设置监测断面和在污水入口上方渠道中设置污水水质监测点，以了解进入灌溉渠的水质及污水对河流水质的影响。

c）监测断面设置方法：对于常年宽度大于 30m，水深大于 5m 的河流，应在所定监测断面上分左、中、右三处设取样点，采样时应在水面下 0.3 ～ 0.5m 处和距河底 2m 处各采水样一个分别测定；对于小于以上水深的河流，一般可在确定的采样断面中点处，在水面下 0.3 ～ 0.5m 处采一个样即可。

d）10hm^2 以下的小型水面，如果没有污水沟渠流入，一般在水面中心设置一个取样断面，在水面下 0.3 ～ 0.5m 处取样即可代表该水源水质，如果有污水流入，还应在污水沟渠入口上方和污水流线消失处增设监测点。

e）对于大于 10hm^2 的中型和大型水面，可以根据水面污染实际情况，划分若干片，按上述方法设点。对于各个污水入口及取水灌溉的渠首附近水面也按上述方法增设监测点。

f）为了了解底泥对农田环境的影响，可以在水质监测点布设底泥采样点。

4.2.2.4　污（废）水排放沟渠的监测布点

连续向农区排放污（废）水的沟渠，应在排放单位的总排污口处、污水沟渠的上、中、下游各布设监测取样点，定期监测。

4.2.3　布点注意事项

4.2.3.1　选择河流断面位置应避开死水区，尽量在顺直河段、河床稳定、水流平稳、无急流湍滩处，并注意河岸情况变化。

4.2.3.2　在任何情况下，都应在水体混匀处设点，应避免因河（渠）水流急剧变化搅动底部沉淀物，引起水质显著变化而失去样品代表性。

4.2.3.3　在确定的采样点和岸边，选定或专门设置样点标志物，以保证各次水样取自同一位置。

4.3　监测点数量

4.3.1　灌溉渠系水质监测点数量

4.3.1.1　对于面积仅为几公顷至几十公顷直接引用污水灌溉的小灌区，在灌区进水口布设 1 个基本监测点。

4.3.1.2　在具备干、支、斗、毛渠的农田灌溉系统中，布设五个以上基本监测点。

4.3.2　河流、湖（库）等水源监测点数量

4.3.2.1　当河流用来引用灌溉农田时，在渠首附近设置一个断面。如有污水排入河段，在排污口上方污水渠设一个监测点，并在污水入口的上游，清污混流处及下游河道各设置一个断面。

4.3.2.2　$10hm^2$ 以下的小型水面，在水中心设置一个监测点，如有污水流入，在污水入口和污水流线消失处各设一个监测点。

4.3.2.3　大于 $10hm^2$ 中型和大型水面，布设五个以上的监测点，如有污水流入，在污水入口和污水流线消失处各布设一个监测点。

4.3.3　用于灌溉农田的地下水监测点数量。一般在机井的出水口布设一个监测点。

4.3.4　污（废）水排放沟渠监测点数量

在污（废）水排放沟渠上、中、下游和排污口各布设一个监测点。

4.4　样品的采集技术

4.4.1　采样前的准备

4.4.1.1　采样计划的制定

采样前应提出采样计划，确定采样点位、时间和路线，人员分工，采样器材和交通工具等。

4.4.1.2　容器的准备

4.4.1.2.1　容器材质选择

水样在储存期间要求容器材质化学稳定性好，器壁不溶性杂质含量极低，器壁对被测成分吸附少和抗挤压的材料，采样容器应采用聚乙烯塑料和硬质玻璃（又称硼硅玻璃）。

4.4.1.2.2　样品容器

装储水样要求用细口容器，封口塞材料要尽量与容器材质一致，塑料容器用塑料罗口盖，玻璃容器用玻璃口塞。测定有机物的水样容器不能用橡皮塞，碱性液体容器不能用玻璃塞。

硼硅玻璃容器：这类容器无色透明便于观察样品及其变化，耐热性能良好，能耐强酸、强氧化剂及有机溶剂的腐蚀。

聚乙烯容器：这类容器耐冲击，便于运输和携带。在常温下不被浓盐酸、磷酸、氢氟酸及浓碱腐蚀，对许多试剂都很稳定，储存水样时对大多数金属离子很少吸附，但对铬酸根、硫化氢、碘有吸附作用，适用于储存大多数无机成分的样品，而不宜储存测定有机污染物的水样。

特殊样品容器：溶解氧应使用专门容器，测 BOD 的样品并配有尖端玻璃塞，以减少空气吸附程度，在运输中要求特别密封措施。用于微生物监测的样品容器要求能够经受灭菌过程中的高温。

4.4.1.2.3　容器的洗涤

采用聚乙烯或硬质玻璃容器，装测水样时，通常是用洗涤剂清洗，用自来水冲洗干净，再用10%硝酸或盐酸浸泡8h，用自来水冲洗干净，然后用蒸馏水漂洗3次；测铬水样的容器只能用10%硝酸泡洗，依次用自来水和蒸馏水漂洗干净；测总汞水样容器，用1：3硝酸充分荡洗后放置数小时，然后依次用自来水和蒸馏水漂洗干净；测油类水样容器用广口玻璃瓶，按一般洗涤方法洗涤后还要用石油醚萃取剂彻底荡洗3次。

4.4.1.3 采样器的准备

采样器采用聚乙烯塑料水桶、单层采水器和有机玻璃采水器。

a）聚乙烯塑料水桶：适用于水体中表层水除溶解氧、油类、细菌学指标等特殊要求以外的大部分水质和水生生物监测项目的采集。

b）单层采水器：从表面水到较深的水体都可使用，适用于大部分监测项目样品采集，油类、细菌学指标必须使用这类采样器。

c）有机玻璃采水器：该采水器桶内装有水银温度计，用途较广，除油类、细菌学指标以外，适用于水质、水生生物大部分监测项目的样品采集。

4.4.1.4 现场采样物品准备

a）用于水质参数测定的仪器设备：pH计、溶解氧测定仪、电导仪、水温计、色度盘等。

b）水文参数测量设备：流速、测量测定仪等。

c）样品运输物品：木箱、冰壶等。

d）样品保存剂及玻璃量器：酸、碱等化学试剂、移液管、洗耳球等。

e）各种表格、标签、记录纸、铅笔等小型用品。

f）安全防护用品：工作服、雨衣、常用药品。

4.4.2 采样方法

水样一般采集瞬时样。采集水样前，应先用水样洗涤取样瓶和塞子2～3次。

4.4.2.1 用于灌溉的地下水水源采集方法

采取水样时，应先开机放水数分钟，使积留在管道中的杂质和陈旧水排出，然后取样。

4.4.2.2 用于农田灌溉渠系水源采集方法

一般灌渠采样可在渠边向渠中心采集，较浅的渠道和小河以及靠近岸边水浅的采样点也可涉水采样。采样时，采样者应站在下游向上游用聚乙烯桶采集，避免搅动沉积物，防止水样污染。

4.4.2.3 河流、湖泊、水库（塘）水源采集方法

在河流、湖泊、水库（塘）可以直接汲水的场地，可用适当的容器如聚乙烯桶采样。从桥上采集样品时，可将系着绳子的聚乙烯桶（或采样瓶）投入水中汲水。注意不能混入漂流于水面上的物质。

在河流、湖泊、水库（塘）不能直接汲水的场地，可乘坐船只采样。采样船定于采样点下游方向，避免船体污染水样和搅起水底沉积物。采样人应在船舷前部尽量使采样器远离船体采样。

4.4.2.4　污（废）水排放沟渠水源采集方法

连续向农区排放污（废）水的沟渠首先在排放口用聚乙烯桶采样，其次在水路中用聚乙烯桶采样。

4.4.3　采样要求

4.4.3.1　采样前应尽量在现场测定水体的水文参数、物理化学参数和环境气象参数。

a）水文参数主要有：水宽、水深、流向、流速、流量、含沙量等。工作要求严格时（如计算污水量）应按 GB 50179 测量，要求不严格时，可目测估计。

b）物理化学参数主要有：水温、pH、溶解氧、电导率和一些感观指标。

c）气象参数主要有：天气状况（雨、雪等）、气温、气压、湿度、风向、风速等。

4.4.3.2　采集水样后，在现场根据所测定项目要求添加不同种类的保存剂，并使容器留十分之一顶空（测 DO 者除外），保证样品不外溢，然后盖好内外盖。

4.4.3.3　多次采样时，断面横向和垂向点位的数目位置应完全准确，每次要尽量保持一致。

4.4.3.4　采样人员应穿工作服，不应使用化妆品，现场分样和密封样品时不应吸烟；汽车应放在采样断面下风向 50m 以外处。

4.4.3.5　特殊监测项目的采样要求

4.4.3.5.1　pH、电导率：pH 应现场测定，如条件有限，可实验室测定。测定的样品应使用密封性好的容器，由于水样不稳定，且不宜保存，所以采样器采集样品后，应立即灌装。另外，在样品灌装时，应从采样瓶底部慢慢将样品容器完全充满并且紧密封严，以隔绝空气的作用。

4.4.3.5.2　溶解氧、生化需氧量：溶解氧应现场测定，如条件有限，可实验室测定。应用碘量法测定水中溶解氧，水样需直接采集到样品瓶中。在采集水样时，要注意不使水样暴气或有气泡残存在采样瓶中。特别的采样器如直立式采水器和专用的溶解氧瓶可防止暴气和残存气体对样品的干扰。如果使用有机玻璃采水器、球盖式采水器、颠倒采水器等则必须防止搅动水体，入水应缓慢小心。

当样品不是用溶解氧瓶直接采集，而需要从采样器（或采样瓶）分装时，溶解氧样品必须最先采集，而且应在采样器从水中提出后立即进行。用乳胶管一端连接采水器放入嘴或用虹吸法与采样瓶连接，乳胶管的另一端插入溶解氧瓶底。注入水样时，先慢速注至小半瓶，然后迅速充满，至溢流出瓶的水样达溶解氧瓶三分之一至二分之一容积时，在保持溢流状态下，缓慢地撤出管子。按顺序加入锰盐溶液和碱性碘化钾溶液。加入时需将移液管的尖端缓慢插入样品表面稍下处，慢慢注入试剂。小心盖好瓶塞，将样品瓶倒转 5 ～ 10 次以上，并尽快送实验室分析。

4.4.3.5.3　悬浮物：悬浮物测定用的水样，在采集后，应尽快从采样器中放出样品，在装瓶的同时摇动采样器，防止悬浮物在采样器内沉降，非代表性的杂质，如树叶、杆状物等应从样品中除去。灌装前，样品容器和瓶盖用水样彻底冲洗。

该类项目分析用样品都难于保存，所以采集后应尽快分析。

4.4.3.5.4　重金属污染物、化学耗氧量：水体中的重金属污染物和部分有机污染物都易被悬浮物质吸附。特别在水体中悬浮物含量较高时，样品采集后，采样器的样品中所含的污染物随着悬浮物的下沉而沉降。因此，必须边摇动采样器（或采样瓶）边向样品容器灌装样品，以减少被测定物质的沉降，保证样品的代表性。

4.4.3.5.5　油类：测定水中溶解的或乳化的油含量时，应该用单层采水器固定样品瓶在水体中直接灌装，采样后迅速提出水面，保持一定的顶空体积，在现场用石油醚萃取。

测定油类的样品容器禁止预先用水样冲洗。

4.4.3.6　质控样品采样要求

a）现场空白样：现场空白样是指在现场以纯水作样品，按测定项目的采集方法和要求，与样品同等条件下瓶装、保存、运输、送交实验室分析的样品。

b）现场平行样品：现场平行样品是指同等采样条件下，采集平行双样，密码送实验室分析。

c）现场空白样和现场平行样品采样数量各控制在采样总数的 10% 左右，或在每批采 2 个样品。

4.4.4　采样深度

4.4.4.1　用于农田灌溉的渠系采集表层水。

4.4.4.2　用于农田灌溉的小型河流采集表层水

a）对宽度大于 30m，水较深的河流，在水面下 0.3 ～ 0.5m 处和距河底 2m 处分别采集样品。对于水深小于 5m 的河流，在水面下 0.3 ～ 0.5m 处采集样品。

b）湖泊、水库（塘）在水面下 0.3 ～ 0.5m 处采集样品。

4.4.5　采样量

水样的采集量，由监测项目决定，实际采水量为实际用量的 3 ～ 5 倍。一般采集 50 ～ 2000mL 即可达到要求。

4.4.6　采样时间及频率

4.4.6.1　根据当地主要灌溉作物用水时间，或视监测目的确定采样时间及频率

a）根据当地主要灌溉作物用水时间安排采样频率，一般要求各灌溉期至少取样 1 次。

b）对于我国种植的主要粮食作物小麦、水稻、玉米，在其生长发育期的各阶段采样频率为：

小麦：在播前水、越冬水、返青水、拔节水、抽穗水、灌浆水等时间内采样，重点是越冬水和返青拔节期；

单季稻：在泡田、分蘖、拔节、灌浆期内采样，重点是分蘖拔节期；

双季稻：在 5 月中旬、6 月下旬、8 月上旬、9 月下旬采样；

玉米：在播前期、苗期、拔节期、孕育期、灌浆期内采样，重点是拔节和孕穗期。

4.4.6.2　用作灌溉的河流、湖（库）等水源采样频率

每年分丰、枯、平三水期，每期采样 1 次，同时，还要结合当地农作情况，在集中灌溉期间补充 1 ～ 2 次采样。底泥每年采样 1 次。

4.4.6.3　用于灌溉的地下水水源的采样频率

地下水水质一般较稳定，每年在主要灌溉期间取样 1 ～ 2 次。

4.4.6.4　农村畜禽饮水水源的采样频率

如采样点与农田灌溉水质监测采样点相同，不必重复采样，仅在分析时相应增加有关项目即可，如采样点不同，每年按丰、枯、平三水期，至少各采样 1 次。

4.4.6.5　用于农村水产品养殖水源的采样频率

如采样点与农田灌溉水质监测采样点相同，亦不必重复采样，仅分析时相应增加有关项目即可；如采样点不同，每年按鱼虾类等水产品的苗期、生长期和捕捞期，至少各采样分析 1 次。

4.4.6.6　污（废）水排放沟渠水源的采样频率

每年按旱季、雨季各采样 1 次。

4.4.6.7　污染事故等采样频率

如遇特殊情况（污染事故等），应随时增加采样频率进行应急性监测，以了解污染状况。

4.4.7　采样现场记录

认真填写好水样采样现场记录，样品标签、样品登记表等，用硬质铅笔或圆珠笔书写，样品登记表应一式 3 份。样品标签见图 1，采样记录、样品登记表见附录 A 中表 A1、表 A2。

农用水源样品标签

样品编号____________________　业务代码____________________

样品名称____

采样地点____

监测项目____

保存剂及数量____

采样人____________________　采样时间____________________

图 1　农用水源样品标签

4.4.8　采样注意事项

4.4.8.1　采样时保证采样点位置准确，不搅动底部沉积物。

4.4.8.2　洁净的容器在装入水样之前，应先用该采样点水样冲洗 2 ～ 3 次，然后装入水样。

4.4.8.3　待测溶解氧的水样应严格不接触空气，其他水样也应尽量少接触空气。

4.4.8.4　采样结束前，应仔细检查采样记录和水样，若漏采或不符合规定者，应立即补采或重采。经检查确定准确无误方可离开现场。

4.5　样品编号

4.5.1　农用水源样品编号是由类别代号、顺序号组成。

4.5.1.1　类别代号：用农用水源关键字中文拼音的 1 ～ 2 个大写字母表示，即“SH”表示农用水源样品。

4.5.1.2　顺序号：用阿拉伯数字表示不同地点采集的样品，样品编号从SH001号开始，一个顺序号为1个采样点采集的样品。

4.5.2　对照点和背景点样，在编号后加“CK”。

4.5.3　样品登记的编号、样品运转的编号均与采集样品的编号一致，以防混淆。

4.6　样品的运输

水样运输前必须逐个与采样记录和样品标签核对，核对无误后应将样品容器内、外盖盖紧，装箱时应用泡沫塑料或波纹纸间隔，防止样品在运输中因震动、碰撞而导致破损或沾污；需冷藏的样品应配备专门的隔热容器，放入制冷剂，样品瓶置于其中保存；样品运输时必须配专人押送，水样交实验分析时，接收者与运送者，首先要核对样品，验明标志，确切无误时双方在样品登记表上签字。

4.7　样品的保存

水样采样后，尽快进行分析；如不能及时分析水样，应根据不同的监测项目要求，采取不同的保存方法。农用水源监测样品保存技术见表1。

一般采用化学法进行水样保存，保存剂可在采样后加入水样中。为避免保存剂在现场被污染，也可在实验室将其预先加入容器内。但易变质的保存剂不能预先添加。

水样的保存剂，如是酸碱应使用优级纯品。保存剂如含杂质太多，则必须提纯。分析水样时应做空白试验。

5　农用水源环境质量监测项目及分析方法

5.1　监测项目确定原则

5.1.1　重点项目

5.1.1.1　GB 5084、GB 11607及GB 5749中所要求控制的污染物均需监测。

5.1.1.2　上述三个水质标准中未要求控制的污染物，但根据当地环境污染状况（如农区大气、农灌水等），确认在水体中积累较多，对农业生产危害较大，影响范围广、毒性较强的污染物，亦属必测项目。具体项目由各地自己确定。

5.1.2　一般项目

由各地自己选择测定。选择项目一般包括以下几类：

a）新纳入的在农用水源中积累较少的污染物；

b）由于农用水源环境污染导致农用水源性状发生改变的农用水源性状指标；

c）农业生态环境指标。

5.2　分析方法选择的原则

5.2.1　第一方法：标准方法（即仲裁方法），GB 5084、GB 11607及GB 5749中选配的分析方法。

5.2.2　第二方法：由权威部门规定或推荐的方法。

5.2.3　第三方法：根据各站实情，自选等效方法。但应作比对实验，其检出限、准确度、精密度不低于相应的通用方法要求水平或待测物准确定量的要求。

5.3　监测项目与分析方法（略）

表1　农用水源环境监测样品保存技术

序号	监测项目	采样体积 /mL	容器	保存条件	可保存时间	备注
1	生化需氧量	1000	P、G[1)]	加硫酸	4 天	最好尽快测定
2	化学需氧量	100	P、G	加硫酸至 pH＜2，2 ～ 5℃冷藏	7 天	最好尽早测定
3	悬浮物	100	P、G	2 ～ 5℃冷藏	24h	尽快测定
4	阴离子表面活性剂	500	G	加氯仿，2 ～ 5℃冷藏	7 天	
5	凯氏氮	400	P、G	加硫酸至 pH＜2，2 ～ 5℃冷藏	24h	
6	总磷	500	P、G	加硫酸至 pH＜2，2 ～ 5℃冷藏	数月	
7	水温（℃）	1000	P、G			现场测定
8	pH 值	50	P、G	低于水体温度或 2 ～ 5℃冷藏	6h	最好现场测定
9	全盐量	500			数天	
10	氯化物	50	P	2 ～ 5℃冷藏	28 天	
11	硫化物	250	P、G	加氢氧化钠调至中性，每升水样加 2mL1mol/L 乙酸锌和 1mL1mol/L 氢氧化钠	7 天	必须现场固定
12	总汞	100	G	加硝酸至 pH＜2	半个月	
13	总镉	500	P、G	加硝酸至 pH＜2	6 个月	
14	总砷	100	P、G	加硝酸至 pH＜2	7 天	不用硝酸酸化
15	铬（六价）	200	P	加氢氧化钠至 pH8 ～ 9		当天测定
16	总铅	1000	P、G	加硝酸至 pH＜2	6 个月	
17	总铜	1000	P、G	加硝酸至 pH＜2	6 个月	
18	总锌	1000	P、G	加硝酸至 pH＜2	6 个月	

续表

序号	监测项目	采样体积 /mL	容器	保存条件	可保存时间	备注
19	总镍	1000	P、G	加硝酸至 pH＜2	6 个月	
20	总硒	500	P、G	加硝酸至 pH＜2	6 个月	
21	氟化物	300	P	2 ～ 5℃冷藏	28 天	
22	氰化物	500	P、G	加氢氧化钠至 pH＞12	24h	
23	石油类	1000	G（溶剂冲洗容器）	加硫酸至 pH＜2，2 ～ 5℃冷藏	24h	
24	挥发酚	1000	P、G	加硫酸铜至 1g/L, 磷酸至 pH＜2，2 ～ 5℃冷藏	24h	
25	苯	1000	G		1 天	
26	三氯乙醛	1000	P、G	2 ～ 5℃冷藏	24h	尽快测定
27	丙烯醛	1000	P、G	2 ～ 5℃冷藏	24h	尽快测定
28	硼	200	P		28 天	
29	粪大肠菌群数[2)]	500	G（灭菌容器）	2 ～ 5℃冷藏	6h	
30	蛔虫卵数	500	G（灭菌容器）	2 ～ 5℃冷藏	6h	
31	细菌总数	500	G（灭菌容器）	2 ～ 5℃冷藏	6h	
32	总大肠菌数	500	G（灭菌容器）	2 ～ 5℃冷藏	6h	
33	溶解氧	250	G	加硫酸锰和碱性碘化钾	4 ～ 8h	
34	有机氯	2000	G	2 ～ 5℃冷藏	24h	
35	有机磷	2000	G	2 ～ 5℃冷藏		现场萃取

注：

1）P——料；G——硼硅玻璃。

2）取氯化或溴化过的水样时，所用样品瓶消毒之前，按每 125mL 加入 0.1mL 10%（*W/W*）的硫代硫酸钠，以消除氯或溴对细菌的抑制作用。对重金属含量高于 0.01mg/L 的水样，应在容器消毒之前，按每 125mL 容积加入 0.3mL 的 15%（*W/W*）EDTA。

6　农用水源环境质量监测实验室分析质量控制与质量保证

6.1　实验室内常规分析质量控制程序

见 NY/T 395。

6.2　实验室基础

见 NY/T 395。

6.3　实验室内部质量控制

6.3.1　分析质量控制基础实验

见 NY/T 395。

6.3.2　校准曲线的绘制、检查与使用

见 NY/T 395。

6.3.3　精密度控制

6.3.3.1　测定率：凡可以进行平行双样分析的项目，每批样品每个项目分析时均须做 10% ～ 15% 平行样品，5 个样品以下，应增加到 50% 以上。

6.3.3.2　测定方式：由分析者自行编入的明码平行样，或由质控员在采样现场或实验室编入的密码平行样。二者等效，不必重复。

6.3.3.3　合格要求：平行双样测定结果的误差在允许误差范围之内者为合格。允许误差范围见表 2。对未列出容允误差的方法，当样品的均匀性和稳定性较好时，参考表 3 的规定。当平行双样测定全部不合格者，重新进行平行双样的测定；平行双样测定合格率＜95% 时，除对不合格者重新测定外，再增加 10% ～ 20% 的测定率，如此累进，直至总合格率为 95%。

表2　农用水源环境监测平行双样最大允许相对偏差

元素含量范围 /（mg/L）	最大允许相对标准偏差 /%	元素含量范围 /（mg/kg）	最大允许相对标准偏差 /%
10 ～ 100	10	0.1 ～ 0.01	30
1.0 ～ 10	20	0.010 ～ 0.001	40
0.1 ～ 1.0	25	＜0.001	50

6.3.4　准确度控制

见 NY/T 395。

6.4　实验室间的质量控制

见 NY/T 395。

7　农用水源环境质量监测数理统计（略）

8　农用水源环境质量监测结果评价（略）

9　资料整编（略）

附录 A（标准的附录）农用水源环境质量监测各种原始记录表，略。

表3　农用水源环境监测平行双样测定值的精密度和准确度允许差

序号	项目	样品含量范围 /（mg/L）	精密度 /%		准确度 /%			使用的监测分析方法
			室内	室间	加标回收率	室内相对误差	室间相对误差	
1	五日生化需氧量	＜3	≤25	≤30	—	≤±25	≤±30	稀释法（20℃ ±1℃）
		3～100	≤20	≤25	—	≤±20	≤±25	稀释法（20℃ ±1℃）
		＞100	≤15	≤20	—	≤±10	≤±15	稀释法（20℃ ±1℃）
2	化学需氧量	5～50	≤20	≤25	—	≤±15	≤±20	重铬酸钾法
		50～100	≤15	≤20	—	≤±10	≤±15	重铬酸钾法
		＞100	≤10	≤15	—	≤±5	≤±10	重铬酸钾法
3	总悬浮物	5～100	≤20	≤25	—	≤±10	≤±15	重量法
		＞100	≤15	≤20	—	≤±15	≤±20	重量法
4	阴离子表面活性剂	≤0.2	≤2	≤30	80～120	≤±20	≤±25	亚甲蓝分光光度法
		0.2～0.5	≤20	≤25	85～115	≤±15	≤±20	亚甲蓝分光光度法
		＞0.5	≤20	≤25	85～110	≤±10	≤±15	亚甲蓝分光光度法
5	凯氏氮	＜0.5	≤30	≤40	—	≤±15	≤±20	纳氏比色法或滴定法测定后，换算为氮的含量
		＞0.5	≤25	≤30	—	≤±10	≤±15	纳氏比色法或滴定法测定后，换算为氮的含量
6	总磷	＜0.025	≤25	≤30	85～115	≤±15	≤±20	钼锑抗法，氯化亚锡还原光度法，离子色谱法
		0.025～0.6	≤10	≤15	90～110	≤±10	≤±15	钼锑抗法，氯化亚锡还原光度法，离子色谱法
		＞0.6	≤5	≤10	90～110	≤±10	≤±10	离子色谱法

续表

序号	项目	样品含量范围 /（mg/L）	精密度 /%		准确度 /%			使用的监测分析方法
			室内	室间	加标回收率	室内相对误差	室间相对误差	
7	水温	—	d_i=0.5℃	—	—	—	—	水温计测量法
8	pH	1 ～ 14	d_i=0.05 单位	d_i=0.1 单位	—	—	—	玻璃电极法
9	总汞	≤ 0.001	≤ 30	≤ 40	85 ～ 115	≤ ±15	≤ ±20	冷原子吸收法，冷原子荧光法
		0.001 ～ 0.005	≤ 20	≤ 25	90 ～ 110	≤ ±10	≤ ±15	冷原子吸收法，冷原子荧光法
		＞0.005	≤ 15	≤ 20	90 ～ 110	≤ ±10	≤ ±15	冷原子吸收法，荧光法，双硫腙光度法
10	总镉	≤ 0.005	≤ 20	≤ 25	85 ～ 115	≤ ±15	≤ ±20	原子吸收法， 石墨炉原子吸收法
		0.005 ～ 0.1	≤ 15	≤ 20	90 ～ 110	≤ ±10	≤ ±15	双硫腙法， 阳极溶出伏安法
		＞0.1	≤ 10	≤ 15	90 ～ 110	≤ ±10	≤ ±15	原子吸收，极谱法
11	总砷	＜0.05	≤ 20	≤ 30	85 ～ 115	≤ ±15	≤ ±20	新银盐法，Ag-DDC 法
		＞0.05	≤ 10	≤ 15	90 ～ 110	≤ ±10	≤ ±15	Ag-DDC 光度法
12	铬 $^{+6}$	≤ 0.01	≤ 15	≤ 20	85 ～ 115	≤ ±10	≤ ±15	二苯碳酰二肼光度法
		0.01 ～ 1.0	≤ 10	≤ 15	90 ～ 110	≤ ±5	≤ ±10	二苯碳酰二肼光度法
		＞1.0	≤ 5	≤ 15	90 ～ 110	≤ ±5	≤ ±10	硫酸亚铁铵滴定法

续表

序号	项目	样品含量范围 /（mg/L）	精密度 /%		准确度 /%			使用的监测分析方法
			室内	室间	加标回收率	室内相对误差	室间相对误差	
13	总铅	≤ 0.05	≤ 30	≤ 35	80 ～ 120	≤ ±15	≤ ±20	石暴炉原子吸收法，离子交换原子吸收法，原子吸收法
		0.05 ～ 1.0	≤ 25	≤ 30	85 ～ 115	≤ ±10	≤ ±15	双硫腙光度法，阳极溶出伏安法
		＞1.0	≤ 15	≤ 20	90 ～ 110	≤ ±8	≤ ±15	原子吸收法
14	总铜	＜0.1	≤ 25	≤ 30	85 ～ 115	≤ ±15	≤ ±20	萃取或离子交换火焰原子吸收法，石墨炉原子吸收法
		0.1 ～ 1.0	≤ 20	≤ 25	90 ～ 110	≤ 5	≤ 10	二乙氮基二硫代甲酸钠萃取光度法，原子吸收法，新亚铜灵光度法
		＞1.0	≤ 10	≤ 15	95 ～ 105	≤ ±5	≤ ±10	新亚铜灵光度法，原子吸收法
15	总锌	＜0.05	≤ 30	≤ 40	85 ～ 120	≤ ±15	≤ ±20	石墨炉原子吸收法，示波极谱法，双硫腙光度法
		0.05 ～ 1.0	≤ 20	≤ 25	90 ～ 110	≤ ±10	≤ ±15	原子吸收法
		＞1.0	≤ 10	≤ 15	95 ～ 105	≤ ±10	≤ ±15	原子吸收法
16	硒（4 价）	＜0.01	≤ 25	≤ 30	85 ～ 115	≤ ±15	≤ ±20	荧光分光光度法，原子荧光法，气相色谱法
		＞0.01	≤ 20	≤ 25	90 ～ 110	≤ ±10	≤ ±15	荧光分光光度法，原子荧光法，气相色谱法

续表

序号	项目	样品含量范围 /（mg/L）	精密度 /%		准确度 /%			使用的监测分析方法
			室内	室间	加标回收率	室内相对误差	室间相对误差	
17	氟化物	＜1.0	≤ 15	≤ 20	90 ～ 110	≤ ±10	≤ ±15	离子选择电极法，氟试剂光度法，茜素黄酸锆目视比色法，离子色谱法
		＞1.0	≤ 10	≤ 15	95 ～ 105	≤ ±5	≤ ±10	离子选择电极法，氟试剂光度法，茜素黄酸锆目视比色法，离子色谱法
18	总氰化物	≤ 0.05	≤ 20	≤ 25	85 ～ 115	≤ ±15	≤ ±20	异烟酸 - 吡唑啉酮光度法，吡啶 - 巴比妥酸光度法
		0.05 ～ 0.5	≤ 15	≤ 20	90 ～ 110	≤ ±10	≤ ±15	异烟酸 - 吡唑啉酮光度法，吡啶 - 巴比妥酸光度法
		＞0.5	≤ 10	≤ 15	90 ～ 110	≤ ±10	≤ ±15	硝酸盐滴定法
19	挥发酚	≤ 0.05	≤ 25	≤ 30	85 ～ 115	≤ ±15	≤ ±20	4- 氯基安替比林萃取光度法

注：d_i 为计算各水平试验数据之差（即绝对偏差）。

附录 4 《农区环境空气质量监测技术规范》（NY/T 397—2000）

1 范围

本标准规定了农区环境空气质量监测的布点采样、分析方法、质量控制、数据处理与成果表达的基本要求。

本标准适用于农区环境空气质量的监测。

2 引用标准（略）

3 定义

本标准采用下列定义。

农区环境空气

一切从事农业生产活动所在区域内人群、植物、动物和建筑物所暴露的室外空气。

4 农区大气环境质量监测采样技术

4.1 采样前现场调查与资料收集

4.1.1 监测区域内污染源调查

4.1.1.1 工矿企业大气污染源调查。重点调查收集工矿企业分布、类型，大气污染物种类，排放方式，排放量，排放时间，以及废气处理情况。调查时应注意收集工矿企业环境影响评价资料和周围其他大气污染资料。

4.1.1.2 生活炉灶污染源调查。

4.1.1.3 机动车辆及其他大气污染源调查。

4.1.2 调查和收集与空气监测有关的自然因素方面的资料。

4.1.2.1 气象资料：主要气候特征和要素的地理分布，时空变化规律等，如最大风速、盛行风向、气温、气压、降水量、能见度等。

4.1.2.2 环境条件：地形地貌，植被，所处地理位置等。

4.1.2.3 植物生长情况：灵敏和抗性植物群落的伤亡和正常生长情况等作为重点调查内容，以便选出有关空气污染的指示植物。

4.1.3 调查和收集有关监测区域内的行政区划，人口分布，农业生产，工业布局，人畜健康等社会经济情况与资料。

4.1.4 调查和收集监测区域内大气基础质量水平、污染状况以及大气污染对农业生产的危害，包括污染现状和污染历史等资料。

4.1.5 将收集的背景资料加以分类整理，归档保存。

4.2 监测点布设

4.2.1 监测点布设原则

4.2.1.1　监测点的布设应具有较好的代表性，所设置的监测点应反映一定范围地区的大气环境污染的水平和规律。

4.2.1.2　监测点的设置应考虑各监测点的设置条件，尽可能的一致或标准化，使各个监测点所取得的数据具有可比性。

4.2.1.3　监测点的设置应充分满足国家农业环境监测网络的要求，特殊点位应达到该点位设置特殊性的要求。

4.2.1.4　农区大气环境监测点布设要考虑区域内的污染源可能对农区环境空气造成的影响，考虑自然地理、气象等自然环境要素，以掌握污染源状况、反映该区域环境污染水平为目的。

4.2.1.5　监测点的位置一经确定不宜轻易变动，以保证监测数据的连续性和可比性。

4.2.1.6　污染事故应急监测布点原则为哪里有污染就监测哪里，监测点应布设在怀疑或已证实有污染的地方。同时考虑设置参照点。

4.2.1.7　在交叉型多途径大气环境污染和随时间变化污染程度变化明显的特殊情况，要特殊考虑（如增设监测点、增加监测项目或采样频次等）。

4.2.2　监测点布设方法和具体要求

4.2.2.1　监测点位置的确定应先进行周密的调查研究，采用间断性监测等方法对监测区域内环境空气污染状况有粗略的了解后，再选择确定监测点的位置。

4.2.2.2　监测点的周围应开阔，采样口水平线与周围建筑物高度的夹角应不大于30°，测点周围无局部污染源并避开树木及吸附能力较强的建筑物。距装置5～15m范围内不应有炉灶、烟囱等，远离公路以消除局部污染源对监测结果代表性的影响。采样口周围（水平面）应有270°以上的自由空间。

4.2.2.3　监测点的数据一般应满足方差、变异系数较小的条件，对所测污染物的污染特征和规律较明显，数据受周围环境因素干扰较小。同时也要求选择一个方差较大、影响因素主要来源于大区域污染源，非局部地影响的点。

4.2.2.4　监测农区环境空气污染的时空分布特征及状况，用网格布点法。对于空旷地带和边远地区应适当降低布点的空间密度，在污染源主导风向下风方位应适当加大布点的空间密度。

4.2.2.5　污染事故应急监测布点方法，参照GB 16297和GB/T 16157。无组织排放按照GB 16297中附录C执行。烟囱或排气管道排出的气态或气溶胶污染物对农区环境空气产生的影响，用同心圆轴线法或扇形法进行布点。对于污染因素复杂的区域，应采用随机布点法。

4.2.2.6　采样高度：

a）二氧化硫、氮氧化物、总悬浮颗粒物的采样高度一般为3～15m，以5～10m为宜，氟化物采样高度一般为3.5～4m，采样口与基础面应有1.5m以上的相对高度，以减少扬尘的影响。

b）农业生产基地大气采样高度基本与植物高度相同。

c）特殊地形地区可视情况选择适当的采样高度。

4.2.2.7 在例行监测的固定监测点处应安置配套的监测亭（室），并考虑有稳定可靠的电源供应。

4.3 监测点数量

4.3.1 监测区域采样点数量的确定，要根据监测目的、可代表面积的大小、分析测试能力、实际工作条件（如交通和电源）等，同时考虑数理统计和环境空气质量评价精度的要求。

4.3.2 农业生产基地大气环境质量监测，面积较小，布局相对集中，布设 3 个点；布局比较分散，面积较大适当增加点数；空旷地带和边远地区适当减少点数。同时还要考虑大气质量的稳定性以及污染物对农作物生长的影响适当增减监测点数。

4.3.3 污染源对农业生产基地大气质量的影响监测，视污染源种类、废气排放方式、排放量而定。监测点一般控制在 5 ～ 7 个。

4.3.3.1 无组织排放源：一般在下风方位设 4 个点，上风方位设 1 个对照点。

4.3.3.2 烟囱或排气筒：污染物最高落地处浓度同污染源的距离与源强、源高（有效高度）、排出口的直径和温度，以及当时当地气象条件密切相关。一般情况下，高浓度出现的地点在距污染源下风方位，相当于排放源有效高度的 10 ～ 20 倍处，通常采用同心圆轴线法或扇形法布点。现场风向波动较大，宜用同心圆多方位布点法。以污染源为圆心，做 16 或 8 个方位的放射线，同心圆数目不少于 5 ～ 7 个，二者交点处即为监测点。监测点数量根据需要适当取舍。

现场风向变化不大，可用扇形布点法。以主导风向为轴线，在两侧扩出 30°左右的放射线，不少于 3 ～ 5 条，在扇形区内作出不少于 5 ～ 7 个同心圆弧，二者交点处即为监测点，同时在污染源上风方位设置 1 ～ 2 个对照点。

4.4 样品采集

4.4.1 采集前的准备

4.4.1.1 采样计划的制定

根据现场调查结果和布点要求提出采样计划，确定采样点位、时间和路线，做好人员分工，准备好必要的仪器设备、采样器具等。

4.4.1.2 采样仪器的校准

新购置的采样器及修理后的采样器均需进行校准。采样器在使用周期内，每月校准一次。将相应的流量计连接到采样系统中，使流量计使用状况和校准状况尽可能一致，进行流量校准。这样在采样系统中各种装置（如吸收管、过滤器和流量调节阀等）所产生的气阻对流量读数造成的误差可以减至最小。

4.4.1.2.1 流量测量设备的校准

皂膜流量计的校准、湿式流量计的校准、转子流量计的校准、孔口流量计的校准见有关说明书。

4.4.1.2.2 采样器定时钟校准

延时计和定时钟每季度校准一次，用走时准确的定时钟校准，使之误差不大于 ±1%，并将校准日期记录在专用记录本上。

4.4.1.2.3 采样用温度计和压力计，应根据说明书定期校准。

4.4.1.3　采样器具的准备

a）吸收管的筛选：用阻力试验或发泡试验的方法筛选出合格的吸收管，吸收管用过后用去离子水冲洗，以免堵塞玻板。

b）滤膜的检查：滤膜使用前必须在光源下对光检查，剔除有针孔、折裂、不均匀和存在其他缺陷的滤膜。

其他仪器设备、采样工具及化学药品的准备按其相应的分析方法中的要求执行。

4.4.2　采样方法

见各相关的环境空气监测分析方法中样品采集部分。

4.4.3　采样要求

4.4.3.1　到达采样地点后，安装好采样装置。试启动采样器 2 ～ 3 次，检查气密性，观察仪器是否正常，吸收管与仪器之间的连接是否正确，调节时钟与手表对准，确保时间无误。

4.4.3.2　按时开机、关机。采样过程中应经常检查采样流量，及时调节流量偏差。对采用直流供电的采样器应经常检查电池电压，保证采样流量稳定。

4.4.3.3　用滤膜采样时，安放滤膜前应用清洁布擦去采样夹和滤膜支架网表面的尘土，滤膜毛面朝上，用镊子夹入采样夹内，严禁用手直接接触滤膜。用螺丝固定和密封滤膜时拧力要适当，以不漏气为准。采样后取滤膜时，应小心将滤膜毛面朝内对折。将折叠好的滤膜放在表面光滑的纸袋或塑料袋中，并储于盒内。要特别注意有无滤膜屑留在采样夹内，应取出与滤膜一起称重或测量。

采样的滤膜应注意是否出现物理性损伤及采样过程中是否有穿孔漏气现象，一经发现，此样品滤膜作废。

用于采集氟化物的滤膜或石灰滤纸，在运输保存过程中要隔绝空气。

4.4.3.4　用吸收液采气时，温度过高、过低对结果均有影响。温度过低时吸收率下降，过高时样品不稳定。故在冬季、夏季采样吸收管应置于适当的恒温装置内，一般使温度保持在 15 ～ 25℃为宜。而二氧化硫采集温度则要求在 23 ～ 29℃。氮氧化物采样时要避光。

4.4.3.5　采样过程中采样人员不能离开现场，注意避免路人围观。不能在采样装置附近吸烟，应经常观察仪器的运转状况，随时注意周围环境和气象条件的变化，并认真作好记录。

4.4.3.6　采样记录填写要与工作程序同步，完成一项填写一项，不得超前或后补。填写记录要详实。内容包括：样品名称、采样地点、样品编号、采样日期、采样开始与结束的时间、采样流量、采样时的温度、压力、风向、风速、采样仪器、吸收液情况说明等，并有采样人签字。

4.4.4　质控样的采集

4.4.4.1　室内空白：空气中氮氧化物、二氧化硫的样品系由采样泵采自于环境空气。制作校准曲线的标准溶液系由相当的化学试剂所配制，二者存有显著的差异。实验室的空白只相当于校准曲线的零浓度值。因此该两项目在实验室分析时不必另做实验室空白试验。

4.4.4.2 现场空白

4.4.4.2.1 采集二氧化硫和氮氧化物样品时，应加带一个现场空白吸收管，和其他采样吸收管同时带到现场。该管不采样，采样结束后和其他采样吸收管一并送交实验室。此管即为该采样点当天该项目的静态现场空白管。

样品分析时测定现场空白值，并与校准曲线的零浓度值进行比较。如现场空白值高于或低于零浓度值，且无解释依据时，应以该现场空白值为准，对该采样点当天的实测数据加以校正。当现场空白高于零浓度值时，分析结果应减去两者的差值；现场空白低于零浓度值时，分析结果应加上两者差值的绝对值。采用上法可消除某些样品测定值低于校准曲线空白值的不合理现象。

4.4.4.2.2 采集氟化物使用的滤膜（或石灰滤纸）现场空白：将浸渍好的滤膜（或石灰滤纸）带到采样现场，不采集样品。采样结束后，和样品滤膜（或石灰滤纸）一并带回实验室，即为氟化物的现场空白

4.4.4.2.3 现场空白样采集的数量：二氧化硫和氮氧化物每天采集一个；氟化物滤膜每批样品需采 4 ～ 6 个。

4.4.4.3 现场平行样的采集：用两台型号相同的采样器，以同样的采样条件（包括时间、地点、吸收液、滤膜、流量、朝向等）采集的气样为平行样。采集二氧化硫、氮氧化物的平行样时两台仪器相距 1 ～ 2m，采集氟化物和总悬浮颗粒物时相距 2 ～ 4m。

4.4.5 采样周期与频率

根据不同的采样目的而定。采样周期与频率要能够满足标准中“各项污染物数据统计的有效性规定”的要求。

4.4.5.1 全面了解农田大气环境质量状况

每日采样时间均以 8 时为起始时间。

a）二氧化硫：隔日采样，每日采样连续24h±0.5h，每月 14 ～ 16天，每年 12 个月。

b）氮氧化物：同二氧化硫。

c）总悬浮颗粒物：隔双日采样，每天 24h±0.5h 连续监测，每月监测 5 ～ 6 天，每年 12 个月。

d）氟化物：

1）石灰滤纸法：每次采样（20±5）天，每月 1 次，每年 12 个月。

2）滤膜法。1h 平均：每小时至少有 45min 采样时间；

日平均：每日至少有 12h 的采样时间；

月平均：每月至少采样 15 天以上；

植物生长季平均：每个生长季至少有 70% 个月平均值。

e）臭氧。1h 平均：每小时至少有 45min 采样时间。

4.4.5.2 污染事故等采样频率

如遇特殊情况（污染事故等），根据具体情况，应随时增加采样频率进行应急监测，以了解污染状况。

4.4.6 采样现场记录

采样工作人员应及时准确地填写好采样记录、样品标签、样品登记表等。用硬质

铅笔或钢笔书写，样品登记表应一式 3 份。样品标签见图 1，采样记录、样品登记表见附录 A 中表 A1、表 A2。

环境空气样品标签	
样品编号________	业务代号________
样品名称________	
采样地点________	
监测项目________	
起止时间________	标况体积________
采样人________	采样时间________

图 1　环境空气样品标签

4.5　样品编号

4.5.1　农区大气样品编号由类别代号、顺序号组成。

4.5.1.1　类别代号：用农区环境空气关键字中文拼音的 1 ～ 2 个大写字母表示，即“Q”表示农区环境空气样品。

4.5.1.2　顺序号：用阿拉伯数字表示不同地点采集的样品，样品编号从 Q001 号开始，一个顺序号为一个采样点采集的样品。

4.5.2　对照点和背景点样品，在编号后加“CK”。

4.5.3　样品登记的编号、样品运转的编号均与采集样品的编号一致，以防混淆。

4.6　样品运输与保存

4.6.1　二氧化硫、氮氧化物样品采集后，迅速将吸收液转移至 10mL 比色管中，避光、冷藏保存，详细核对编号，检查比色管的编号是否与采样瓶、采样记录上的编号相对应。样品应在当天运回实验室进行测定。氮氧化物吸收液存放时间不能超过 3 天。样品在保存和运输过程中，谨防洒、漏与混淆。

4.6.2　采集 TSP 和氟化物的滤膜每张（氟化物两张）装在一个小纸袋或塑料袋中，然后装入密封盒中保存。勿折、勿揉搓。运回实验室后，放在空干燥器中保存。

4.6.3　样品送交实验室时应进行交接验收，交、接人均应签名。如发现有编号错乱，标签缺损，字迹不清，数量不对等，要报告有关负责人，及时采取补救措施。采样记录应与样品一并交实验室统一管理。

5　农区环境空气质量监测项目及分析方法

5.1　监测项目确定原则

5.1.1　重点项目：GB 3095 中要求控制的，而且是对农作物危害较大的污染物（重点项目包括：氟化物、二氧化硫、氮氧化物、总悬浮颗粒物、臭氧）。

5.1.2　一般项目：GB 3095 中要求控制的，但对农作物危害不大的污染物；GB/T 16157 中未要求控制的，但对农作物危害较大的污染物（一般项目包括：可吸入颗粒物、一氧化碳、铅、苯并 [α] 芘、硫酸盐化速率、氨、氯、氯化氢等）。

5.2　分析方法选择的原则

5.2.1　第一方法：标准方法（即仲裁方法），GB 3095 中选配的分析方法。

5.2.2　第二方法：由权威部门规定或推荐的方法。

5.2.3　第三方法：根据各站实情，自选等效方法。但应作比对实验，其检出限、准确度、精密度不低于相应的通用方法要求水平或待测物准确定量的要求。

5.3　监测项目与分析方法（略）

6　实验室分析质量控制与质量保证

6.1　实验室内常规分析质量控制程序

见 NY/T 395。

6.2　实验室基础

见 NY/T 395。

6.3　实验室内部质量控制

6.3.1　分析质量控制基础实验

见 NY/T 395。

6.3.2　校准曲线的绘制、检查与使用

见 NY/T 395。

6.3.3　准确度控制

见 NY/T 395。

6.3.4　准确度控制

见 NY/T 395。

6.3.5　质量控制图及其他

6.3.5.1　二氧化硫的测定

甲醛缓冲液吸收 - 盐酸副玫瑰苯胺分光光度法要求：试剂空白值不大于 0.005；校准曲线相关系数应大于 0.999，斜率为 0.044±0.003；对污染较轻地区，4.5μg 二氧化硫 /7.5mL 的标准控制液，其极差的控制限为 ±0.5μg；对污染严重的地区，8.0μg 二氧化硫 /7.5mL 的标准控制液，其极差的控制限为 ±0.6μg。

6.3.5.2　氮氧化物的测定

试剂空白值不大于 0.005；校准曲线相关系数应大于 0.999，斜率为 0.190±0.009；截距不大于 0.008。

6.3.6　监测过程中受到干扰时的处理

见 NY/T 395。

6.4　实验室间的质量控制

见 NY/T 395。

7　农区环境空气质量监测数理统计（略）

8　监测结果评价（略）

9　资料整编（略）

附录 A（标准的附录）农区环境空气质量监测各种原始记录表，略。

索引

B

C

D

E

F

G

H

J

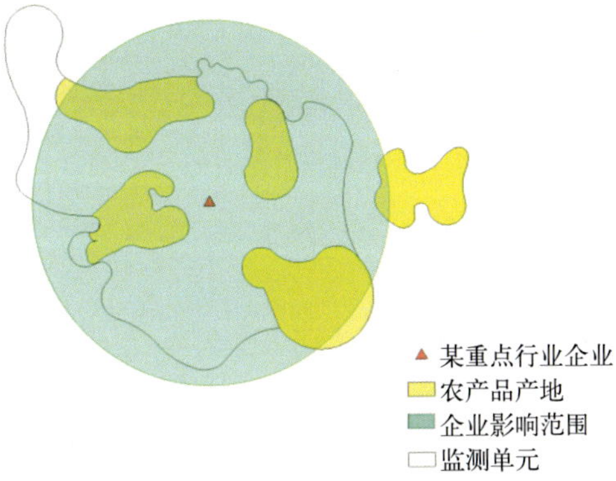

图 1-2 大气污染型监测单元划分示意图

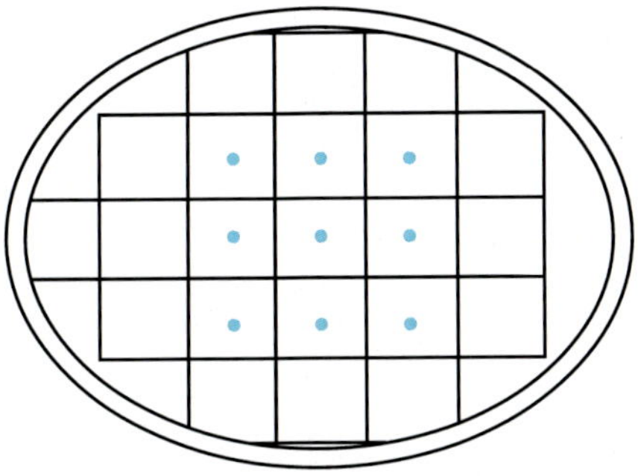

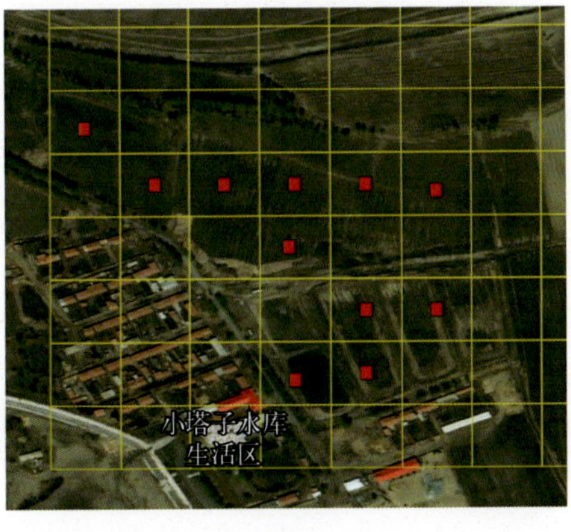

图 1-3

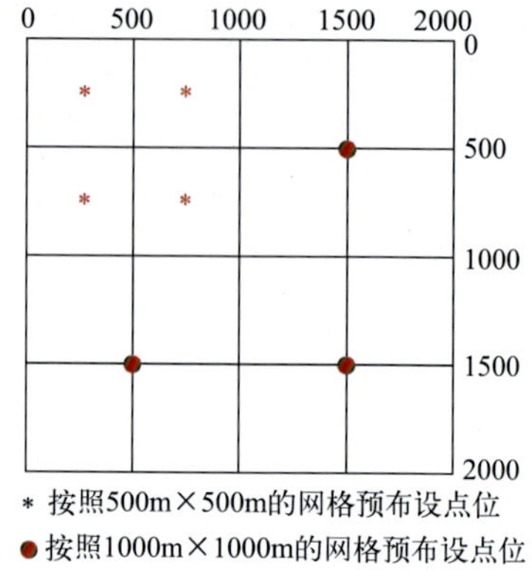

图 1-3　网格法布点示意图

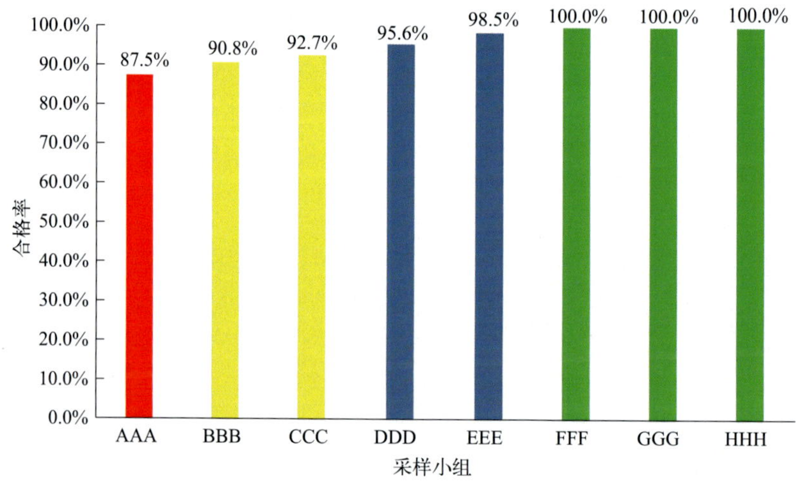

图 2-4　××区域监测中心各采样小组样品采集合格率统计图

表2-6　××区域监测中心各采样小组样品采集合格率统计表

序号	采样小组	样品采集合格率 /%	处理方式
1	AAA	87.5	上报质控中心
2	BBB	90.8	警告
3	CCC	92.7	警告
4	DDD	95.6	提醒
5	EEE	98.5	提醒
6	FFF	100.0	合格
7	GGG	100.0	合格
8	HHH	100.0	合格
…			

表11-2 农用地类型图要素及图示

农用地类型	表达图示	
	图示符号	CMYK 颜色模式
耕地		C100 Y100
园地		Y100
林地		C50 M80 Y100 K40
草地		C50 Y90

表11-3 农作物分布图要素及图示

农作物种类	表达图示	
	图示符号	CMYK 颜色模式
水稻		M100 Y100
小麦		M75 Y95
玉米		Y100
蔬菜		C75 Y95
大豆		C100
油料作物		C100 M100
糖料作物		C60 M100
水果		M90
茶叶		C50 Y90
其他作物		K100

表11-4 区域类型图要素及图示

区域类型	表达图示	
	图示符号	CMYK 颜色模式
工矿企业周边农区		M100 Y100
污水灌区		C100 Y100
大中城市郊区		C100 M100
一般农区		K100

表11-5　耕地土壤环境质量类别图要素及图示

耕地土壤环境质量类别	表达图示	
	图示符号	**CMYK** 颜色模式
优先保护类		C50 Y90
安全利用类		Y100
严格管控类		M100 Y100